Forms with a Smile

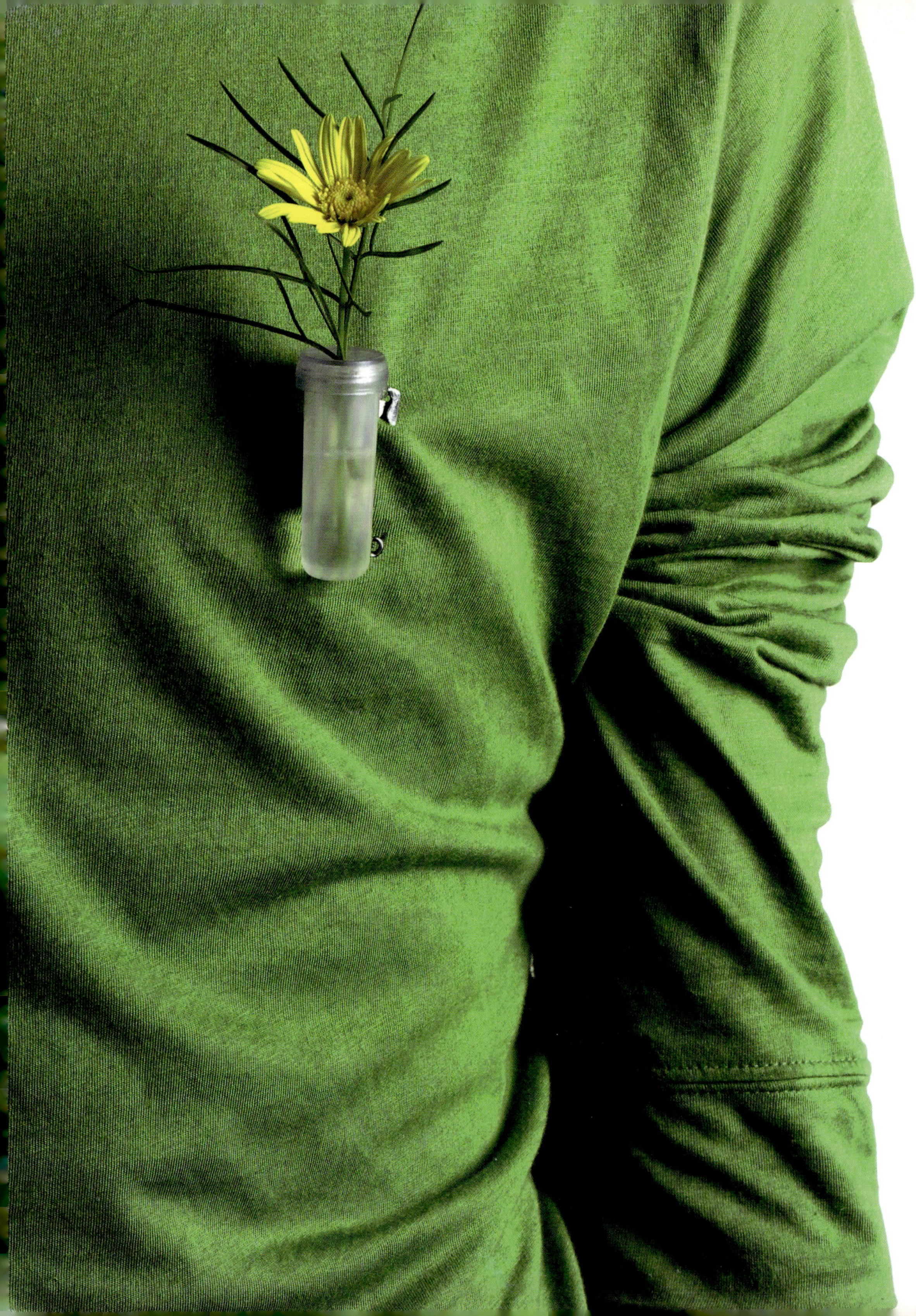

DESIGN

Forms with a Smile

Moniek E. Bucquoye
Dieter Van Den Storm

stichting kunstboek

TODAY

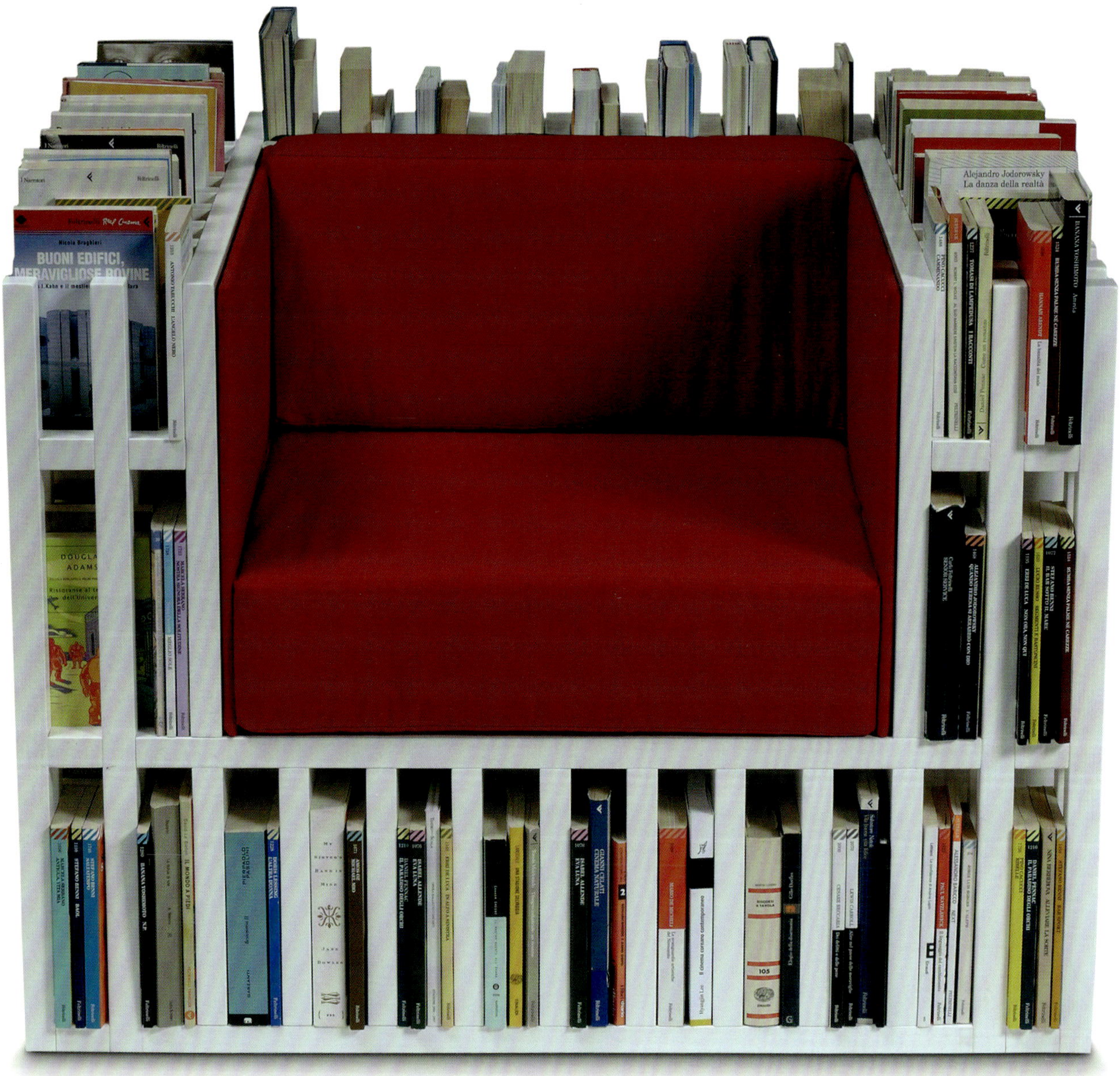
Nicola Braghieri
BUONI EDIFICI,
MERAVIGLIOSE ROVINE
Alejandro Jodorowsky
La danza della realtà
DOUGLAS
ADAMS

Contents

Inhoud

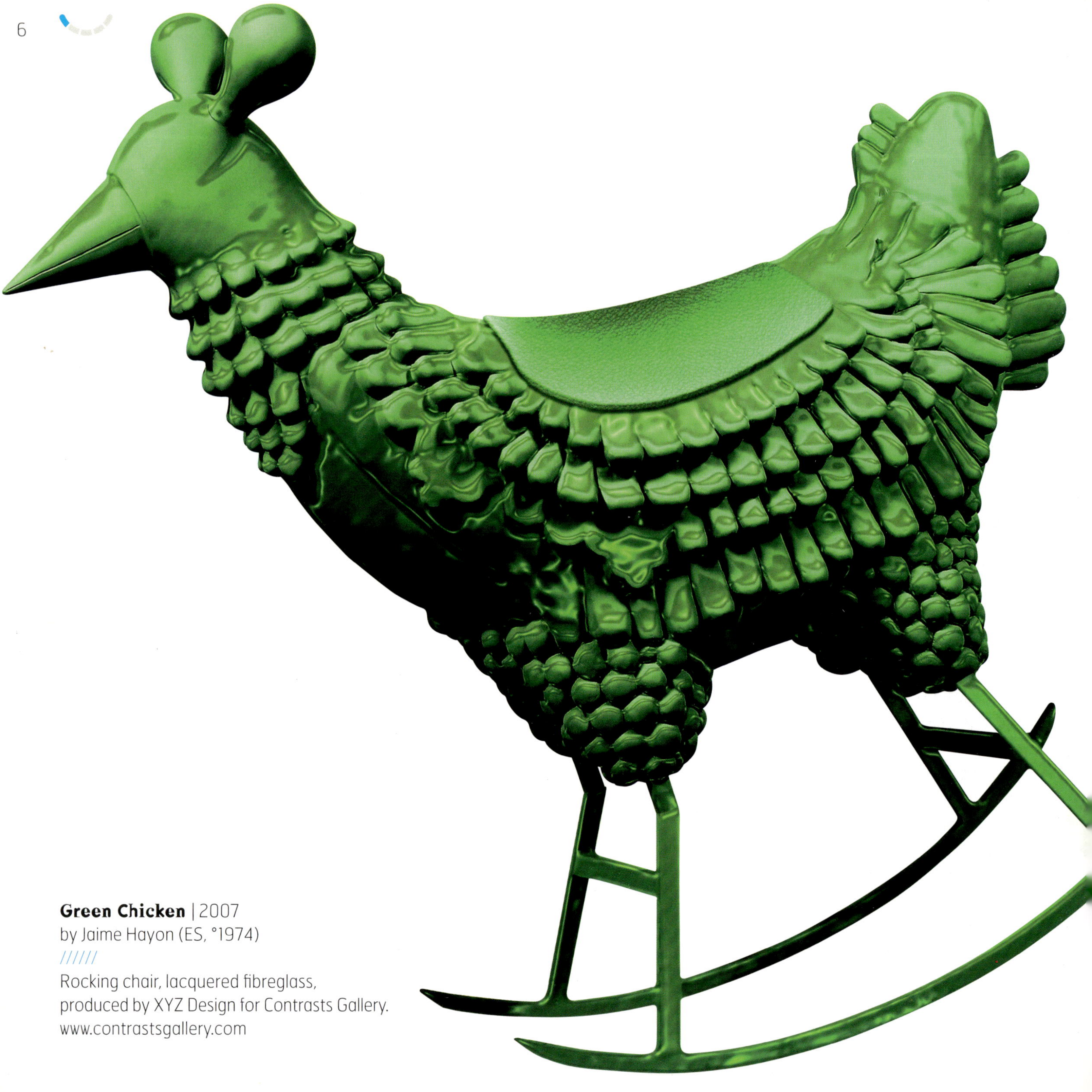

Green Chicken | 2007
by Jaime Hayon (ES, °1974)
//////
Rocking chair, lacquered fibreglass,
produced by XYZ Design for Contrasts Gallery.
www.contrastsgallery.com

Preface

Voorwoord

A journalist once called me the 'clown prince' of design. I suppose that was meant as a compliment. I know, my designs and design works in general are not always answers to a problem, a market concern or a functional use. Design and the role of a designer have changed in the last couple of years. There is a fusion between function and emotions. My approach is a very emotional one and at times very visual and tactile. It is all about expression and finding a certain identity. Not only designers, but also companies are looking for self-expression./////// Most of my designs do not originate from a briefing. I start with an image that can be historically or contemporarily inspired. At a certain point that image becomes an object. An object with a pure decorative purpose or an object that is bought for the art value as opposed to the design value, or an object that also includes functional properties with a smile. Imagination is the start of every product, object and production process. I am lucky that the companies I am working for, allow me to work this way. This method of working opens a lot of opportunities since the patrons and companies I am working for, are interested in limited and serial productions./////// As an artist/designer I am surprised that 21st century technology and handmade design happily co-exist. It is a charming and slightly subversive idea to see that commerce is bringing them very quickly together today. On the other hand the new design experiences, the serial products and the limited series to be seen in the next pages, allow us to bring together high and low tech. The new futuristic, surrealistic, iconic or twisted designs are increasingly defining not only the way we shop but also the kind of objects we want for the decoration of our bodies and our homes. /////// Designers of my generation are not rejecting the machinery nor the technology, but there is emerging a new kind of happy design, vernacular, intelligent and handicraft, that is opening new visions on design. Designers aim to offer the reassurance of a personal connection with high-end quality at its heart. I never had any doubt about technology and a large part of my work is digitally influenced but craft-inspired. It is a learning by doing process. And it is completely and utterly reassuring that the technology is there and that it works in the kind of new designs that are coming

Ooit gaf een journalist me de titel van 'clown prins' van het design. Ik beschouw dat als een compliment. Ik weet dat mijn werk en design meestal geen antwoord zijn op een functioneel probleem of op een vraag vanuit de markt. Design en de rol van de designer zijn de afgelopen jaren veranderd. Functie en emotie zijn niet langer gescheiden. Mijn benadering is heel emotioneel en soms ook erg visueel en tactiel. Het draait allemaal om expressie en het vinden van een eigen identiteit. Trouwens, niet enkel designers maar ook bedrijven zijn op zoek naar zelfexpressie./////// De meeste van mijn ontwerpen ontstaan niet vanuit de briefing van een klant. Als uitgangspunt neem ik een beeld, dat historisch of hedendaags geïnspireerd kan zijn. Op een bepaald moment wordt dat beeld een object. Een object met een zuiver decoratieve inslag, een dat eerder zal gekocht worden omwille van zijn kunst dan omwille van zijn designwaarde, of een object met functionele eigenschappen, zij het met een humoristisch trekje. Mijn verbeelding is het startpunt van elk product, object en productieproces. Ik heb het geluk dat de bedrijven waarvoor ik werk, mij toestaan zo te werken. Deze werkmethode opent heel wat mogelijkheden omdat mijn werkgevers geïnteresseerd zijn in beperkte oplages en serieproductie./////// Als kunstenaar/ontwerper ben ik verrast dat de technologie van de 21ste eeuw en ambachtelijk gemaakt design zonder problemen naast elkaar kunnen bestaan. Het is prettig en lichtjes subversief om te zien dat het de commerciële wereld is die daarvoor zorgt. De nieuwe designervaringen, de serieproductie en de beperkte oplages van de komende pagina's laten het toe om hoog- en laagtechnologie samen te brengen. De nieuwe futuristische, surrealistische, iconische en gelaagde ontwerpen bepalen steeds meer de wijze waarop we shoppen, maar ook het soort objecten dat we wensen voor de decoratie van onszelf en onze woonst./////// De ontwerpers van mijn generatie verwerpen technologie en machines niet, maar er is een nieuw soort happy design ontstaan, lokaal, intelligent en ambachtelijk, dat een nieuw licht over het concept van design werpt. Designers willen een persoonlijke connectie verzekeren, die tegelijk van hoge kwaliteit is. Ik heb het belang van technologie nooit in twijfel getrokken, een groot deel van mijn werk heeft digitale invloeden maar is ambachtelijk geïnspireerd. Ik leer uit mijn ervaringen. En het is heel geruststellend om te weten dat technologie bestaat en dat het geschikt is voor de nieuwe designs die opduiken. Dit boek toont aan dat er een herontdekking is van het begrip van waar de dingen vandaan komen./////// Een groot deel van het design dat in dit boek voorkomt, gaat over humor. Neem mijn *Green Chicken* bijvoorbeeld. Het heeft een plaatsje ingenomen in mijn groene dromen. Eerst en vooral is de kip een vorm die nog maar weinig verkend is. Ik wilde deze simpele vogel eens portretteren als een sensationeel object. Iedereen kent het concept van de schommelstoel. En als het geen stoel is, dan is het een paard. Ik wou voor de verandering een schommelkip maken. Zo heeft mijn groene kip een gezicht, een vorm, een plaats en een functie gekregen. Ik heb er een hedendaags object van gemaakt. Een object met een grote schoonheid en functionaliteit, gewoon door zijn karakteristieken en dimensies op te blazen. Het is dynamisch en flitsend, maar ook onnatuurlijk en mysterieus. Er zit heel wat humor en *smile* in.

Jaime Hayon
November 2007

up. This book shows also that there is a rediscovery of the notion of where things come from./////// A large part of the design in this book is about fun. Take my Green Chicken for example. It found its place amongst one of my green dreams. First of all, the chicken is a rather unexplored shape and I wanted to portray this common bird as a sensational object. Everybody is familiar with the concept of the rocking chair. And if it is not a chair, it is a rocking horse. Well, I wanted to make a rocking chicken. My green chicken had taken on a face, a shape, a place and a function. I have turned it into a modern piece, one of great beauty and utility by amplifying its characteristics and dimensions. It is dynamic and speedy, but also unnatural and mysterious. There is a great deal of humour and smile in it.

Jaime Hayon
November 2007

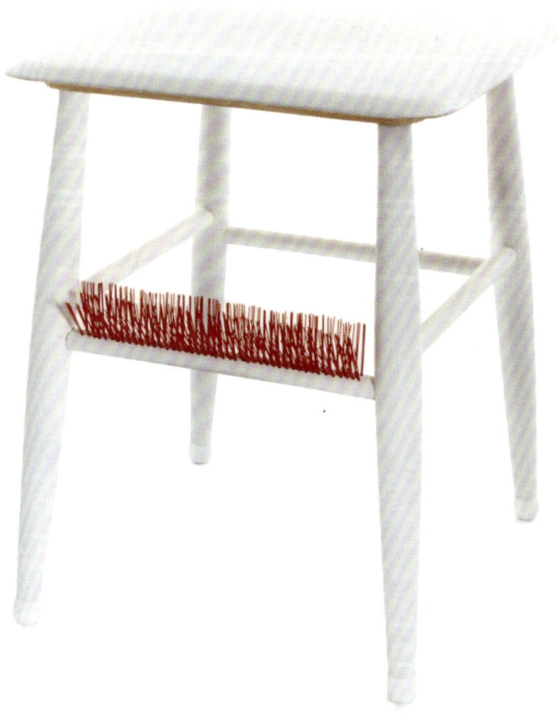

Mr Brushy | 2004
by Marie-Louise Gustafsson (SE, °1967)
//////
Chair, lacquered wood with a red brush.
www.marielouise.se

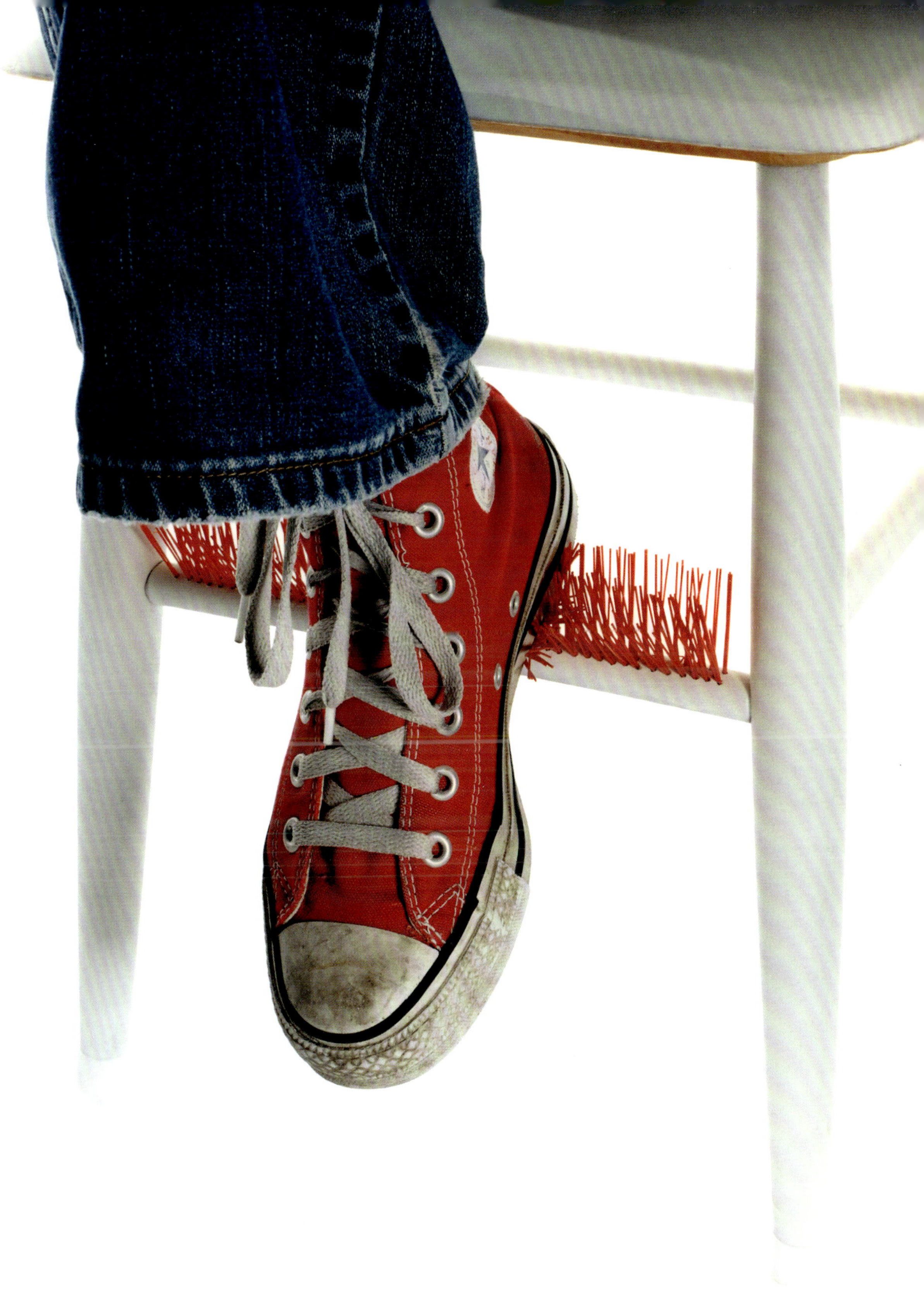

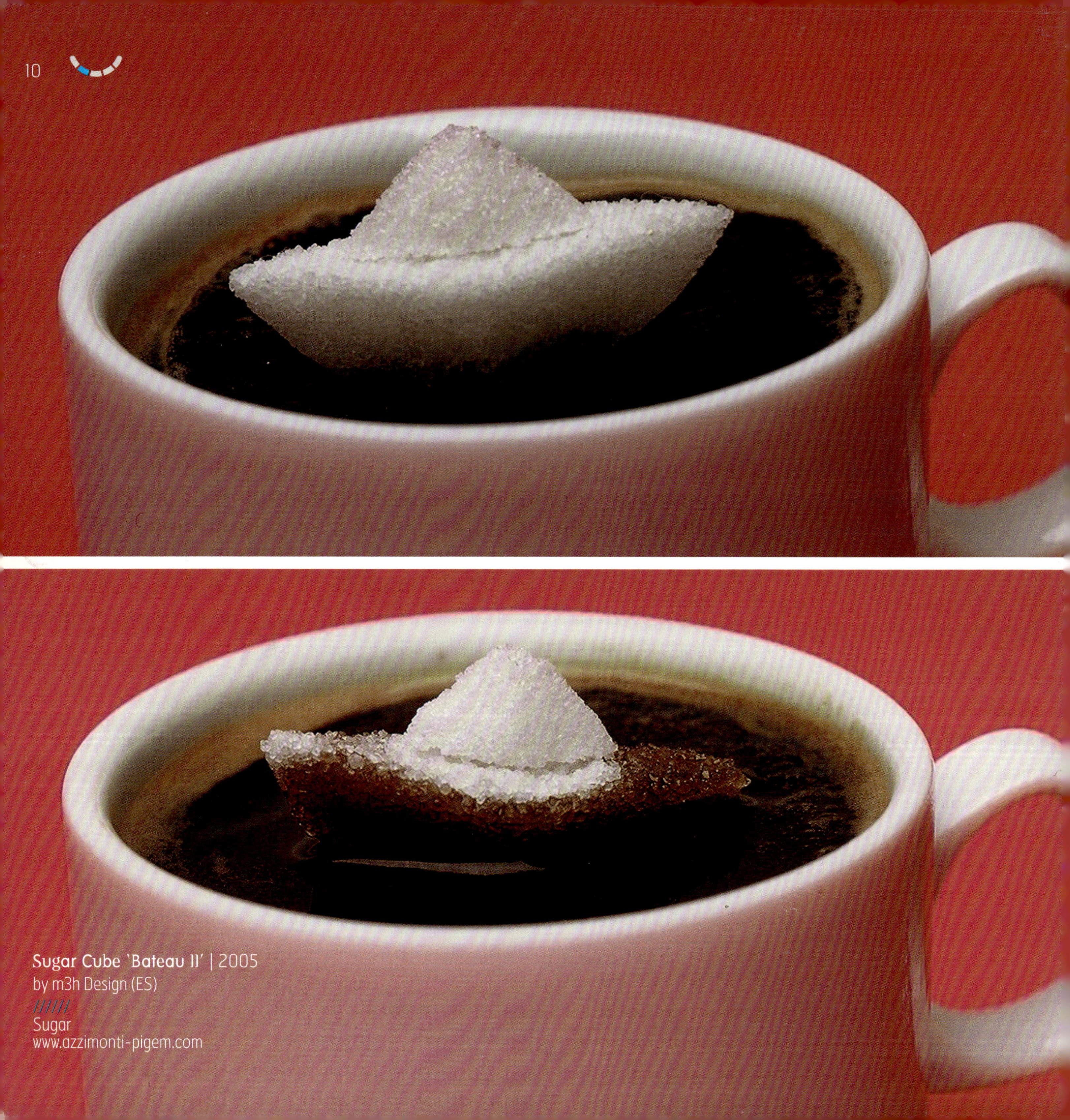

Sugar Cube 'Bateau II' | 2005
by m3h Design (ES)
//////
Sugar
www.azzimonti-pigem.com

Introduction
Make us smile

Inleiding
Design als spel

A smile. A slight twitch of the lips. An American *Colgate* smile. Humour is very subjective, personal and a cultural phenomenon that is difficult to pinpoint. Combining humour with design ups the ante and makes both grasping and understanding the funny side of a design even more of a challenge. With the collection of objects in this book, we want to show that design does not only enliven an interior but can also influence one's mood. It is more than mere serendipity./////// During the phases of selection and final choice, we did not once ask ourselves how all these wonderful designs, whether cleverly recycled or surrealistically inspired, could be used in any way./////// We were mainly interested in putting together a collection that would meet the expectations of the 'smile and design' phenomenon. This is not an easy angle. For every single object, discovery, and clever and witty combination of form and function, we had to ask ourselves what it was and how to categorise it./////// We had to change the categories – all seventeen of them – over and over again, during our research, as well as the headings and groupings and several times, we had to rethink our propositions. There is no way of avoiding categorising upcoming trends, which we did, but not as absolute references but rather as preliminary working hypotheses which needed to be continuously updated, changed or even dropped altogether./////// Of course, the reason for this approach lies in the firm belief that design has power and meaning, as does the innovative spirit of trends. At the end of the day, design remains extremely meaningful in our daily life. We focused on witty design often based on purely formal criteria, without any functional purpose. Interestingly enough, for many designers design is just a game: a fun idea that they try to realise... which may not even work at all./////// Many of the choices we made are very much influenced by our daily dealings with design and designers who are constantly looking, experimenting and learning. Many objects have been presented

Een glimlach, een vervorming van de mondhoeken, een *American Colgate smile*. Humor is heel subjectief, persoonlijk en een moeilijk in te schatten cultureel fenomeen. In combinatie met design is de drempel vaak nog hoger om de humorkant van een ontwerp te zien of in te zien. Met de verzamelde objecten in dit boek, tonen we aan dat design ook een invloed op het humeur kan hebben. En dat gaat vaak verder dan een goed bedachte vondst./////// Bij de selectie en de uiteindelijke keuze van de ontwerpen hebben we ons niet afgevraagd hoe we al die leuke spullen, slim gerecycleerd of met een surrealistisch geïnspireerde vormgeving, op muziek konden zetten. We hebben ons vooral laten inspireren door het fenomeen *'smile en design'* om vele objecten samen te brengen. Dat is geenszins een comfortabele invalshoek, gezien we bij ieder nieuw stuk, elke *trouvaille*, elke slimme en geestige combinatie van vorm en functie, ons telkens afvroegen wat het was en in welk vakje het thuishoorde./////// Verschillende keren hebben we tijdens de research alle vooraf ingegeven categorieën – tot zeventien indelingen toe – moeten wijzigen, stellingen doorbreken en rubrieken veranderen. Niemand kan eraan ontkomen om aanstormende trends in te delen in categorieën, wat we ook gedaan hebben, erop lettend dat we ze niet als absolute referentiepunten hebben gebruikt, maar als voorlopige werkhypothesen die continu werden herzien, gecorrigeerd of opgegeven./////// Aan de basis van deze houding ligt natuurlijk een groot geloof in design, in de spirit en innovatieve kracht van trends en in het feit dat design vandaag nog altijd iets te betekenen heeft. We hebben ons oog hier voornamelijk laten leiden door het vormelijke: design met een kwinkslag, dikwijls met een vormgeving zonder veel functionele bedoelingen. Het is opvallend dat design bij veel ontwerpers een spel is: een leuk concept in het hoofd en een uitwerking ... die ook al eens kan mislopen. De laatste opmerking was zeker geen absoluut gegeven bij de samenstelling en de selectie!/////// Veel van wat is samengebracht en verwerkt, wordt ingegeven door onze dagelijkse ervaring met design en designers, het aanhoudend zoeken, kijken en leren. Een en ander werd eerder al op een prozaïsche of journalistieke manier geformuleerd in magazines of op het web maar werd herzien en herwerkt. Het is een openbaring van wat nieuw is in een gegeven situatie, vandaag dus.

Moniek E. Bucquoye
Dieter Van Den Storm

in a journalistic or prosaic manner in magazines or on websites, but we have updated and reworked our offering./////// This collection is a revelation of the new within a familiar context, in other words, contemporary design.

Moniek E. Bucquoye
Dieter Van Den Storm

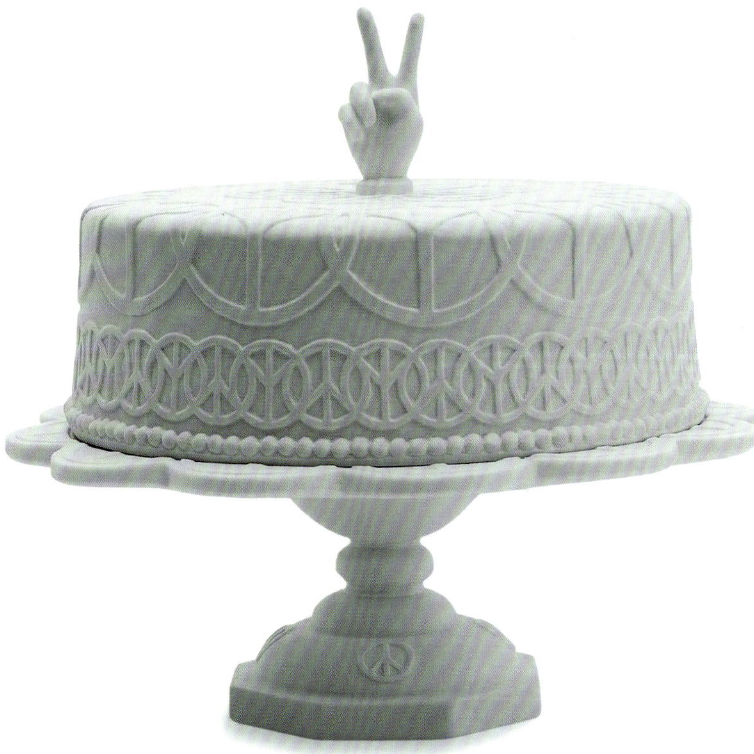

Cake of Peace | 2006
by Studio Job (BE-NL)
//////
from the 'Biscuit' collection for
Royal Tichelaar Makkum.
www.tichelaar.nl

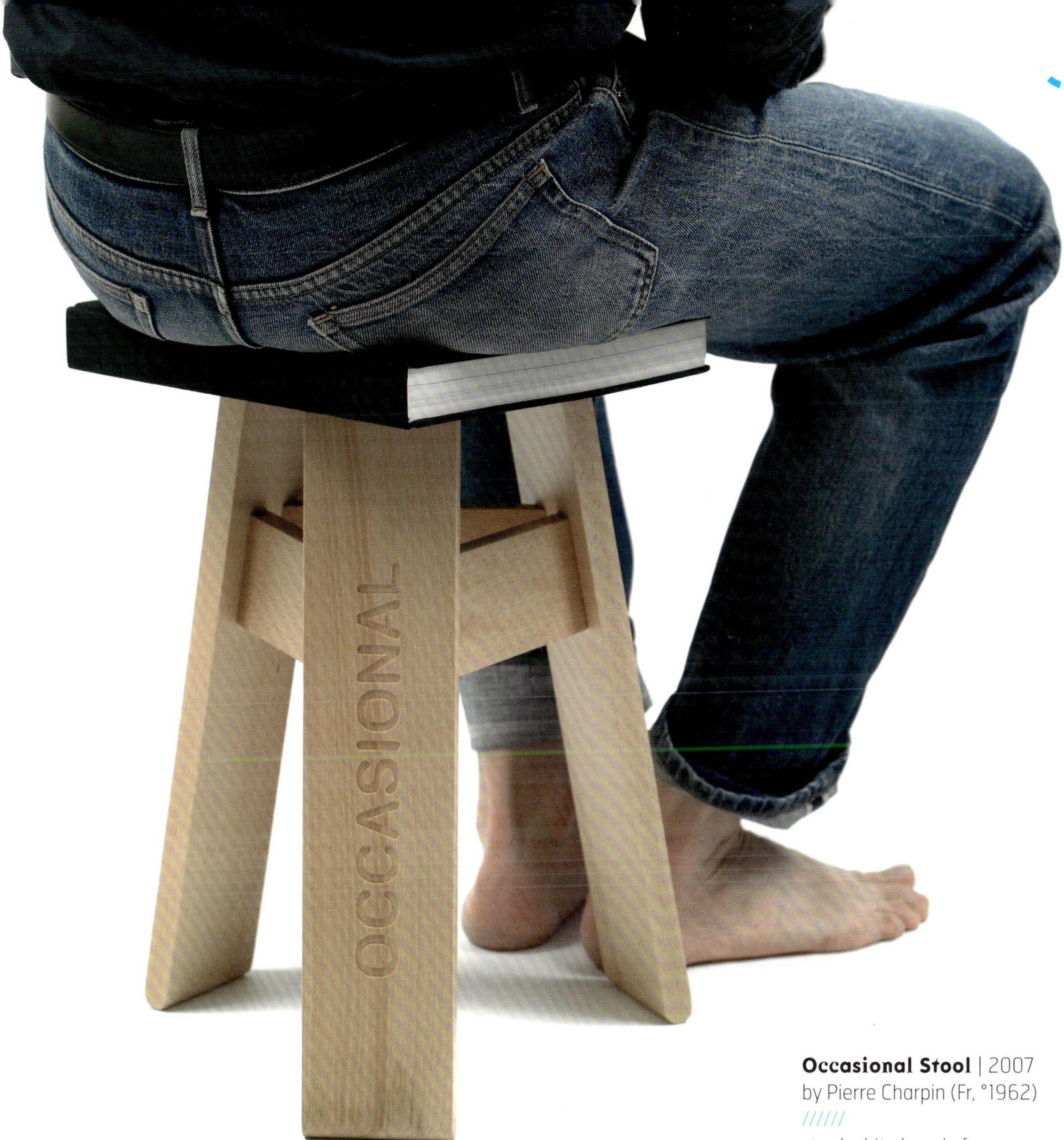

Occasional Stool | 2007
by Pierre Charpin (Fr, °1962)
//////
stool, white beech, for
Galerie Kreo.

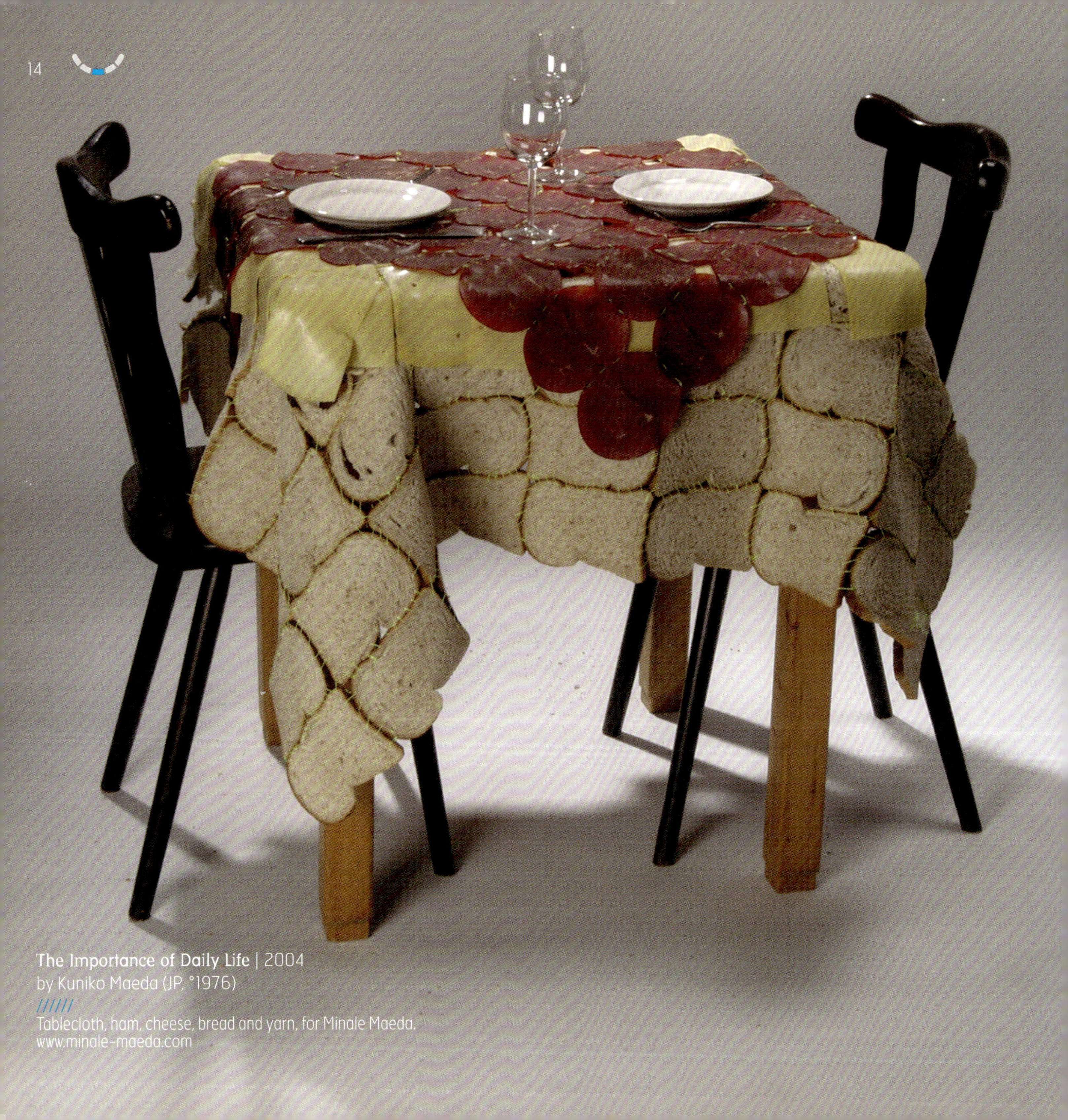

The Importance of Daily Life | 2004
by Kuniko Maeda (JP, °1976)
//////
Tablecloth, ham, cheese, bread and yarn, for Minale Maeda.
www.minale-maeda.com

Surrealism: Alive and kicking

Springlevend surrealisme

Surrealism is particularly known as a movement in literature and the fine arts. However, the influence of this 20th-century art movement on other domains should not be underestimated. Even contemporary art and design got a good dose of surreal humour./////// Surrealist artists such as Salvador Dali, René Magritte or Max Ernst left indelible traces in art history. They gave symbolic images and words different meanings by bringing together recognisable forms that had nothing in common. These images emanated from dreams, illusions and fantasies. New, alienating images stimulated spectators' imagination, culminating in their own interpretation of the new creation./////// Joan Miro, Giorgio de Chirico, Paul Delvaux, Frida Kahlo, Man Ray... the list of famous Surrealists is long and impressive. They transgressed the boundaries between reality and fantasy, by situating existing objects in a completely new context, which created their surreal character. A surprising character with a wry sense of humour, which apparently appealed to many and still has not lost its impact./////// Surrealism, the historic artistic movement dating from the 1920s and 1930s, is alive and kicking - more than ever. This revival is not only reflected by numerous recent exhibitions and books (anno 2007), but also much discussed by designers./////// For some time, the seriousness of minimalism has lost its firm foothold in modern, contemporary design in favour of colour, decoration and frivolity. The austere is being replaced by a more playful and humorous approach. Combining reality with irrationality or functionality with decoration is *de rigueur*./////// The imprint and impression left by Surrealism were never really forgotten, only neglected. In the 1980s, the Italian *Alchemia* and *Memphis* mentioned Surrealism in their manifestos and design. They were also the first to showcase gallery design./////// Ettore Sottsass (°1917) was probably the first designer who vacillated between the linearity that distinguishes

Het surrealisme mag dan vooral gekend zijn als kunststroming, haar invloed op andere domeinen is niet te onderschatten. Ook de wereld van de vormgeving en het hedendaagse design ontsnappen vandaag niet aan een gezonde portie surreële humor./////// Surrealisten als Salvador Dali, René Magritte of Max Ernst lieten met hun surrealistische werken een diepe indruk na op de kunstgeschiedenis. Ze gaven symbolische beelden en woorden een andere betekenis door herkenbare vormen die onderling geen verband vertoonden, toch met elkaar in contact te brengen. Het waren beelden die voortkwamen uit dromen, illusies en fantasieën. Nieuwe, vervreemdende beelden die de fantasie van de toeschouwer stimuleerden en waarbij de kijker naar een eigen interpretatie zocht voor de nieuwe voorstellingen. De surrealisten overschreden vaak de grenzen tussen werkelijkheid en fantasie, waarbij bestaande objecten plots in een geheel andere context kwamen te staan en ze dus een surreëel karakter kregen. Een bevreemdend karakter met een wrange humor die aansloeg en die zoveel jaar na datum nog altijd niets van zijn kracht heeft verloren./////// Wat hete en geïnspireerde adem zijn de laatste jaren voldoende geweest om het surrealisme opnieuw te laten opflakkeren. De revival is zichtbaar in een groot aantal recente tentoonstellingen en boeken, maar het is ook een item dat ontwerpers bezighoudt. In de hedendaagse moderne vormgeving moet de *sérieux* van het nuchtere minimalisme al een tijdje wijken voor meer kleur, decoratie en frivoliteit. /////// De indruk die het surrealisme uit de vroege twintigste eeuw heeft nagelaten, werd niet begraven. Het heeft alleen een tijdje in de kast gelegen. *Alchemia* en *Memphis* hebben het in hun manifesten en vormgeving van de jaren 1980 even aangeraakt en hebben het eerste *gallery design* in de markt gezet. Ettore Sottsass (°1917) is wellicht de eerste ontwerper die tijdens zijn gehele carrière voortdurend heen en weer heeft gependeld tussen industriële vormgeving en kunst, en die aardig wat glimlachen en grimassen heeft verwekt. Ook de Italiaan Andrea Branzi (°1938) kunnen we hier als voorbeeld citeren. Beide ontwerpers hebben een zeer individuele ontwerpsignatuur en in hun vormgeving hebben ze altijd aangegeven dat design niet alleen functie is, maar ook emotie, fun en smile./////// Als we het hier hebben over surrealistische objecten, dan hebben we het vooral over die objecten die gekruid zijn met een dubbele bodem, met getwiste gebruiken; objecten die kinderlijk amusant zijn, die laten glimlachen of zelfs schaterlachen. Het 'goed gevonden' en vooral de combinatie van bruikbaar en fun of bruikbaar met een extraatje, maken het product. /////// Ontwerpers bevragen zich vandaag ook meer over de vorm en de identiteit van de vormgeving dan over de rationaliteit of de ergonomie van de functie. ///////De mogelijkheden van virtuele ontwikkelingen en werelden zoals *Second Life*, *Taatu* en *The Sims*, geven voedsel aan nieuwe vormelijke schoonheidsidealen. Innovatieve materialen en technieken zijn aanleiding tot een nieuwe vormentaal die sterk geïndividualiseerd kan worden door bijvoorbeeld de combinatie van handvaardige en hoogtechnologische technieken. De klassiekers en de pure modernen van weleer moeten het afleggen tegenover de nieuwe generatie geestige en frisse vormgevers à la Karim Rashid (°1960), Mattali Crasset (°1965), Adrien Rovero (°1981), Ineke Hans (°1966), de Zweedse meiden van Front en Maarten Baas (°1978)./////// Ook de nieuwe Nederlanders zoals Jurgen Bey (°1965), Hella Jongerius (°1963), Marcel Wanders (°1966) en Richard Hutten (°1967) hebben er een handje van weg om droge humor te propageren. Het ontwerpersplatform Droog Design was, zeker in de beginjaren, het voorbeeld bij uitstek van een onconventionele aanpak van hedendaags design. De Droog mentaliteit stond voor droge humor en was vaak heel eenvoudig. Objecten met een verhaal en thema's die ontleend waren aan nostalgie, hergebruik en vakmanschap./////// Maar ook andere nationaliteiten zijn tuk op een beetje surrealisme. Ze weten de lessen uit het verleden goed op te pikken en te interpreteren. En wij Belgen kunnen er ook wat van. Niet voor niets zijn we het land van 'ceci n'est pas une pipe'.

industrial design from art, during his entire career. Another good example is the Italian, Andrea Branzi (°1938). Both artists are known for their distinct design signature, espousing the notion that design is not only functional but also emotional and fun./////// It has taken a hearty kiss of life over the last couple of years to revive Surrealism. When we talk about surrealistic objects, we refer to those objects that are ambiguous, functional with a twist, humorous, child-like amusing, even inducing raucous laughter. The chosen objects either display a combination of usefulness and fun, or usefulness with something extra./////// Nowadays designers question the form and identity of design rather than the rationality or ergonomic function. The possibilities offered by virtual developments and worlds such as *Second Life*, *Taatu* en *The Sims* feed new beauty ideals in design. Innovative materials and techniques also lead to a new design language that becomes highly individualistic by combining craftsmanship and technological techniques./////// The classics and purely modern have to make way for the new generation of witty and young designers such as Karim Rashid (°1960), Mattali Crasset (°1965), Adrien Rovero (°1981), Ineke Hans (°1966), the Swedish Front team, and Maarten Baas (1978). The work of the Dutch designers such as Jurgen Bey (°1965), Hella Jongerius (°1963), Marcel Wanders (°1966) and Richard Hutten (° 1967) reflects their dry humour mixed with a pinch of cynicism. The design platform Droog Design - founded in 1990 by Renny Ramakers (°1946) and Gijs Bakker (°1942) – was THE example of unconventional contemporary design, especially during the early years. The Droog ('dry') mentality illustrated their dry humour, and often the designs were quite simple. Objects told a story; the themes drew on nostalgia, recycling and craftsmanship. Other nationalities, like the Spanish, French and Swiss, also do not shy away from Surrealism. They know how to use past lessons learnt and re-interpret ideas. And do not forget the Belgians! After all, 'Ceci n'est pas une pipe' was created by a Belgian.

Marcell | 2004
by Lachaert and d'Hanis (BE)
//////
sugar cage, silver,
for Droog Design.
www.lachaert.com
www.droogdesign.nl

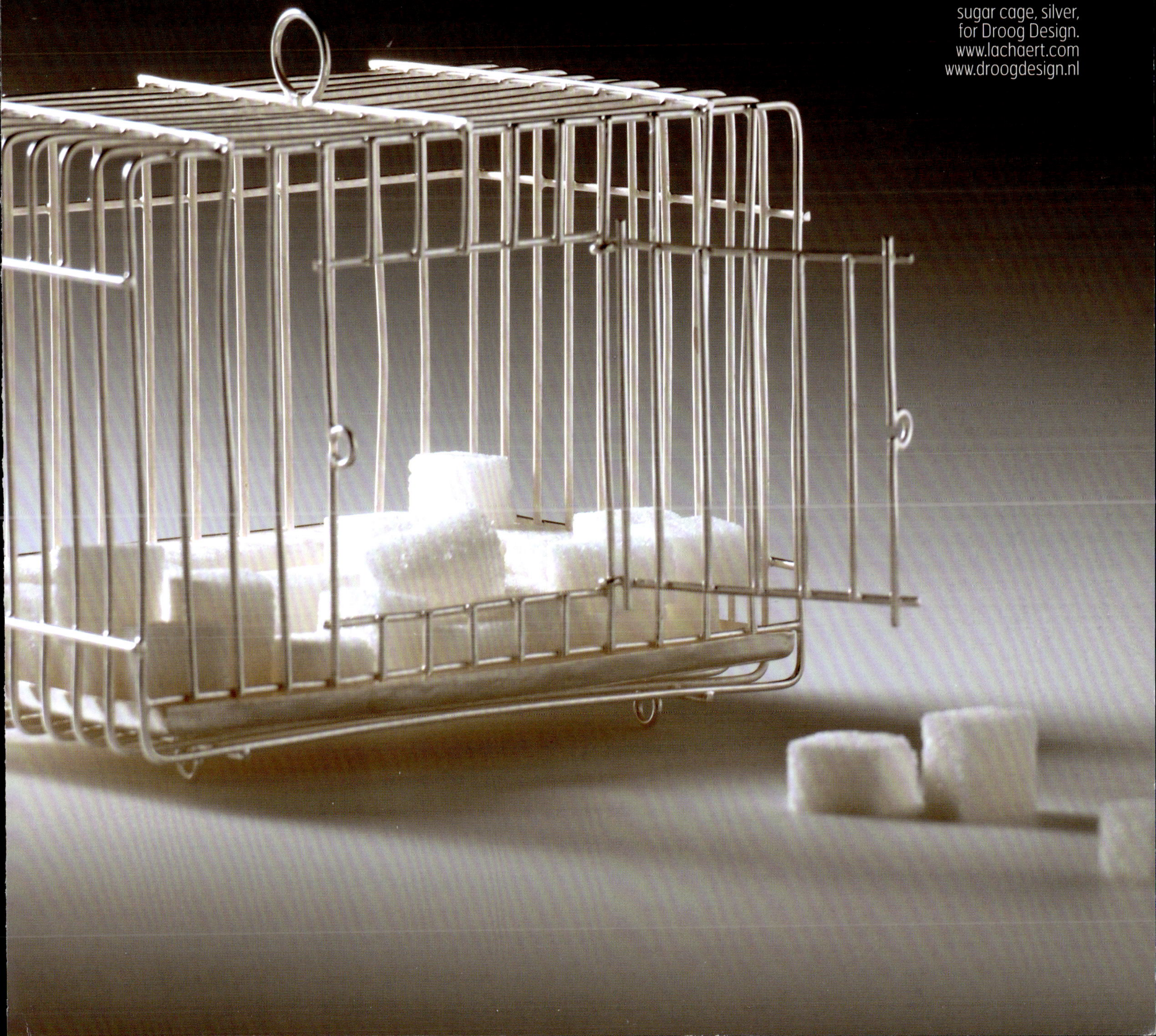

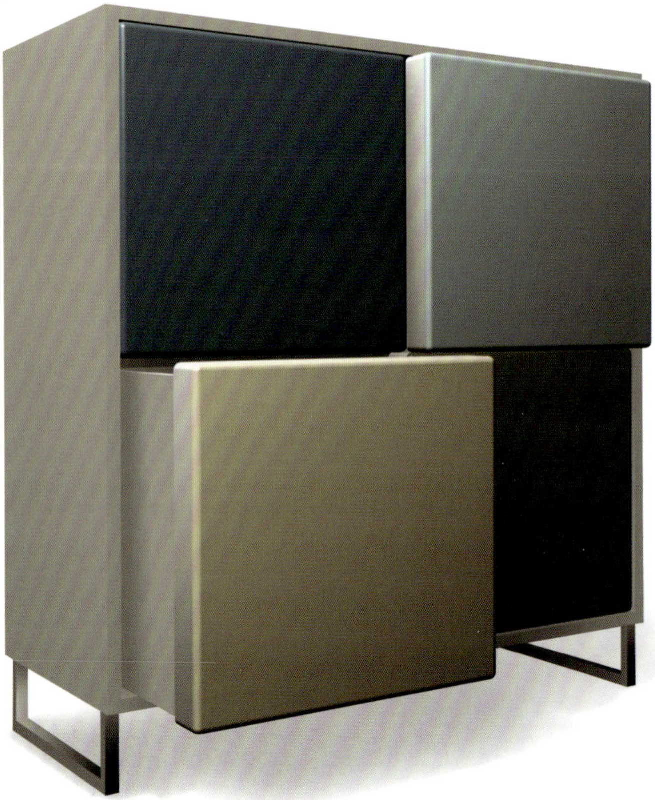

Rebellious Cabinet | 2005
by Guido Ooms (NL, °1974)
//////
Cabinet, MDF, for Oooms. You close one drawer and another one opens.
www.oooms.nl

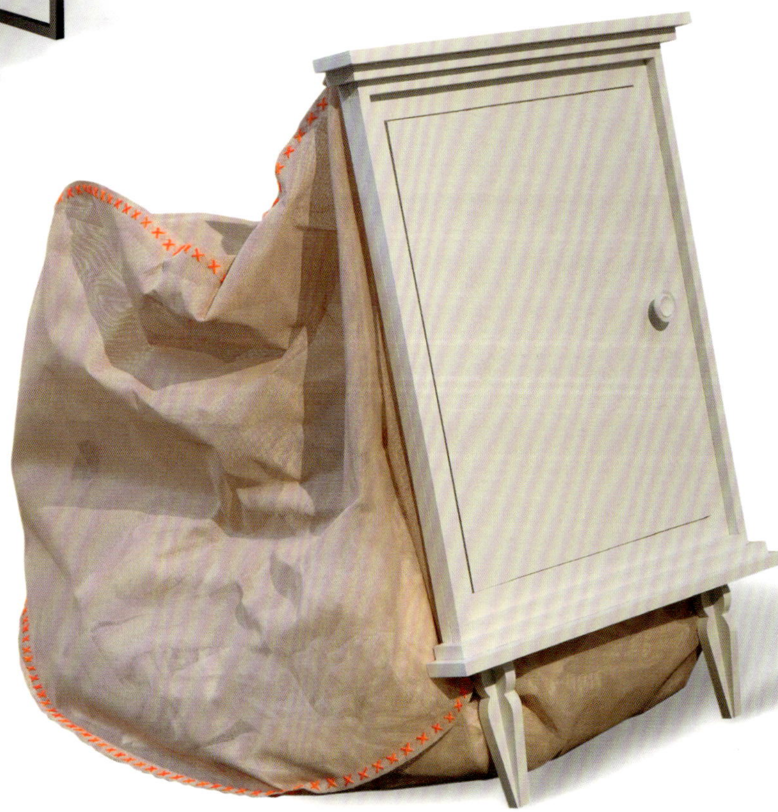

Moebelette | 2006
by Katrin Sonnleitner (DE, °1979)
//////
cabinet, wood, textile and knobs. Behind a tidy-looking façade, this commode embodies the chaos and thus reacts to the clothes we tend to pile up in our rooms
www.katrin-sonnleitner.com

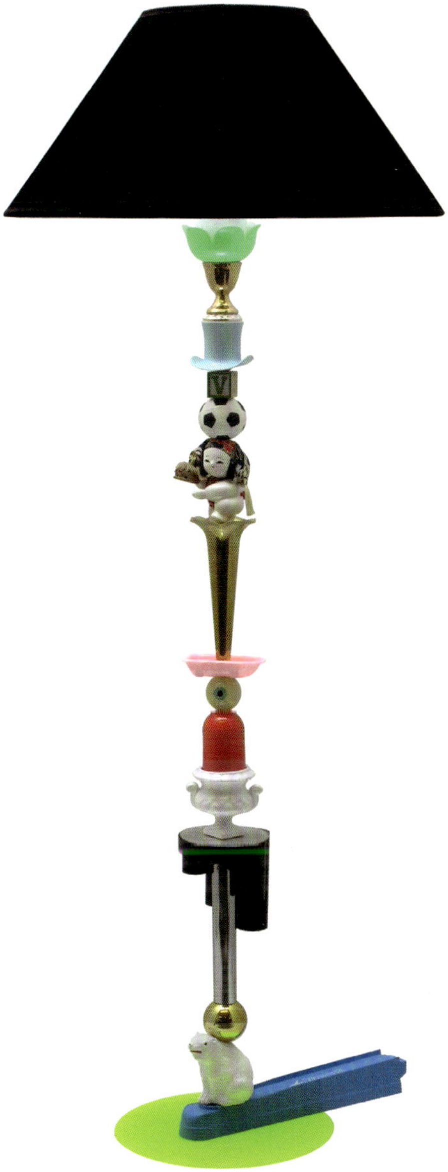

Victory Kebab Lamp | 2006
by Committee (GB)
//////
floor standing light, found objects and antiques.
www.gallop.co.uk

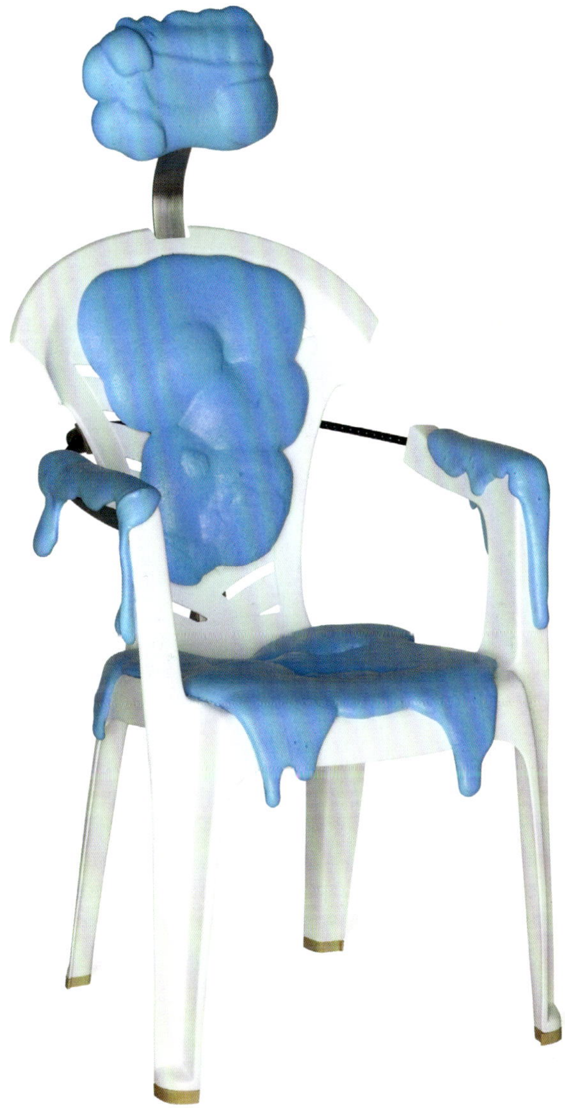

New Order | 2007
by Jerszy Seymour (GB, °1968)
//////
Chair, plastic and polyurethane foam, for Vitra. A customized and tortured-looking seat, its white plastic erupting with polyurethane foam. | www.vitra.com.

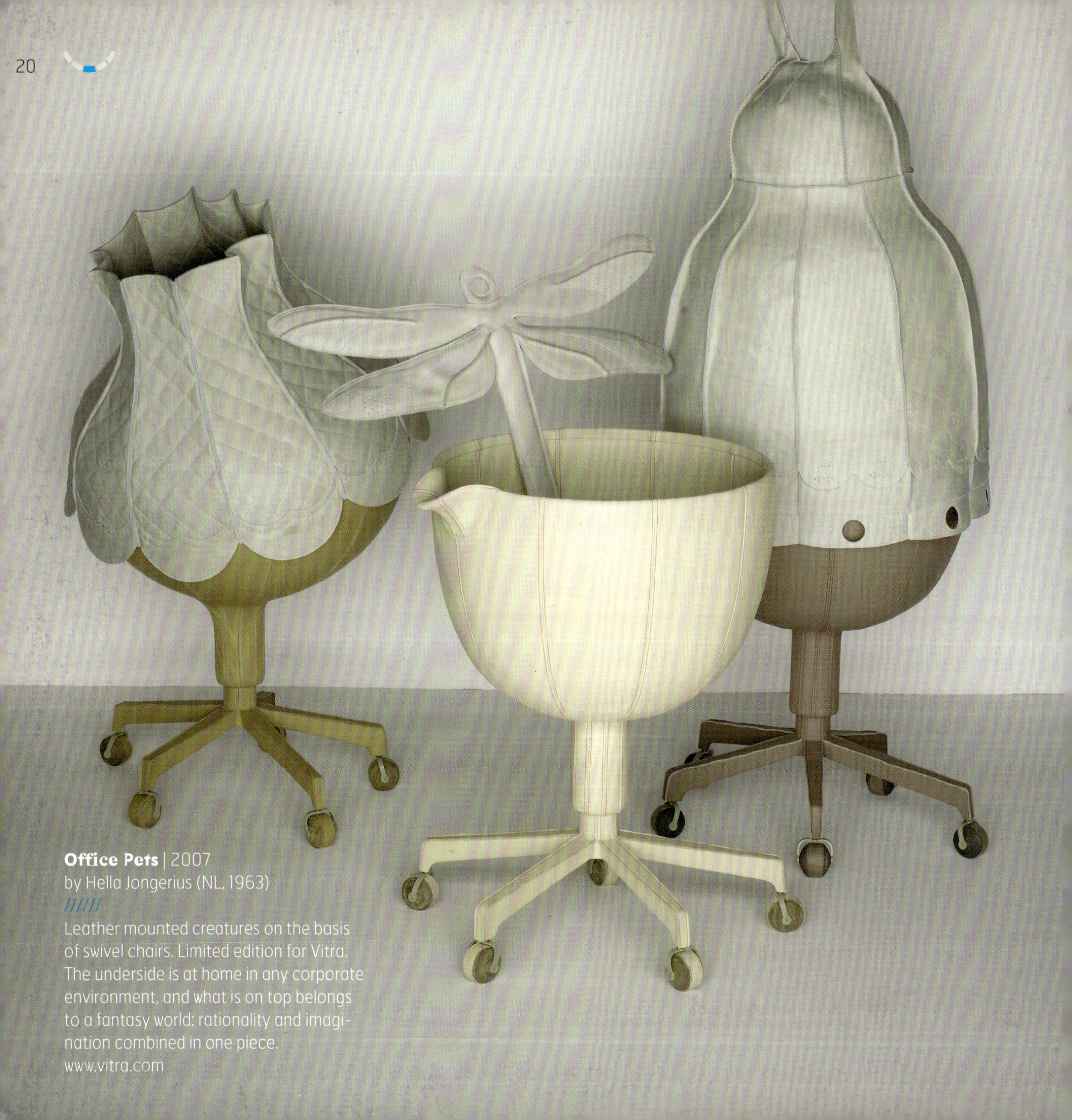

Office Pets | 2007
by Hella Jongerius (NL, 1963)
//////
Leather mounted creatures on the basis of swivel chairs. Limited edition for Vitra. The underside is at home in any corporate environment, and what is on top belongs to a fantasy world: rationality and imagination combined in one piece.
www.vitra.com

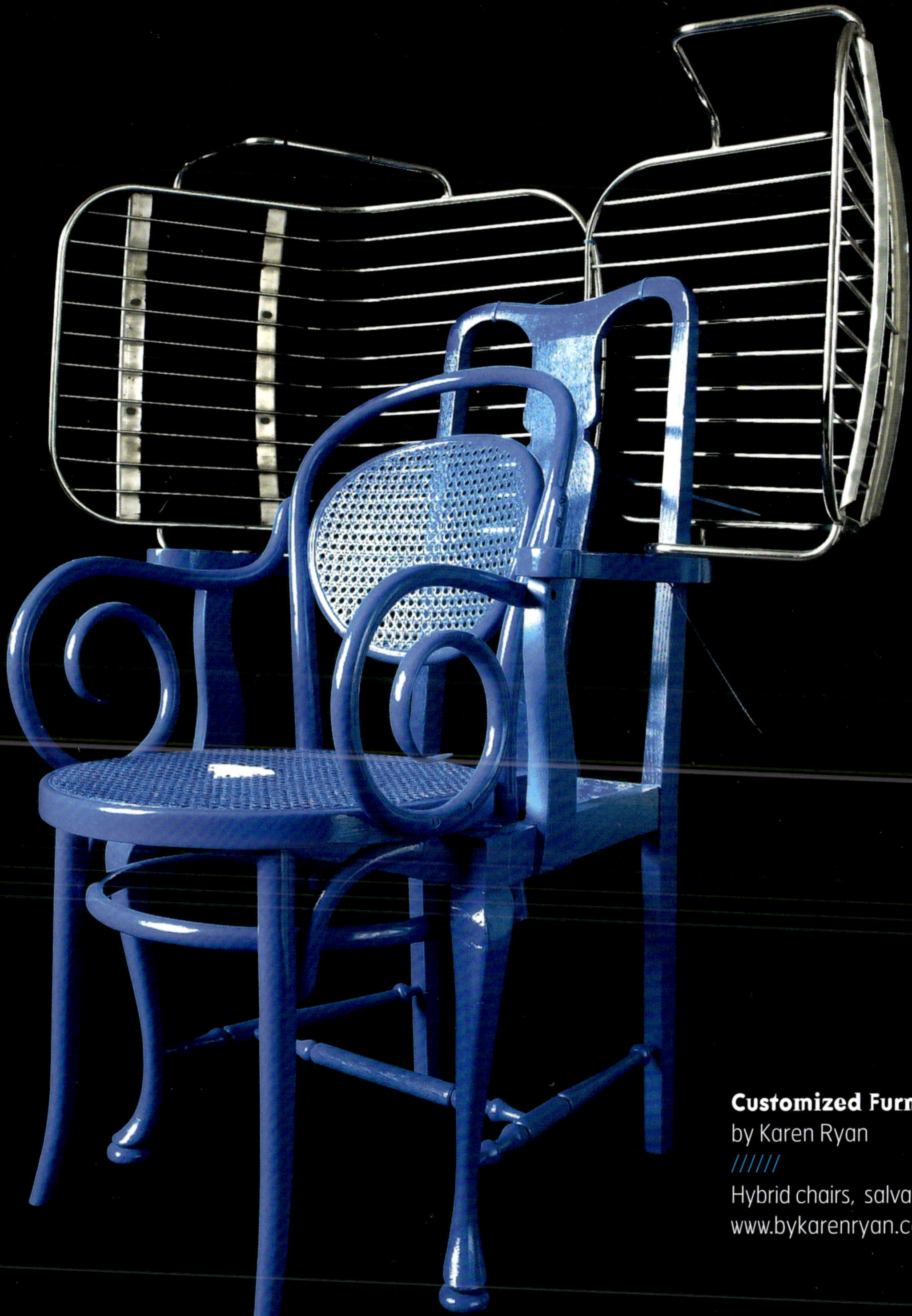

Customized Furniture | 2006
by Karen Ryan
//////
Hybrid chairs, salvaged furniture bits.
www.bykarenryan.co.uk

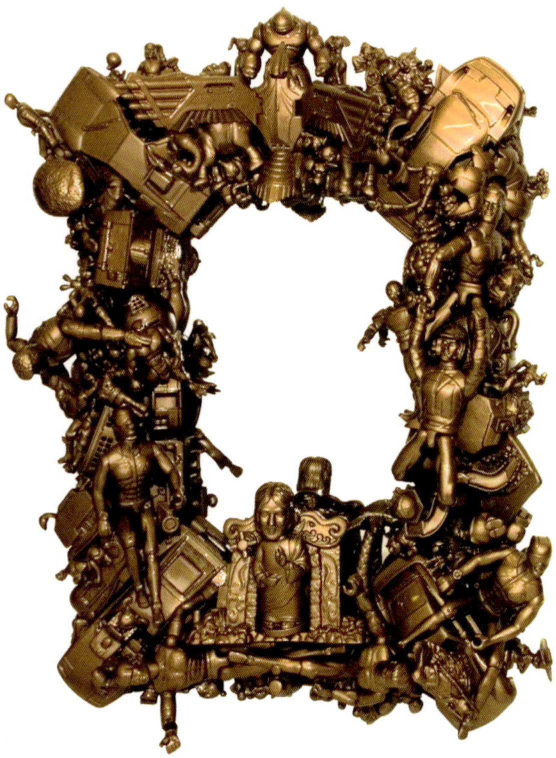

Toy Mirror | 2007
by Ryan McElhinney (IE, °1973)
//////
Made of recycled toys sprayed
in polyurethane gloss lacquer.
www.ryanmcelhinney.com

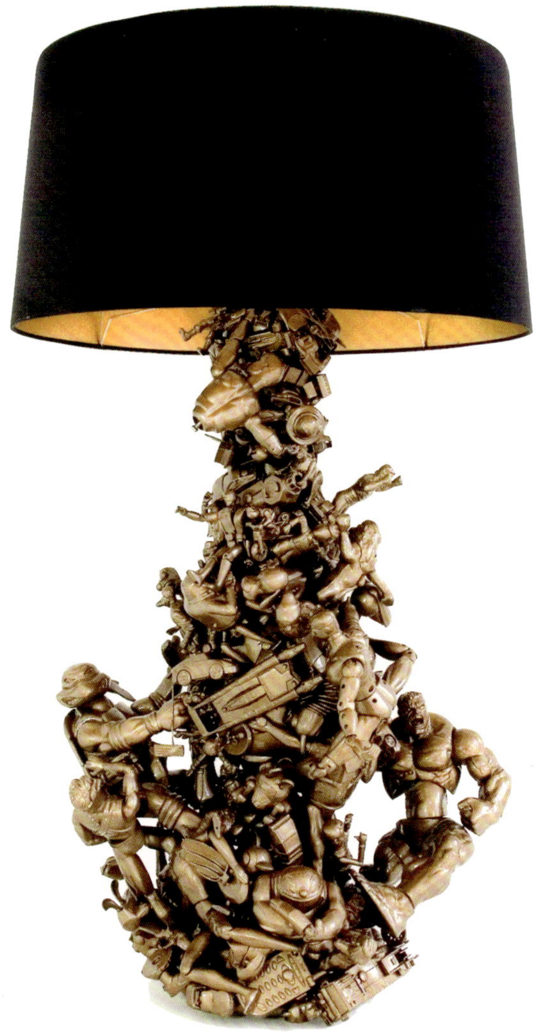

Toy Lamp | 2007
by Ryan McElhinney (IE, °1973)
//////
Made of recycled toys sprayed
in polyurethane gloss lacquer.
www.ryanmcelhinney.com

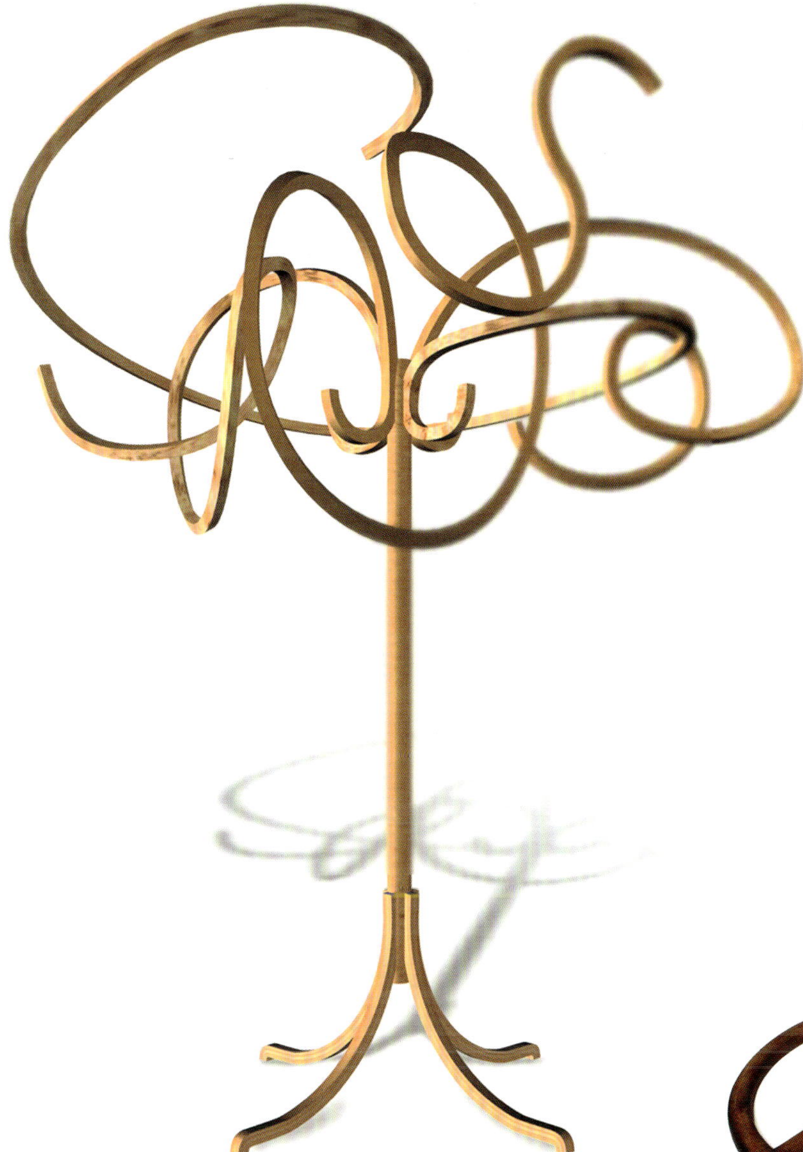

After Thonet | 2003
by Mathieu Lehanneur (Fr, °1974)
//////
Coatrack, cold bentwood, for the Homme Collection by Yohann Serfaty.
www.mathieulehanneur.com

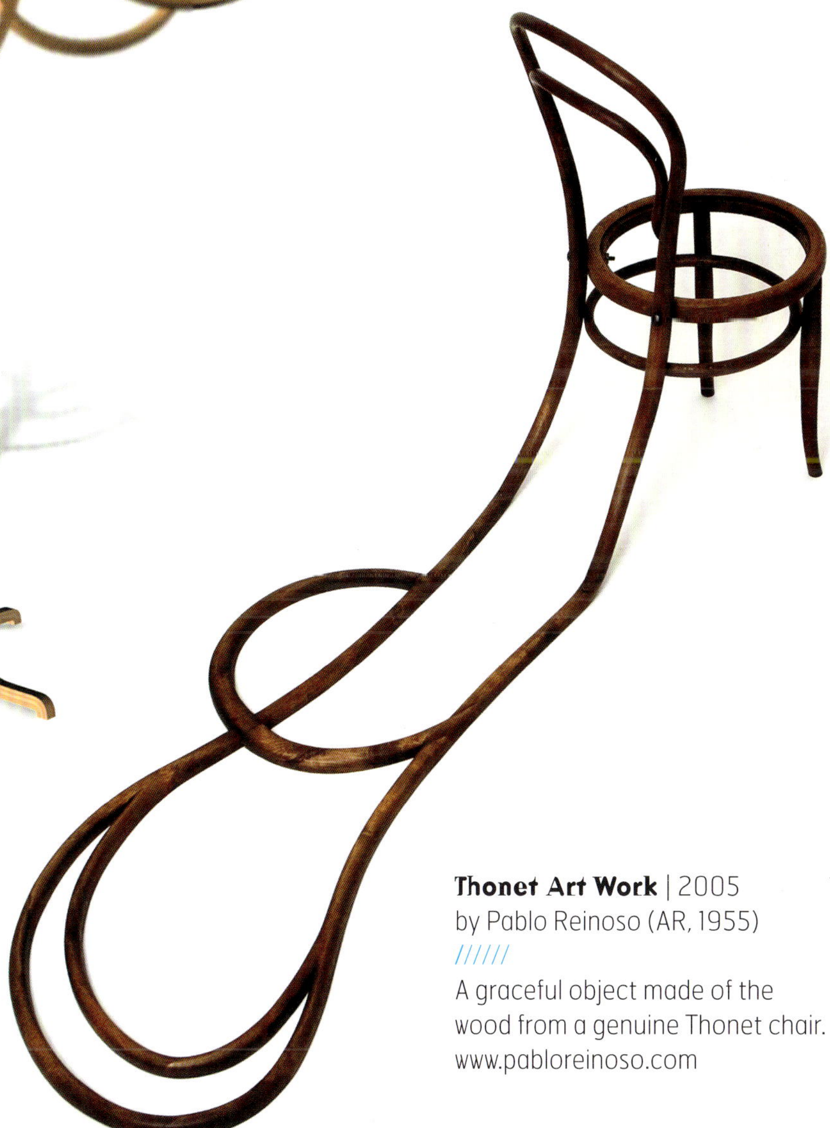

Thonet Art Work | 2005
by Pablo Reinoso (AR, 1955)
//////
A graceful object made of the wood from a genuine Thonet chair.
www.pabloreinoso.com

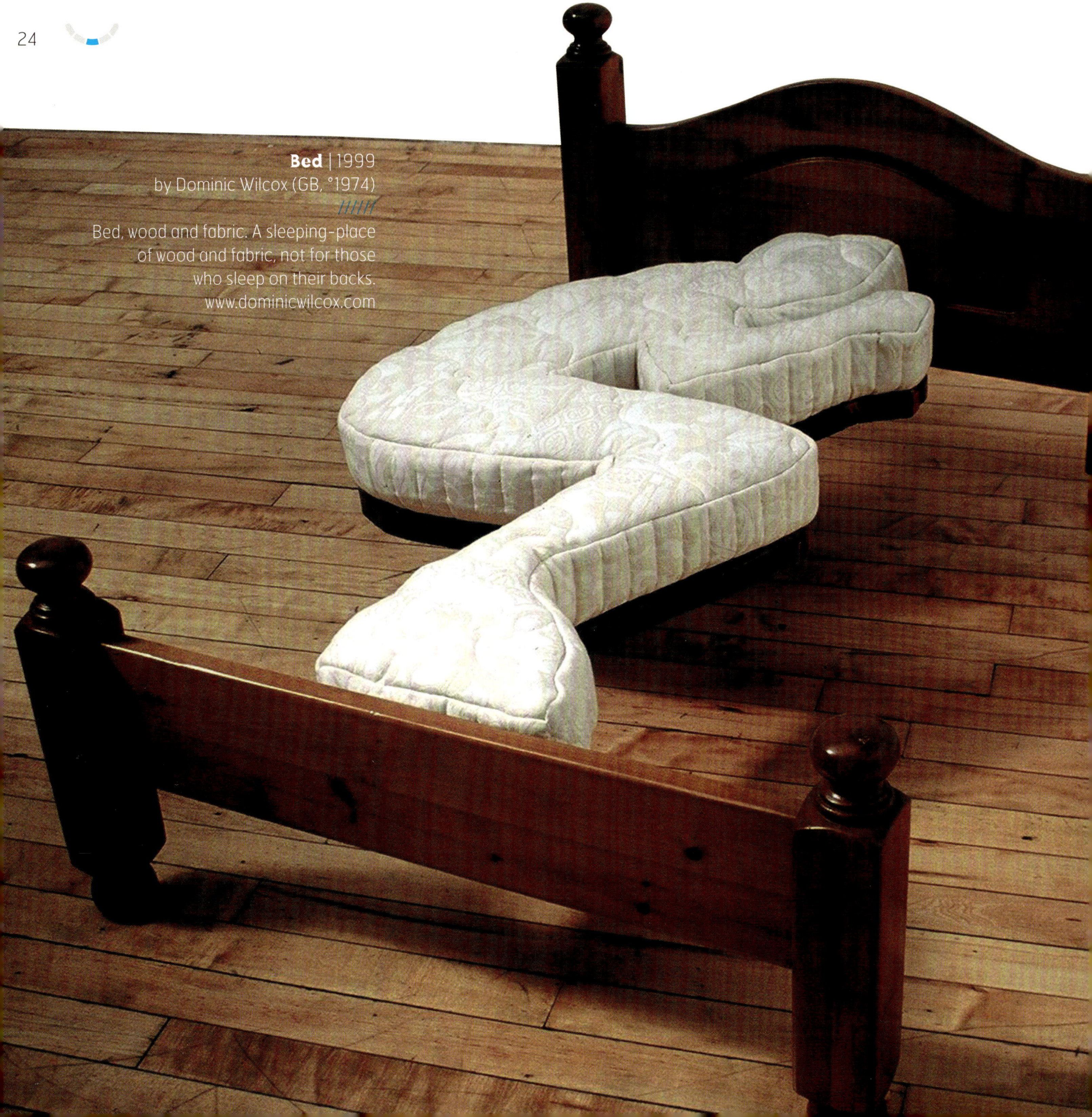

Bed | 1999
by Dominic Wilcox (GB, °1974)

Bed, wood and fabric. A sleeping-place of wood and fabric, not for those who sleep on their backs.
www.dominicwilcox.com

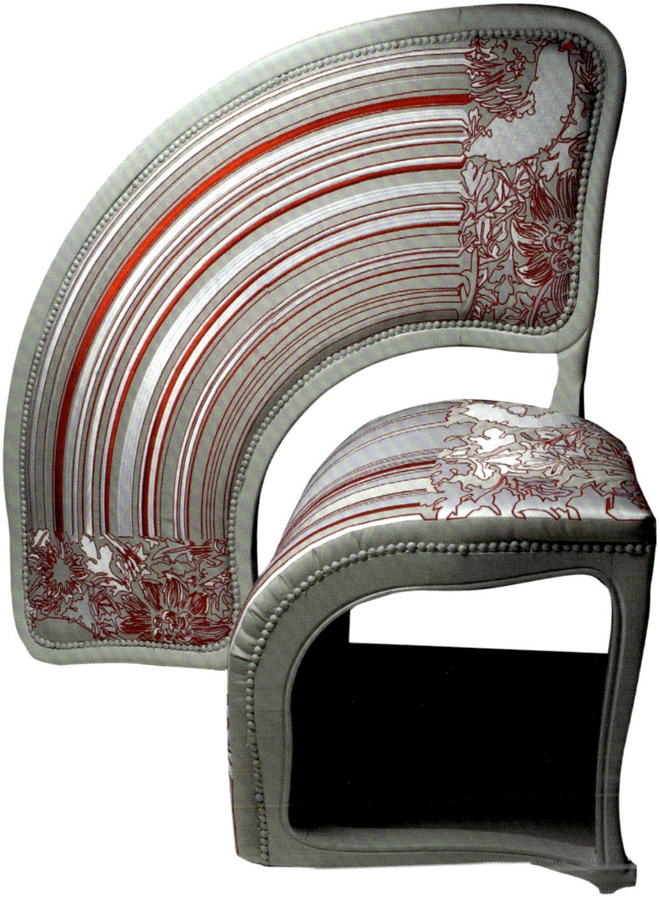

Lathe Chair | 2007
by Sebastian Brajkovic (NL, °1975)
//////
Chair made of wood and embroidered fabrics.
www.sebastianbrajkovic.com

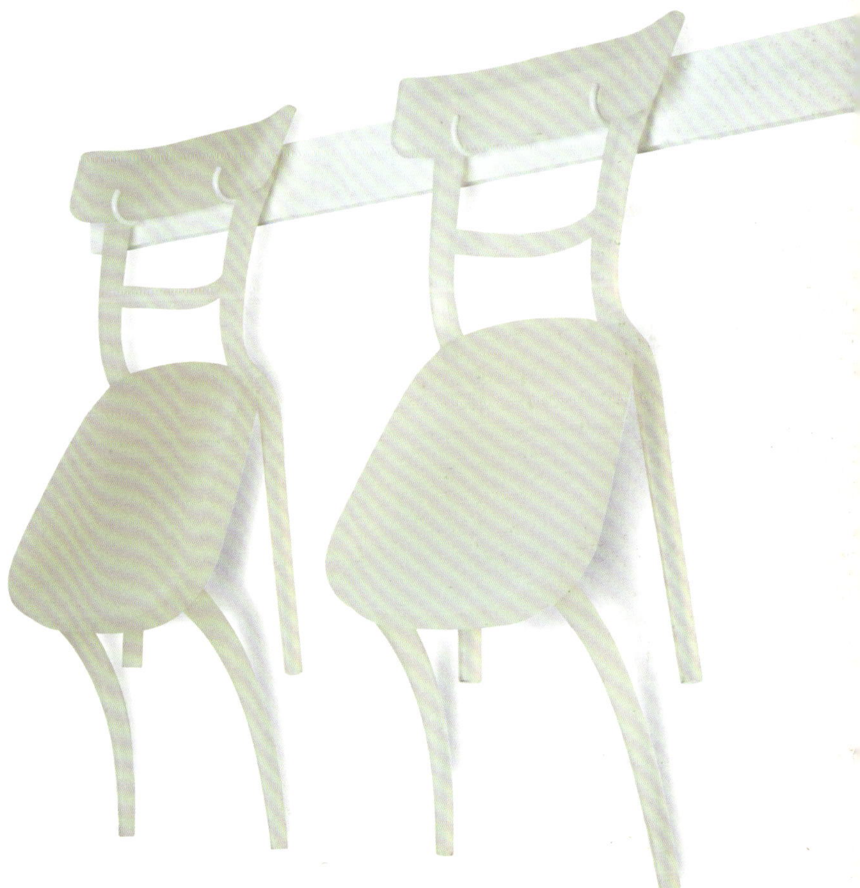

Spineless | 2006
by Rolf Sachs (CH-DE, °1955)
//////
Chairs, silicone. Chairs with a hopeless air.
www.rolfsachs.com

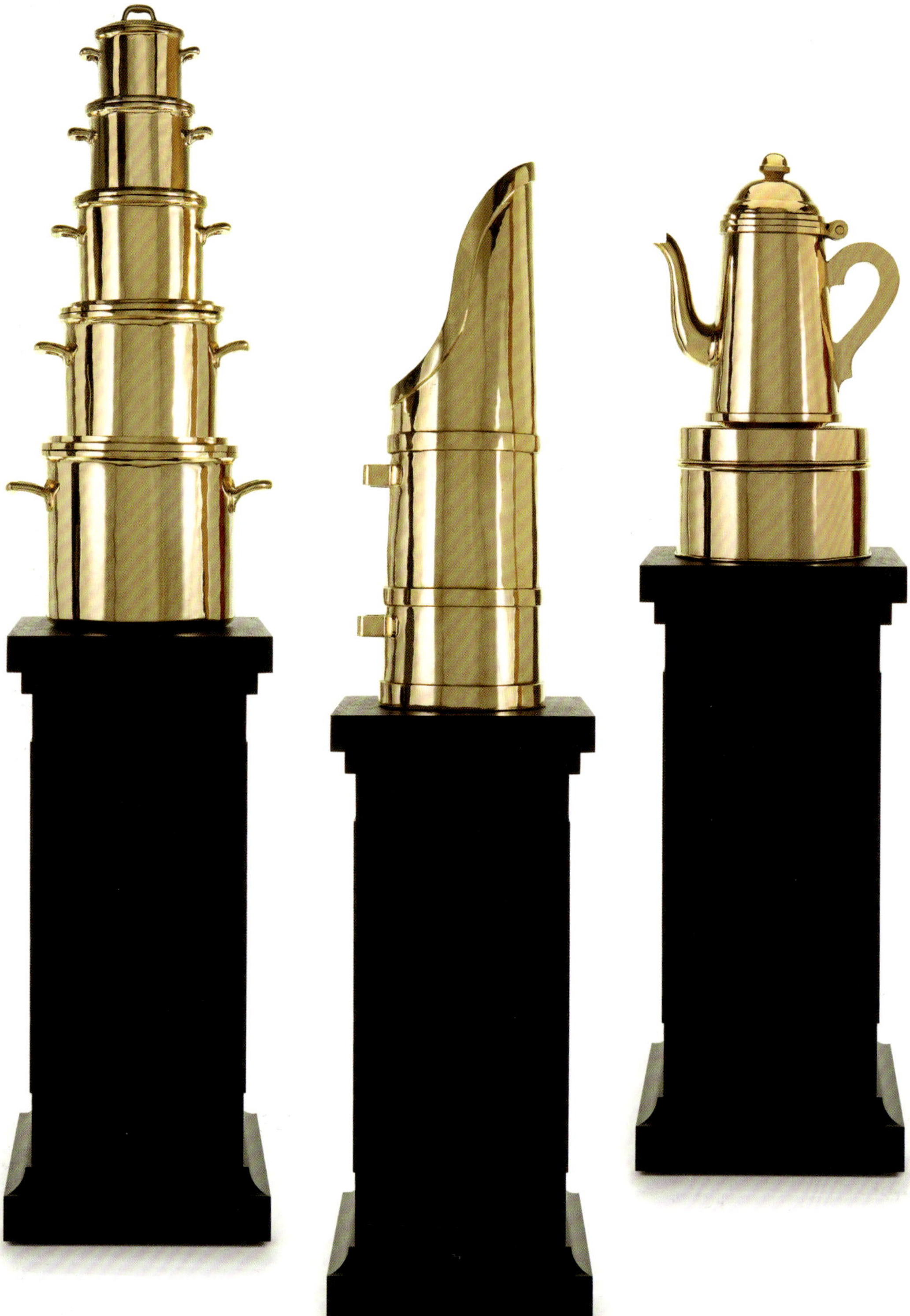

<<<
Tower | 2006-2007
from the 'Homework Collection'
by Studio Job (BE-NL)
//////
Polished bronze and wenge,
200 x 45 x 45 cm, published by
Moss and part of the collection
of the Groninger Museum.
www.mossonline.com

<<
Coal Scuttle | 2006-2007
from the 'Homework Collection'
by Studio Job (BE-NL)
//////
Polished bronze and wenge,
190 x 45 x45 cm, published by
Moss and part of the collection
of the Groninger Museum.
www.mossonline.com

<
Cookie Tin on pedestal |
2006-2007
from the 'Homework Collection'
by Studio Job (BE-NL)
//////
Polished bronze, wenge
and glass, 160 x 45 x 45 cm,
published by Moss and part
of the collection of the
Groninger Museum.
www.mossonline.com

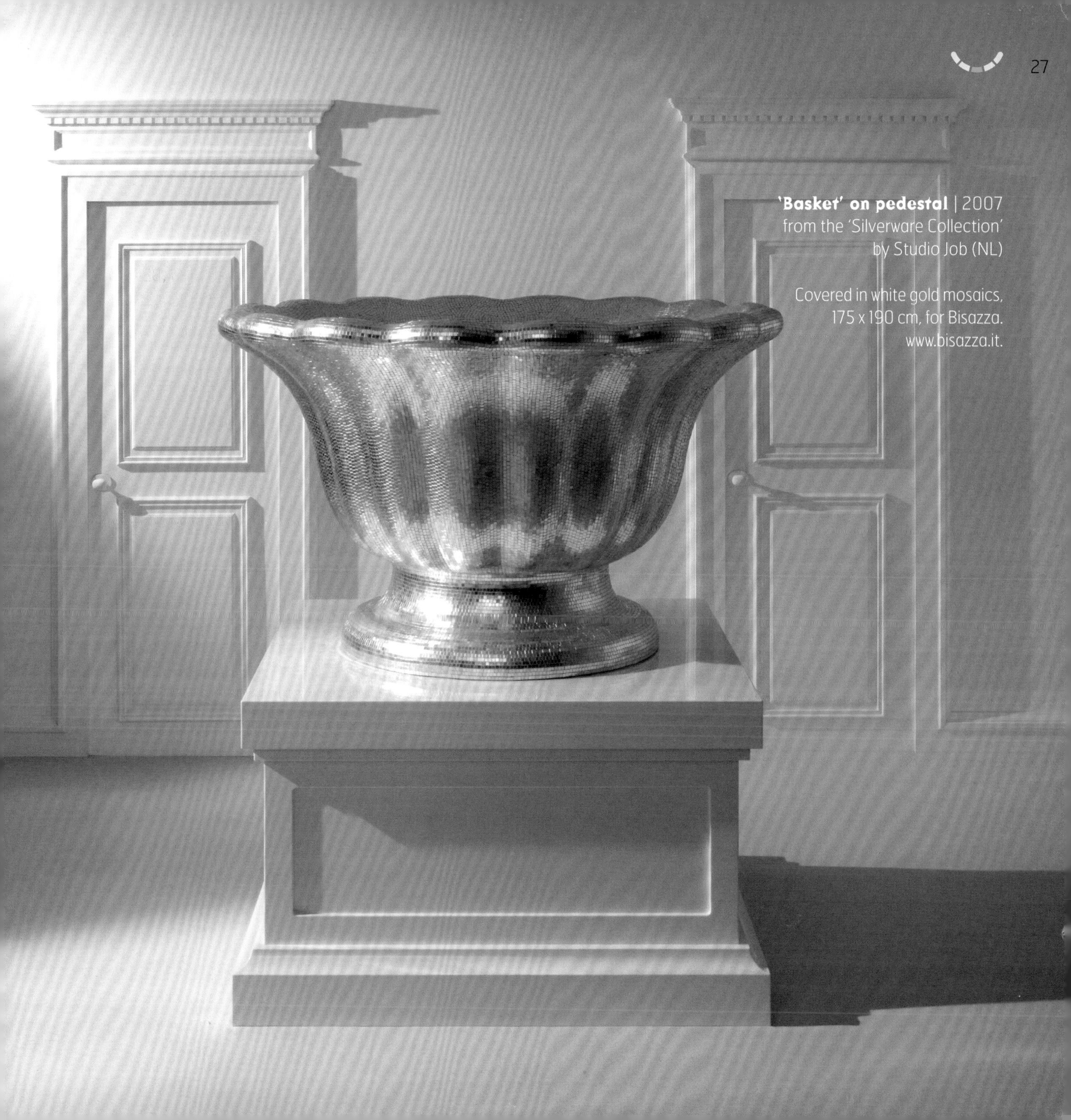

'Basket' on pedestal | 2007
from the 'Silverware Collection'
by Studio Job (NL)

Covered in white gold mosaics,
175 x 190 cm, for Bisazza.
www.bisazza.it.

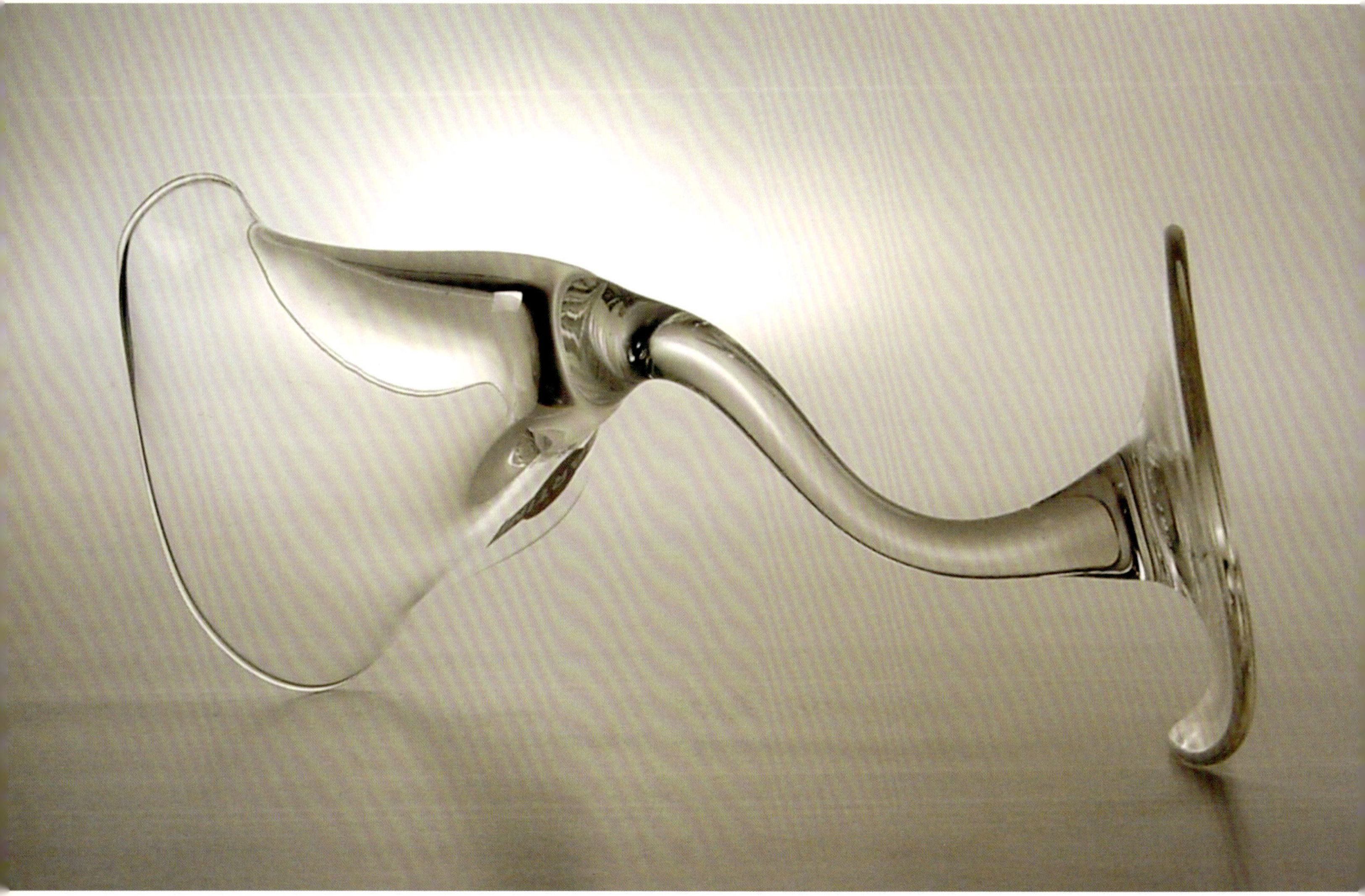

Tipsy Glasses | 2002
by Frederik Roijé (NL, °1978)
//////
Cocktail glass, for Studio Frederik Roijé.
www.roije.com

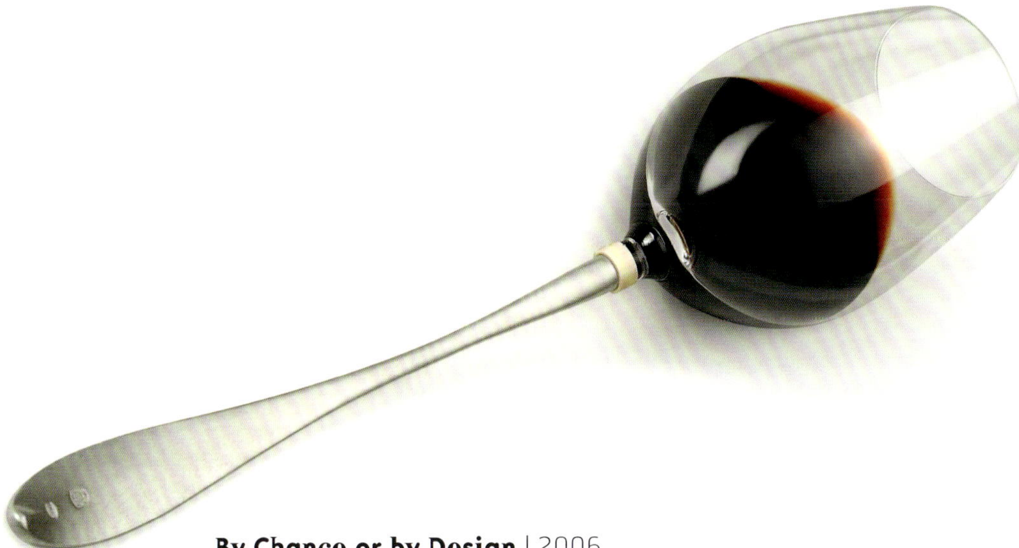

By Chance or by Design | 2006
by Andreas Fabian, (GE, °1957)
//////
Wine glass with a spoon handle, cast silver handle and glass goblet, for Mo Billy.
www.mo-billy.com

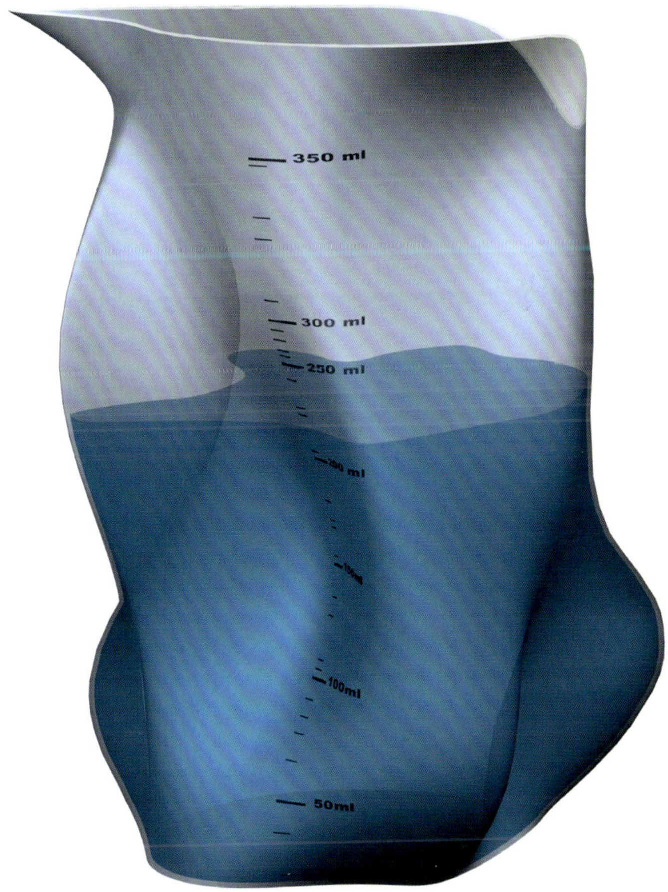

Exact | 2005
by Ernest Perera (SP, °1974)
//////
Measuring cup, plastic.
www.ernestperera.com

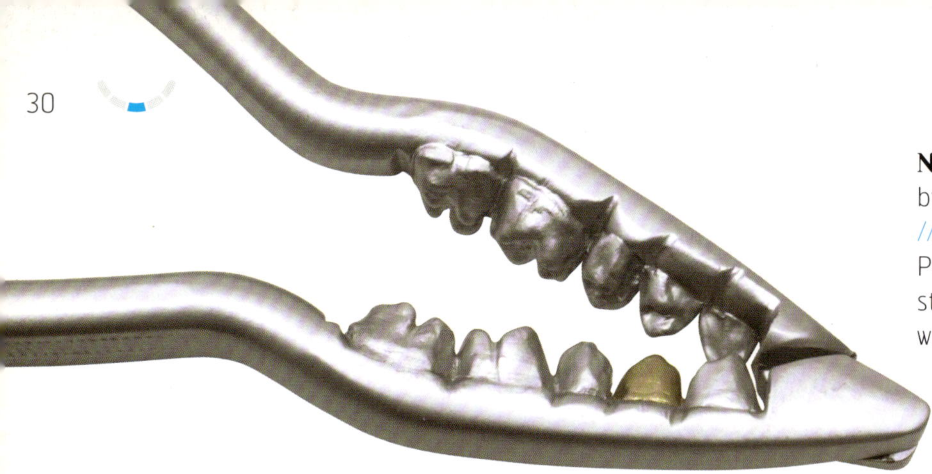

Nut Biter | 2004
by Joao Sabino (Portugal, °1976)
//////
Pair of nutcrackers, stainless steel and gold.
www.joaosabino.com

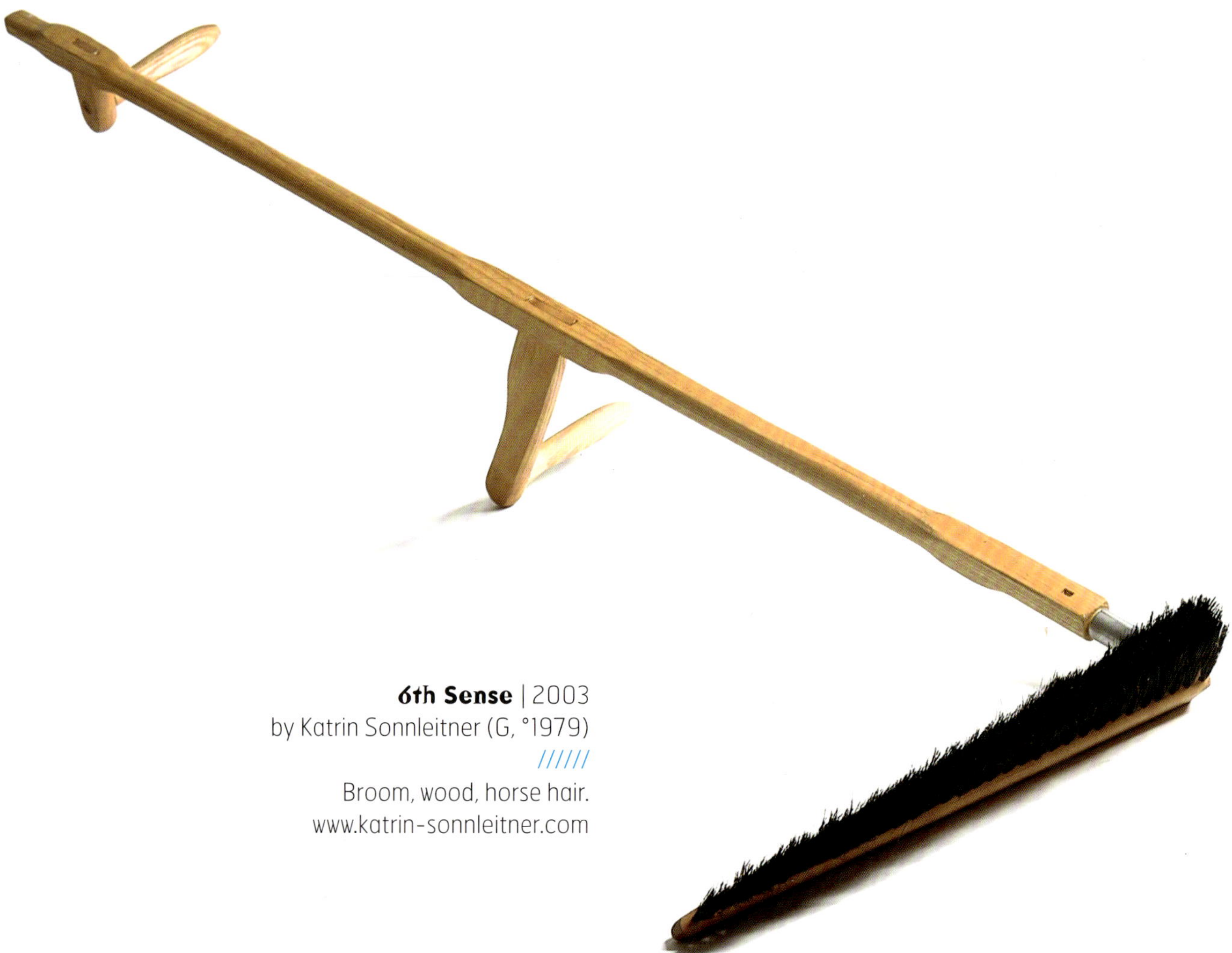

6th Sense | 2003
by Katrin Sonnleitner (G, °1979)
//////
Broom, wood, horse hair.
www.katrin-sonnleitner.com

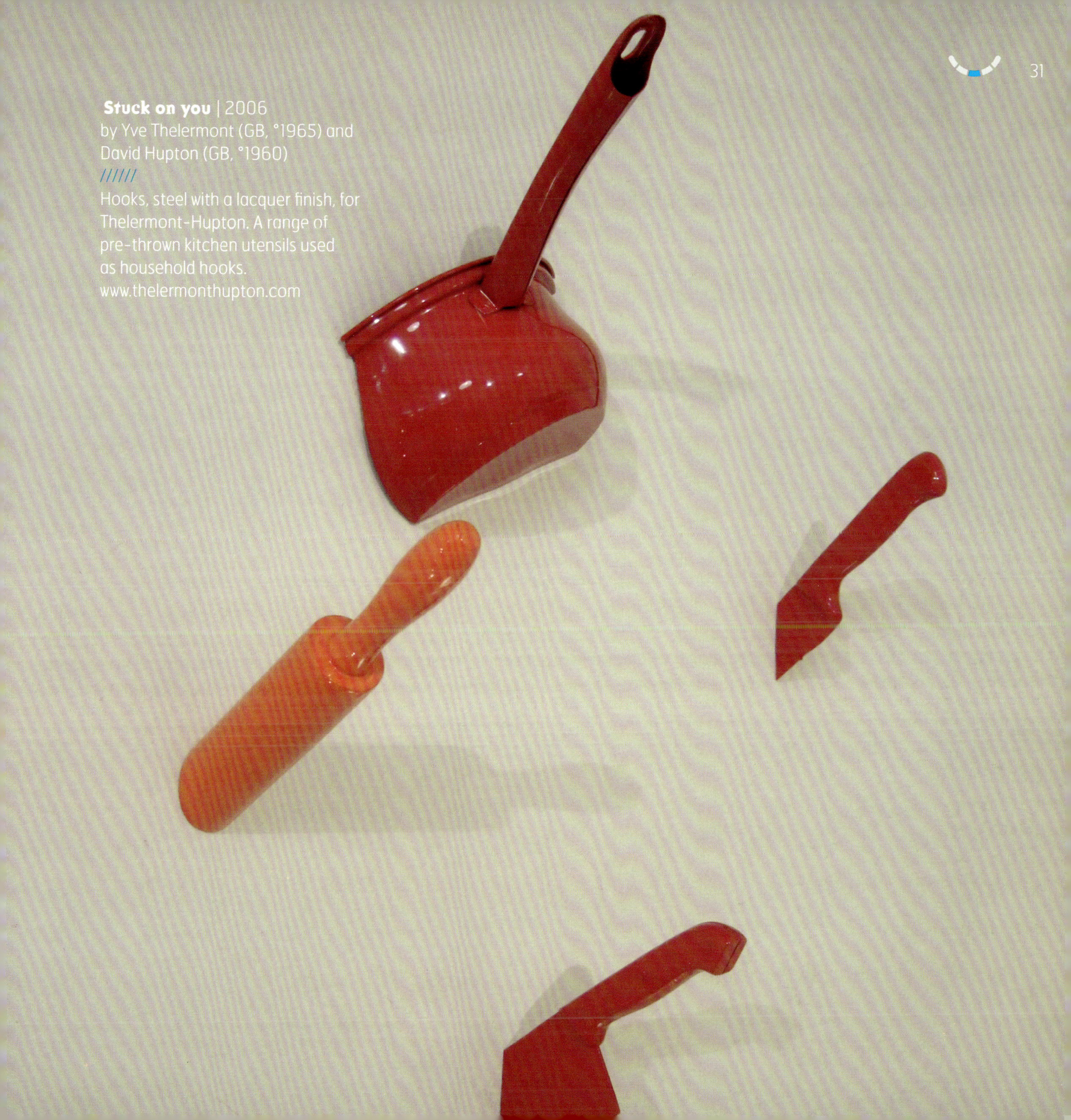

Stuck on you | 2006
by Yve Thelermont (GB, °1965) and
David Hupton (GB, °1960)
//////
Hooks, steel with a lacquer finish, for Thelermont-Hupton. A range of pre-thrown kitchen utensils used as household hooks.
www.thelermonthupton.com

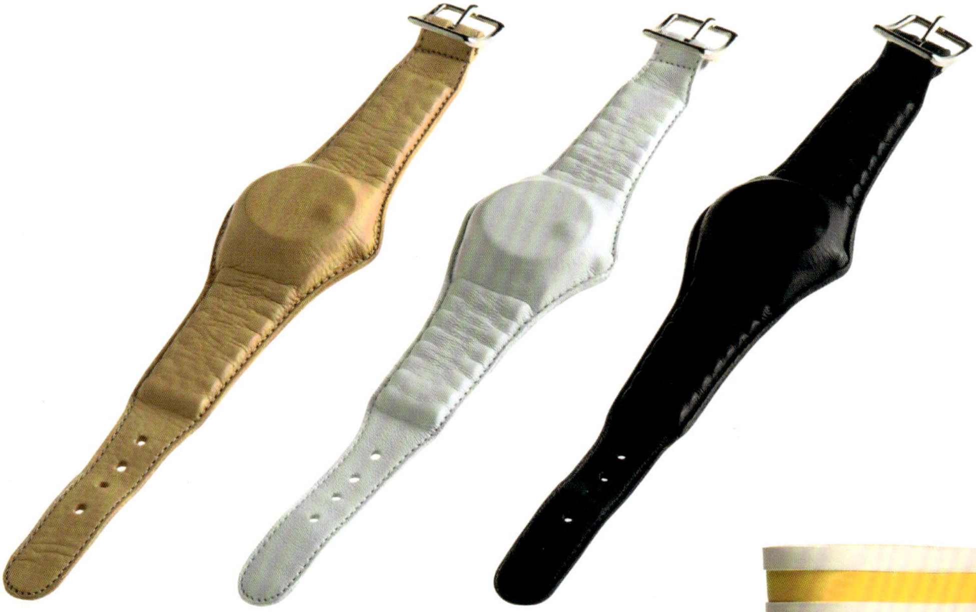

Internal Watch | 2001
by Leon Ransmeier (US, °1979)
//////
Bracelet, fake Rolex watch and leather, for Vlaemsch( ).
www.vlaemsch.be

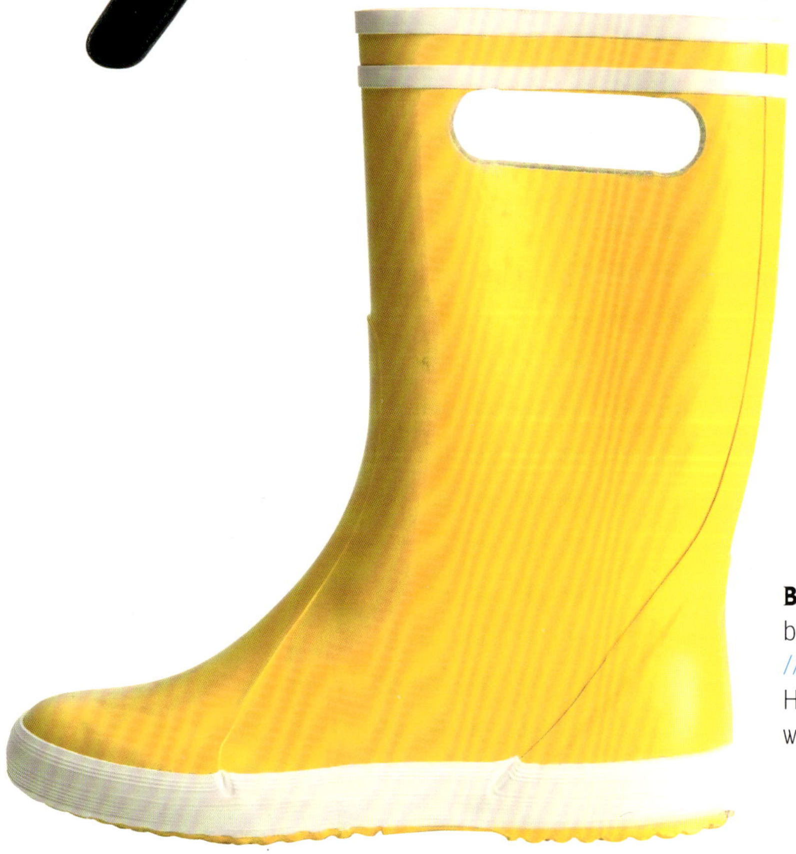

Bootbag | 2004
by Saskia Marcotti (IT, °1986)
//////
Handbag, rubber, for Vlaemsch( ).
www.vlaemsch.be

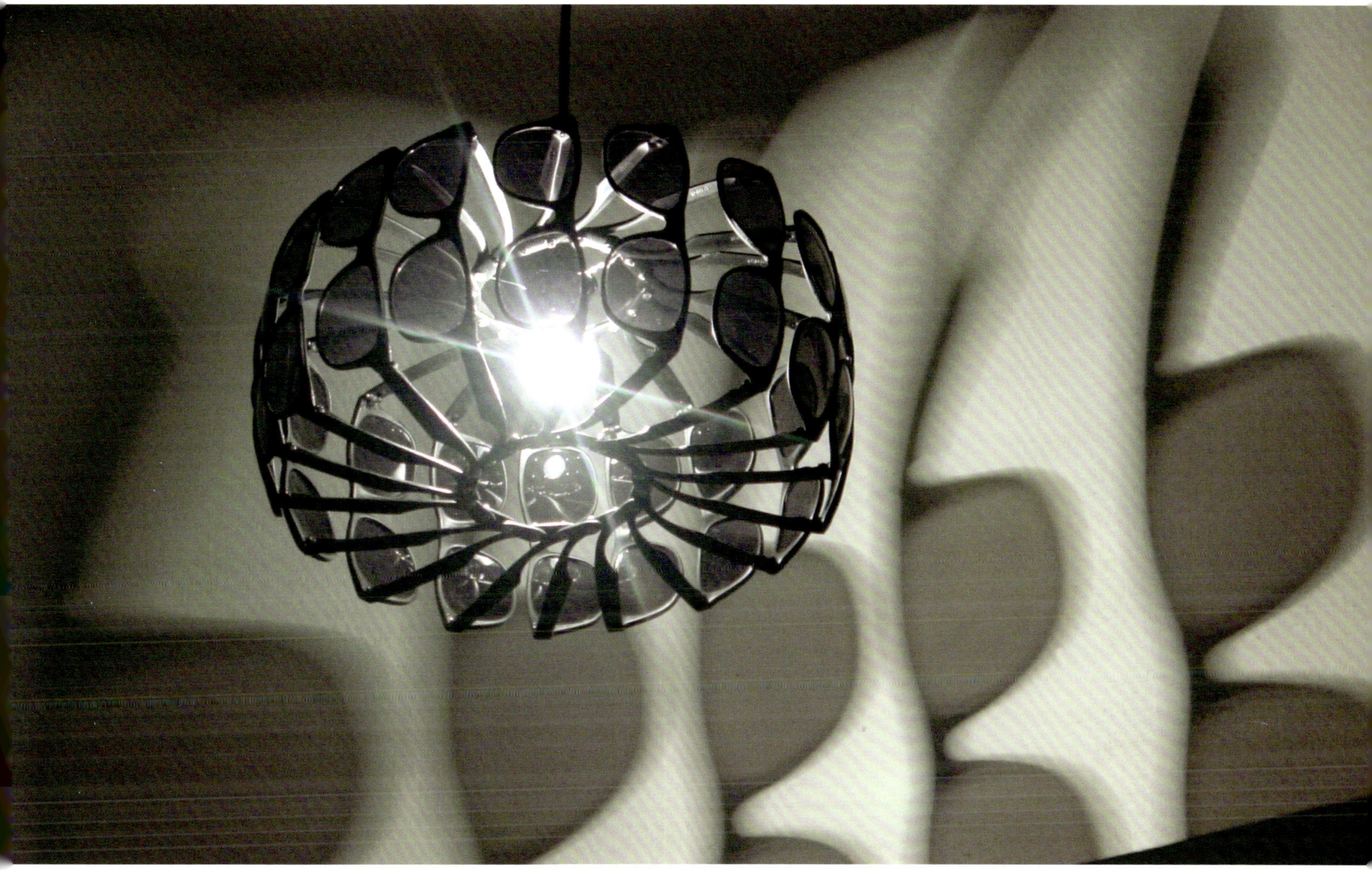

R&S Shades | 2006
by J.P. Meulendijks (NL, °1972)
//////
Pendant light, 18 RayBan-style sunglasses, for Dark.
www.dark.be

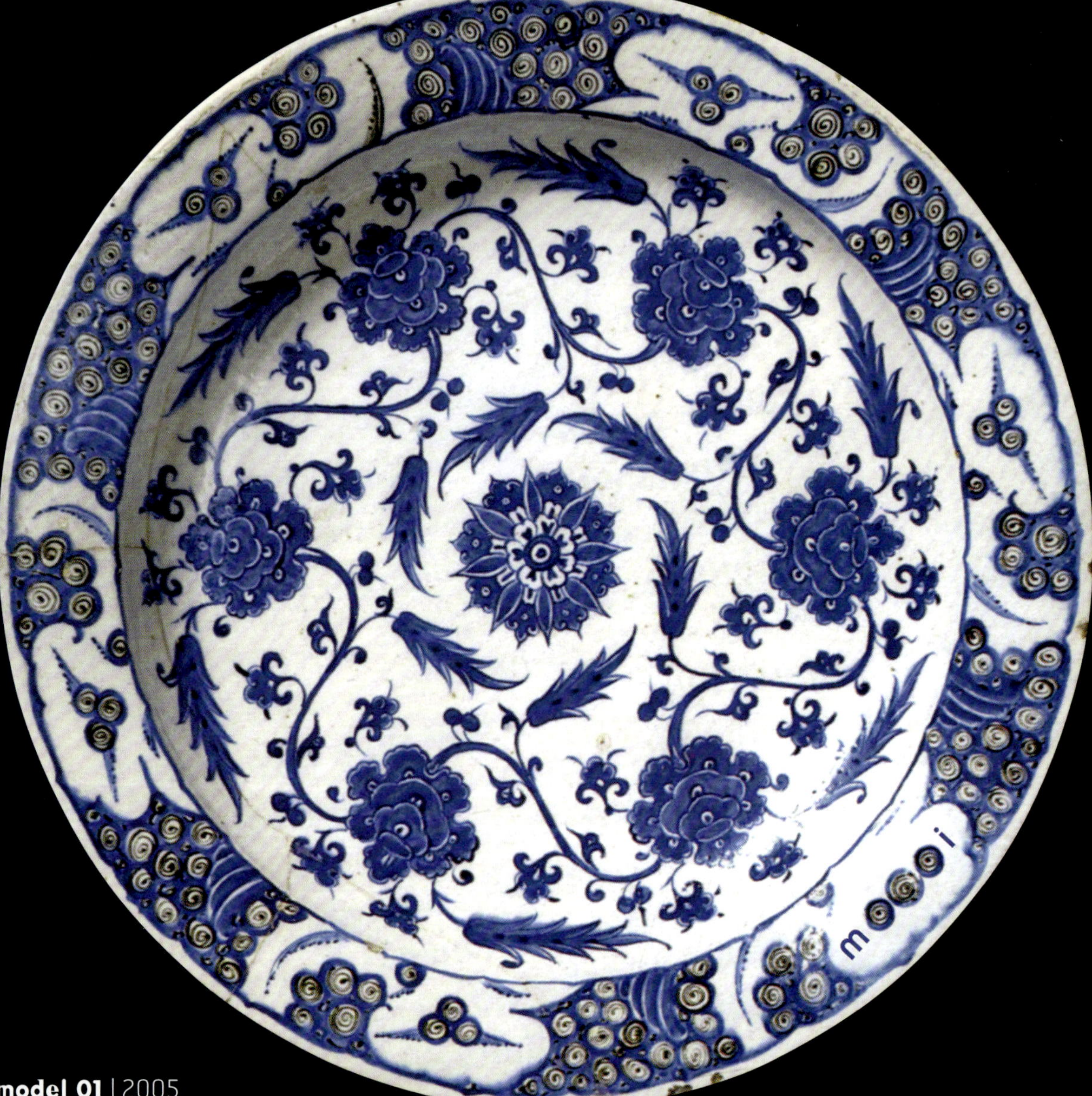

Carpet model 01 | 2005
by Marcel Wanders (NL, °1963)
//////
Printed nylon threads, 250 cm diameter, for Moooi.
www.moooi.nl

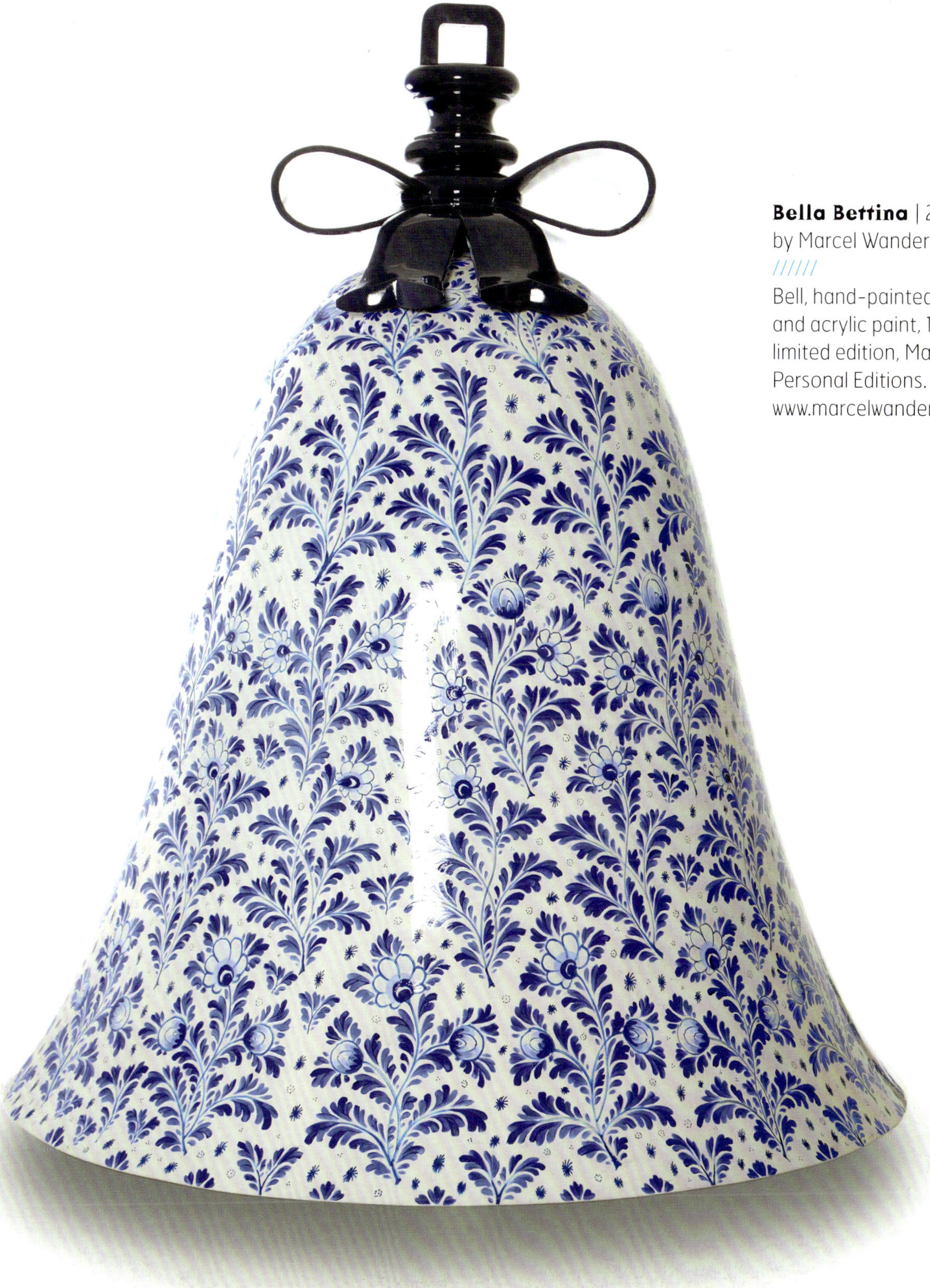

Bella Bettina | 2007
by Marcel Wanders (NL, °1963)
//////
Bell, hand-painted polyester and acrylic paint, 150 x 176 cm, limited edition, Marcel Wanders Personal Editions.
www.marcelwanders.com

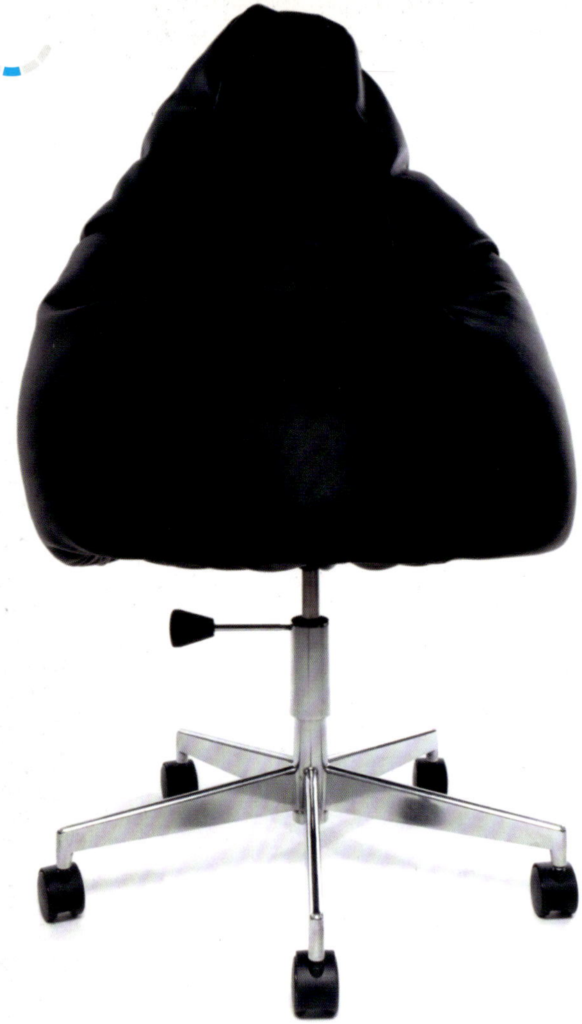

Slacker Chair | 2006
by Marie-louise Gustafsson (SE, °1967)
//////
Office chair, cast aluminium frame and polythene pellets in a sack of imitation leather. An office chair on which you have to find your own sitting position.
www.marielouise.se

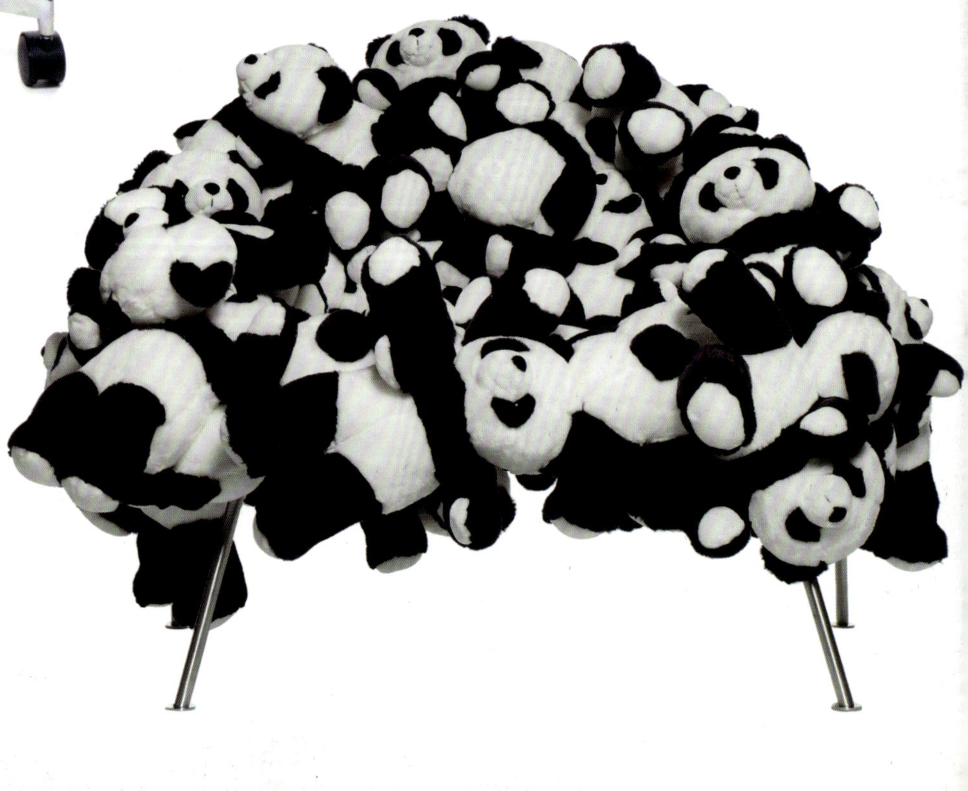

Panda Chair | 2006
by Humberto and Fernando Campana (BR, °1953 resp. °1961)
//////
A compilation of stuffed animals on a metal base, by Estudio Campana for Moss Gallery.
www.mossonline.com

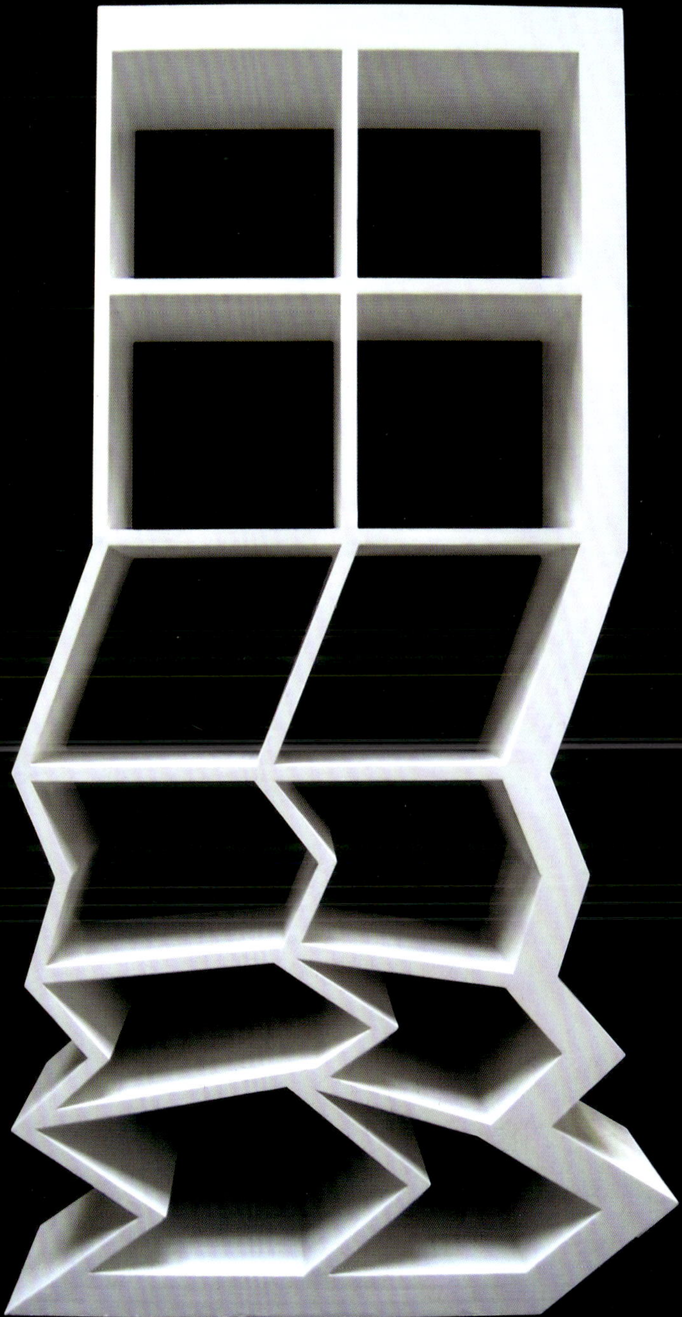

KC | 2007
by Camille Debons (FR, °1982)
and Grégory Parsy (FR, °1976)
//////
Bookshelf, wood, 2007.
Bookshelf and crash object,
ready to fall but mastered.
www.parsydebonsdesign.com

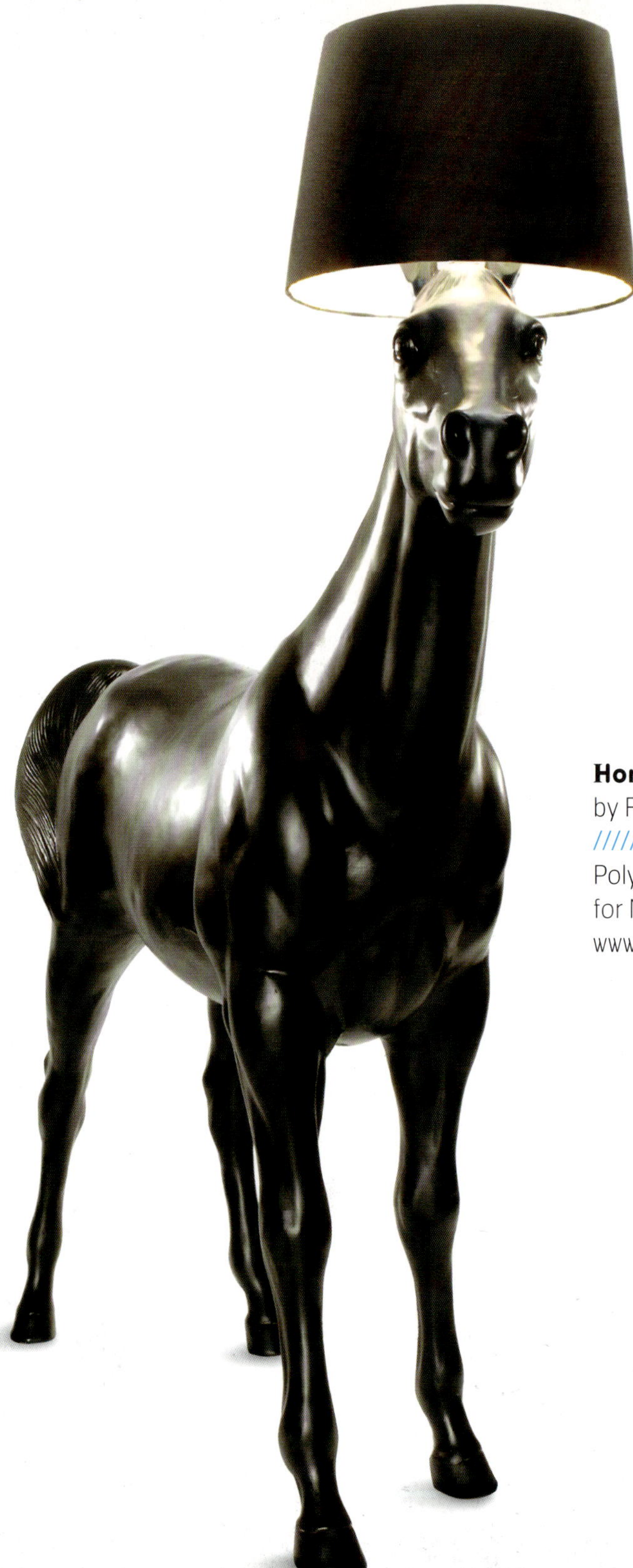

Horse Lamp | 2005
by Front Design
//////
Polyester, 210 x 90 x 23 cm,
for Moooi.
www.moooi.nl

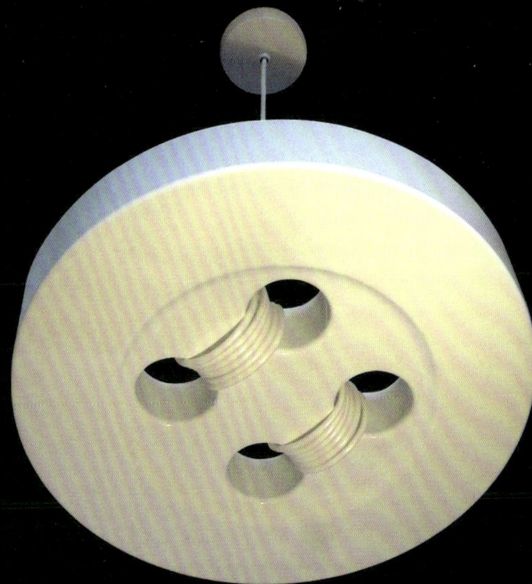

Button Light | 2005
by Nahoko Koyama (JP, °1978)
//////
Pendant light, ABS plastic, circular fluorescent tube bulbs and fittings, 5.5 x 33 cm, for Mixko.
www.mixko.co.uk

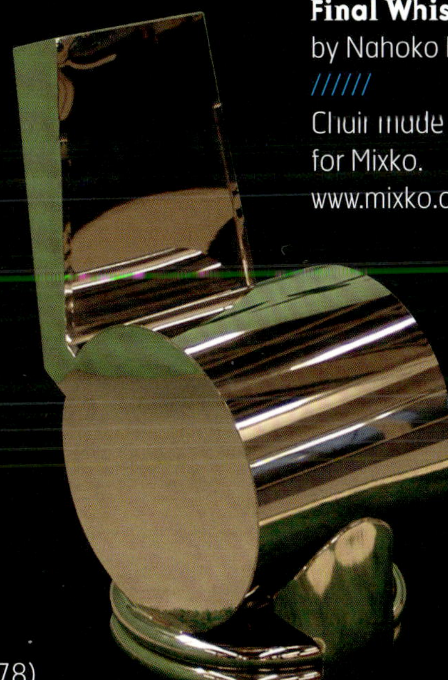

Final Whistle | 2005
by Nahoko Koyama (JP, °1978)
//////
Chair made of stainless steel, for Mixko.
www.mixko.co.uk

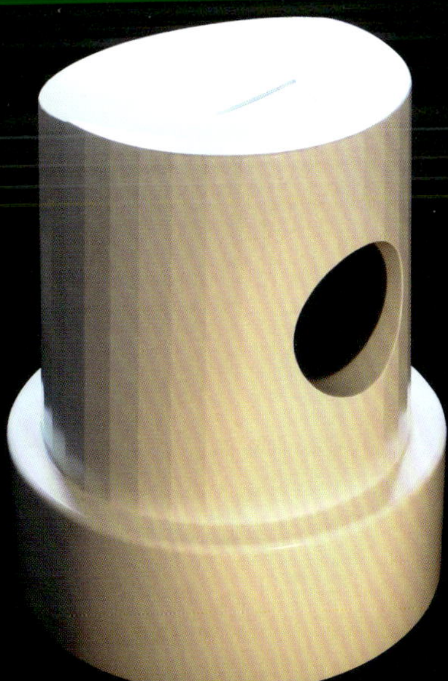

Aerostool | 2005
by Nahoko Koyama (JP, °1978)
//////
Stool, GRP, 55 x 47 x 47 cm, for Mixko.
www.mixko.co.uk

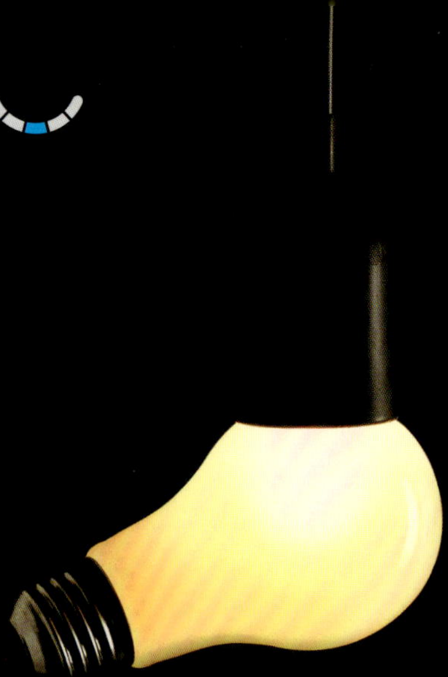

Son of Eddy | 2004
by Davy Grosemans (BE, 1976)
//////
Pendant light, for Dark.
www.dark.be

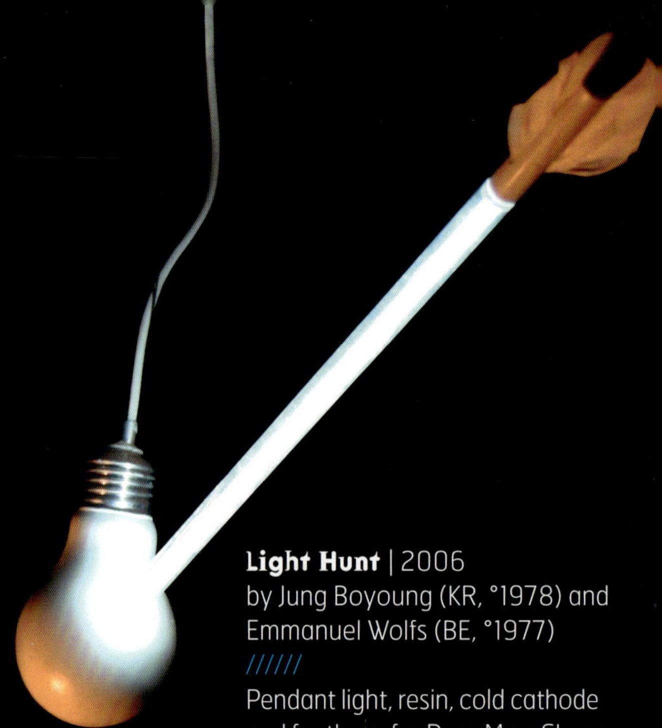

Light Hunt | 2006
by Jung Boyoung (KR, °1978) and
Emmanuel Wolfs (BE, °1977)
//////
Pendant light, resin, cold cathode
and feathers, for Draw Me a Sheep.
www.drawmeasheep.com

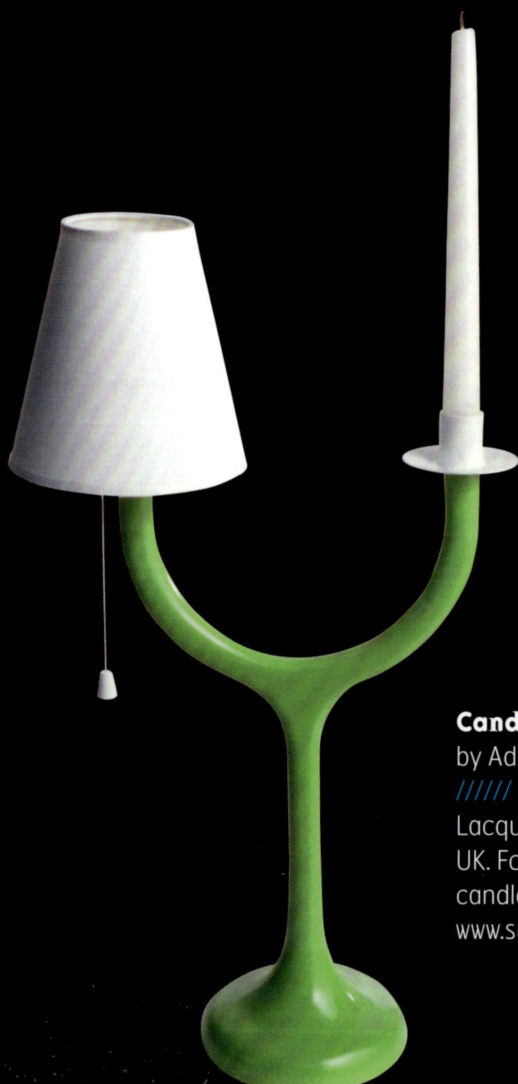

Candle Light | 2003
by Adrien Rovero (CH, °1981)
//////
Lacquered steel and fabrics. For Suck
UK. For who can't choose between a
candle and an artificial light.
www.suck.uk.com

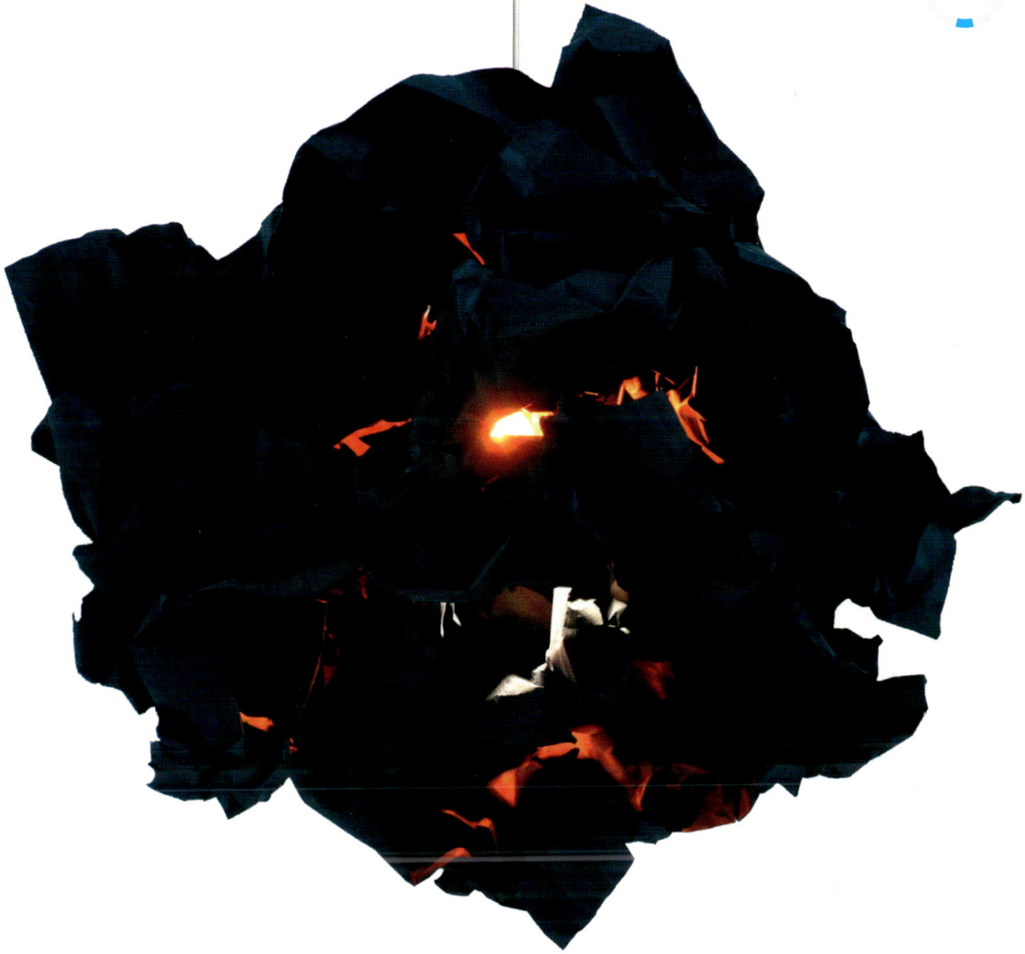

Black-Light | 2006
by Charlie Davidson (GB, °1970)
//////
Pendant light, aluminium foil.
www.charlie-davidson.com

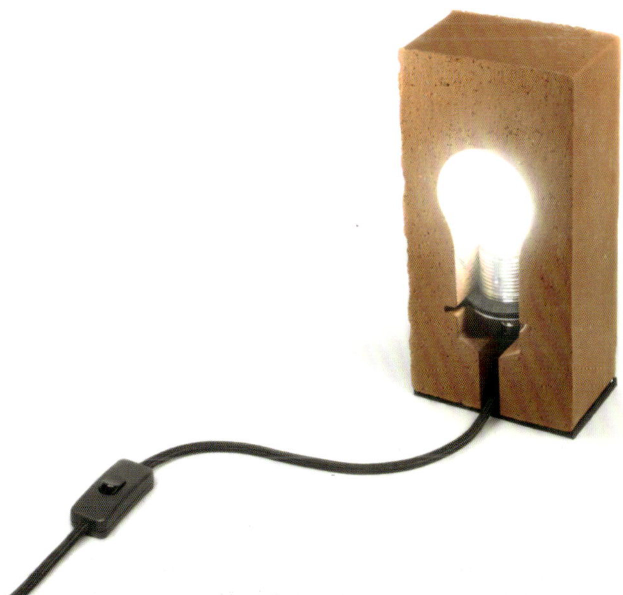

Lightbrick | 2006
by Fabian Baumann (GE, °1977)
//////
Lamp, brick, textile cable and metal fitting, for Formfjörd.
www.formfjord.com.

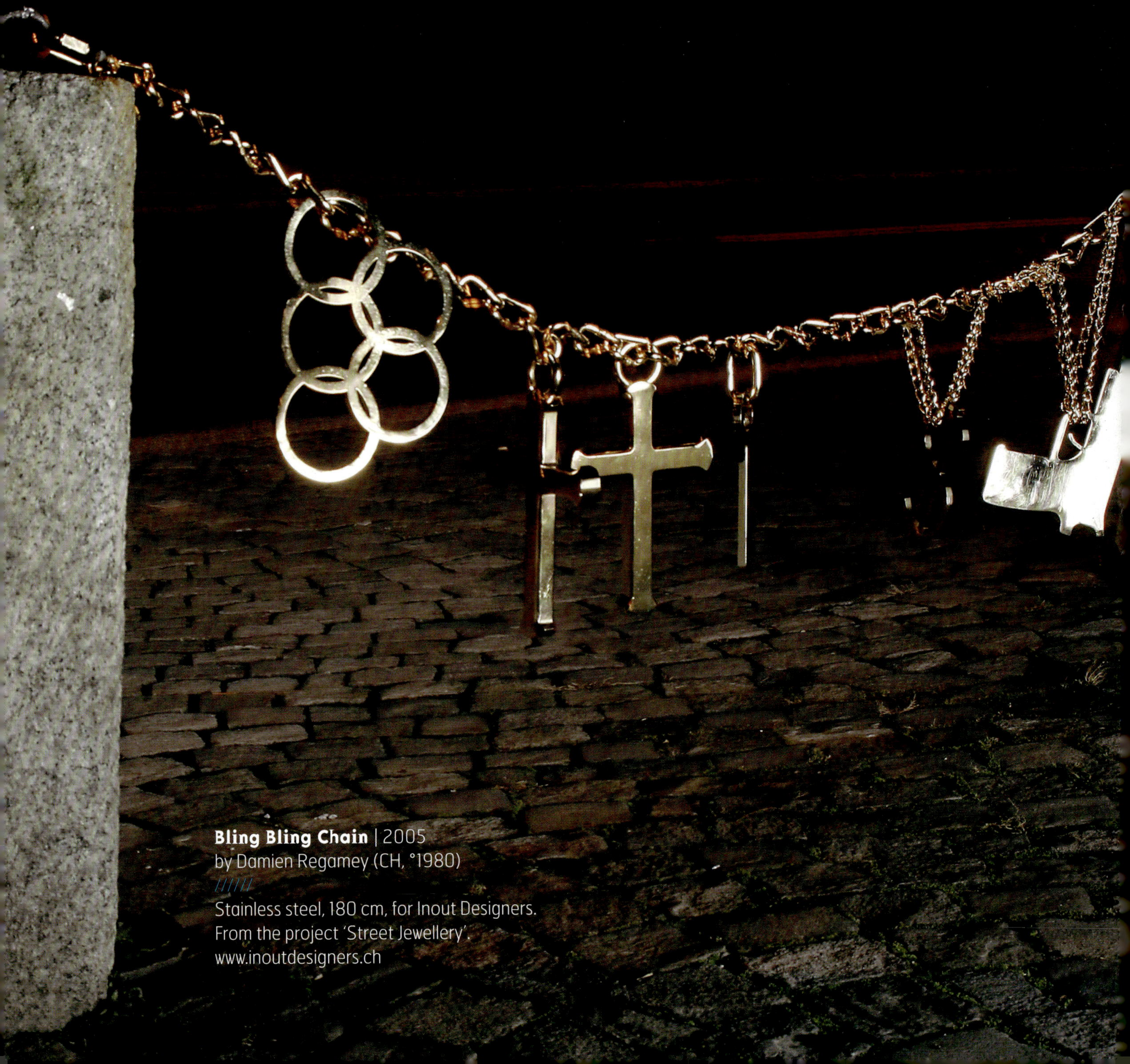

Bling Bling Chain | 2005
by Damien Regamey (CH, °1980)

Stainless steel, 180 cm, for Inout Designers.
From the project 'Street Jewellery'.
www.inoutdesigners.ch

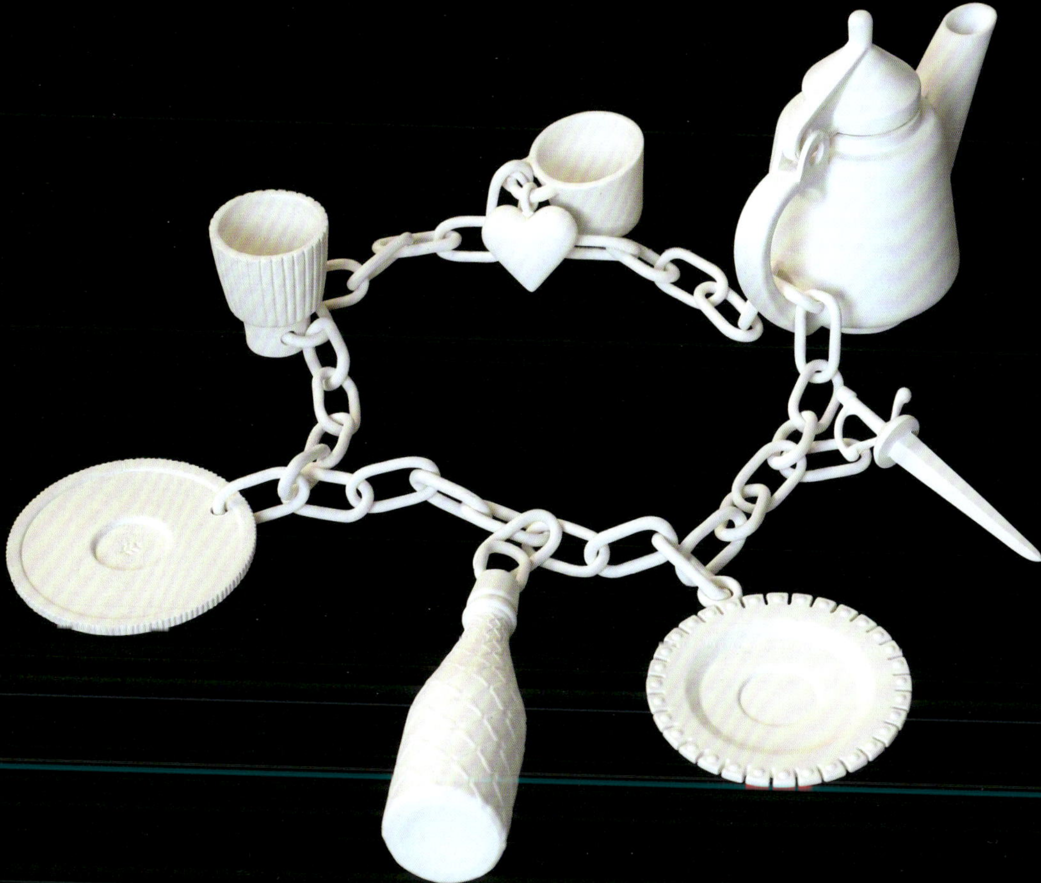

Lucky Charms | 2007
by Demakersvan (NL)
//////
Ceramics, 50 cm diameter.
www.demakersvan.com

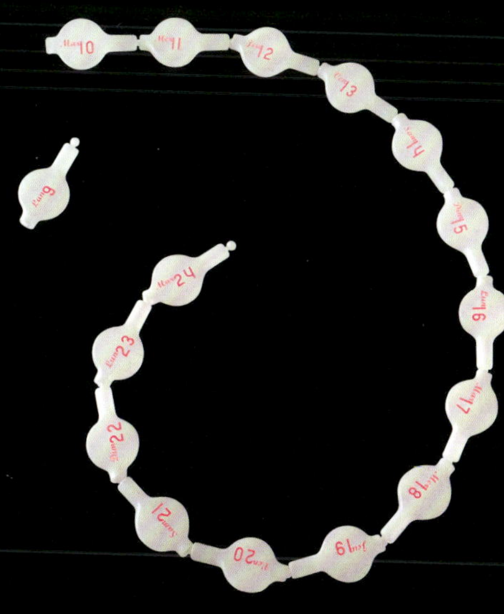

Le médicament au cm | 2001
by Mathieu Lehanneur (FR, °1974)
//////
Taking medecine becomes fun with this oestrogen treatment in the form of a string of bead-like single doses.
www.mathieulehanneur.com

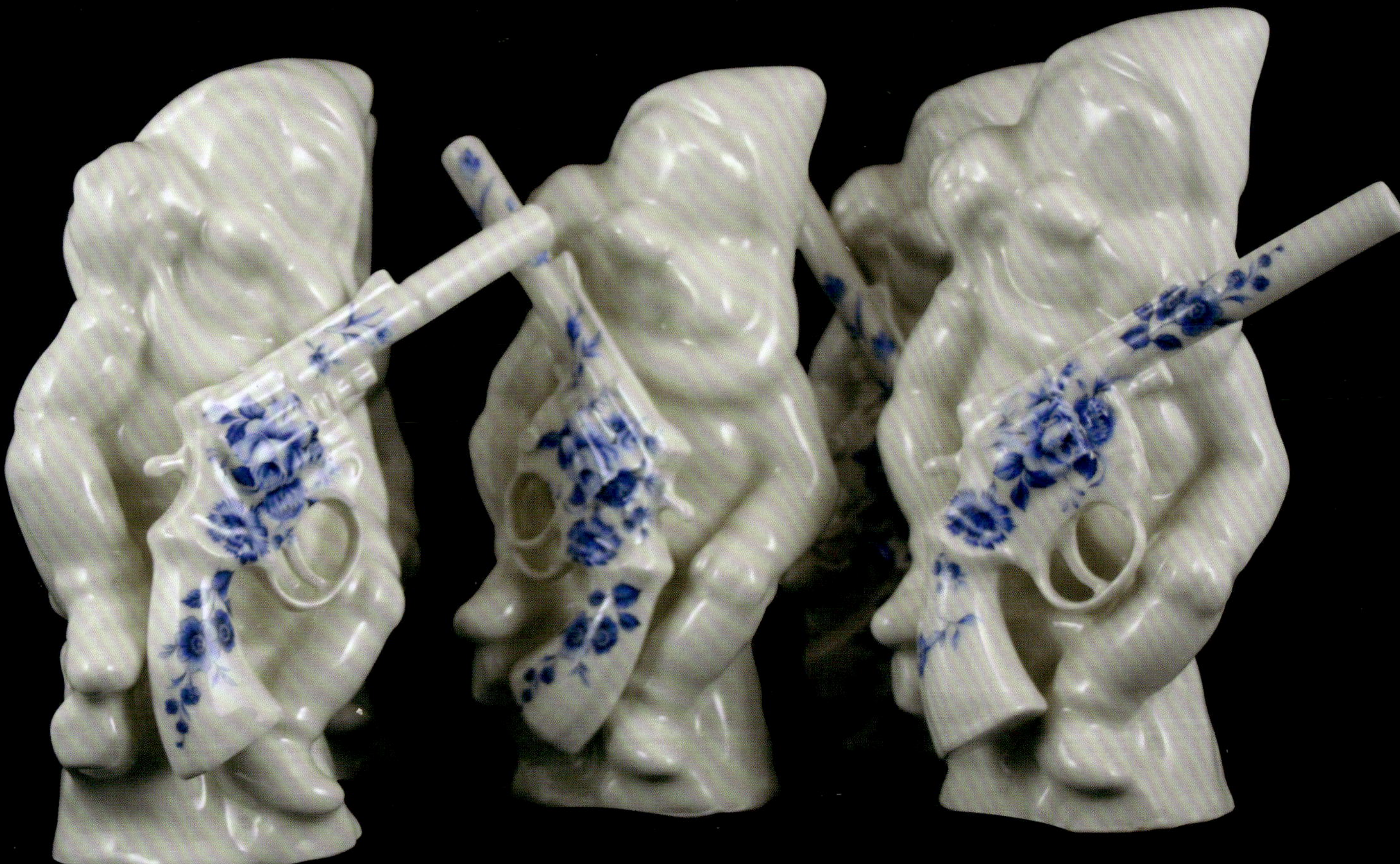

Gnomes with Guns | 2006
by Kathryn Hennessey
//////
Figurines, porcelain
hennesseykathryn@yahoo.co.uk.

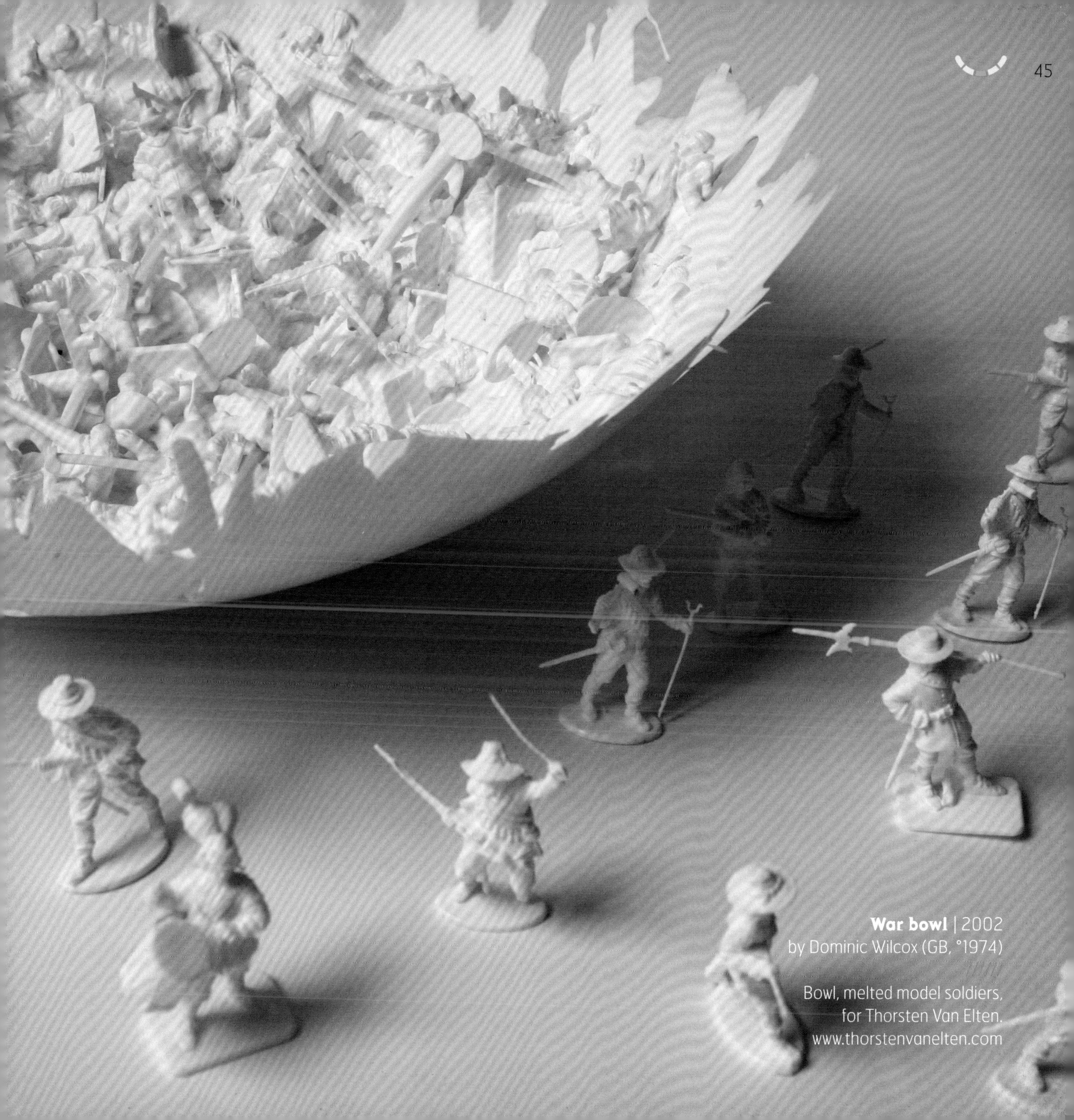

War bowl | 2002
by Dominic Wilcox (GB, °1974)

Bowl, melted model soldiers,
for Thorsten Van Elten.
www.thorstenvanelten.com

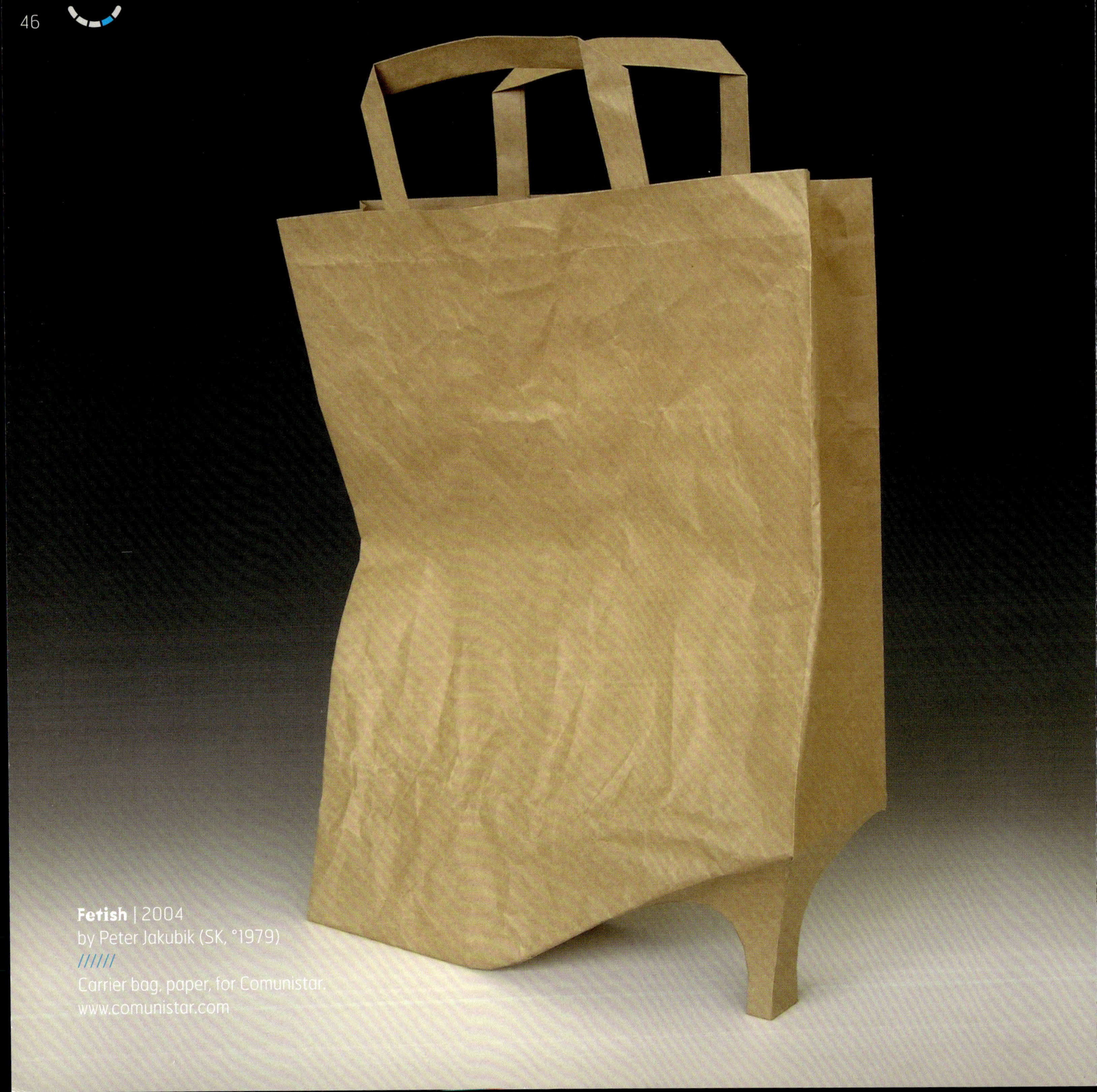

Fetish | 2004
by Peter Jakubik (SK, °1979)
//////
Carrier bag, paper, for Comunistar.
www.comunistar.com

Iconic, Ironic and poetic

Iconisch, ironisch en poëtisch

The products and the new architecture of the 'blob-generation' surprise with their surreal character. Not only is the work of architect Zaha Hadid's (°1950) cryptic, it is also disorientating. By applying various layering effects, shifting levels in different directions and using specific Dali techniques – such as disassembling, dislocating and expanding in 3D layers – her design appears futuristic and surreal. On the face of it, the architectural lines are not that noticeable, but cryptic and extremely futuristic, made possible by applying modern computer techniques. Designers like Ron Arad (°1951), Toyo Ito (°1941), Frank Gehry (°1927), François Roche (°1961) and Greg Lynn (°1964) took years to master computer techniques for their undulating and winding architecture and products. Pencils and pens are outdated: computer techniques and programs have replaced them. Many young designers are returning to techniques such as the letting slip away or shifting of forms, honouring the legacy of Surrealism./////// Like the Surrealists, contemporary designers take existing objects from their context and present them in a new environment. Sometimes these discoveries are immediately understood and re-interpreted. Sandbags piled on top of each other in order to make a sofa do not demand a more elaborate explanation. But some objects do. A twist – even if it brings on a smile – forces you to think and question existing objects, applications and forms. Is that not what design is supposed to do ultimately? Most designers dream of adding to a design – that combines form, functionality and aesthetics – with an element of joy. Is Surrealism not a continuous process of transformation, shifting between dream and reality? Designers like to go beyond mere functional beauty. The harsh, austere functionalism and straight-forward design have to make way – especially in the case of the younger generation – for a discovery, a pretty object, something that makes you smile, with a touch of the surreal.

Ook de nieuwe architectuur van de blob-generatie – met vloeiende, sterk gebogen vormen – heeft iets surrealistisch en verrassend. Het werk van Zaha Hadid (°1950) is niet alleen heel cryptisch maar ook desoriënterend. Door allerlei effecten van gelaagdheid, het verschuiven van vlakken in verschillende richtingen en het gebruik maken van bepaalde Dali-technieken als het uiteenrukken, ontwrichten en uitzetten in 3D-laagjes, heeft haar werk iets futuristisch en surrealistisch. Het gebruik van computertechnieken maakt ontwerp en productie van kronkelende en glooiende producten mogelijk. Denken we maar aan de lijnen en vormen van ontwerpers als Ron Arad (°1951), Toyo Ito (°1941), Frank Gehry (°1927) en Greg Lynn (°1964). Geen potloden of stiften meer, alles wordt via nieuwe technieken en programma's gerealiseerd. De technieken van het laten wegglippen of verschuiven van vormen, zijn dingen die vele jonge ontwerpers oppikken als een erfenis van de surrealistische traditie./////// Net zoals de surrealisten, halen hedendaagse ontwerpers bestaande objecten uit hun context en plaatsen ze deze in een nieuwe omgeving. Soms worden deze nieuwe vondsten in een oogopslag begrepen en geherinterpreteerd. Zandzakjes gestapeld tot een sofa vragen weinig of geen uitleg. Soms vragen de objecten iets meer moeite. De twist, hoeveel humor die ook bezit, zet aan tot nadenken en stelt bestaande objecten, toepassingen en vormen in vraag. En is dat uiteindelijk niet de bedoeling van het ultieme design? Welke designer droomt er niet van ministens een keer de combinatie vorm, functionaliteit en esthetiek te overladen met een vrolijke meerwaarde? Is surrealisme in de grond geen voortdurende transformatie en vooral een mooi gegeven tussen droom en realiteit?/////// Ontwerpers gaan graag verder dan alleen maar puur functionele schoonheid. Het harde strakke functionalisme en het rechttoe rechtaan design moeten vandaag, vooral bij de jonge generatie, wijken voor de vondst, het leuke object, het product met een smile, het vleugje surrealisme. Het fijn geformuleerde 'détournement' wordt toegepast op vorm, materiaal en functie. Ironie is nooit ver weg maar soms prikkelt de vloeiende vormentaal ook ons poëtische gevoel. Dameshakjes die handige kapstokken blijken te zijn, eikentakjes die USB stick-allures krijgen, een puddingvormpje dat er als een boeddha uitziet en het draadsilhouet van een auto dat dienst doet als parkeerplaats voor fietsen zijn echt in. Het object bekeken vanuit een heel nieuw perspectief, een product met een tweede gebruik of een intelligent hergebruik van materialen, een voorwerp met ingehouden symboliek, een stuk utopie of een geprogrammeerd accident... het kent allemaal een grenzeloos succes./////// In de afdeling 'limited editions' valt ook heel wat smile te ontdekken. De kwinkslag, de smile, het excentrieke en het gebruik van ongewone materialen voor traditionele vormen, zijn een troef. Het functionele trekt aan, maar de zichtbare uitdrukking van behorend tot de klasse van het meubilair, de verlichting of het luxe accessoire is ook al meegenomen. De opgeblazen, kanten paddestoelen van Marcel Wanders zijn van een surrealisme waarvan Lewis Carroll enkel kon dromen. Idem voor de 'supersized' objecten die Studio Job voor het Italiaanse Bisazza maakte. Indrukwekkende uitvergrotingen van klassieke iconen als opdienborden en dessertschalen. Een vervreemdende realiteit waarbij objecten een andere functie krijgen. Surreëel, een moeilijk te vatten humor, een extra laag informatie die erbij komt ... maar waarbij het opgewekte kind in de toeschouwer ontegensprekelijk wordt geprikkeld.

A sense of irony prevails, yet the fluid design language sometimes also stimulates our poetic mind. Stiletto heels as useful hooks, USB sticks in the shape of an oak twig, a pudding mold in the shape of a buddha and a wire silhouette of a car that serves as a bicycle stand are funny and funky. Objects interpreted from an off-the-wall perspective, with a secondary function, and smart recycling of materials are popular beyond belief. Objects with a big or small twist, glaring irony or poetic allure are much more interesting and appealing than those without./////// In the section, 'Limited editions', smiles abound. Shapes that accentuate the complex relationship between art and design or deliberately obscure it, are plentiful. The witticism, the smile, eccentric twists and the use of unusual material for traditional forms come up trumps./////// The functional aspect is always appealing but the forthright signal that these objects belong to specific categories, such as furniture, lighting or luxury accessories, has also become accepted. The inflated, lace mushrooms by Marcel Wanders are overwhelmingly impressive and surreal beyond Lewis Carroll's imagination. The same goes for the super-sized objects made by Studio Job for the Italian firm, Bisazza; also the impressive, over-sized classic icons such as serving dishes and dessert bowls. An alternate reality whereby objects obtain a different function. Surreal, humor that is difficult to grasp, an extra layer of information ... but stimulating the onlooker's inner, excited child.

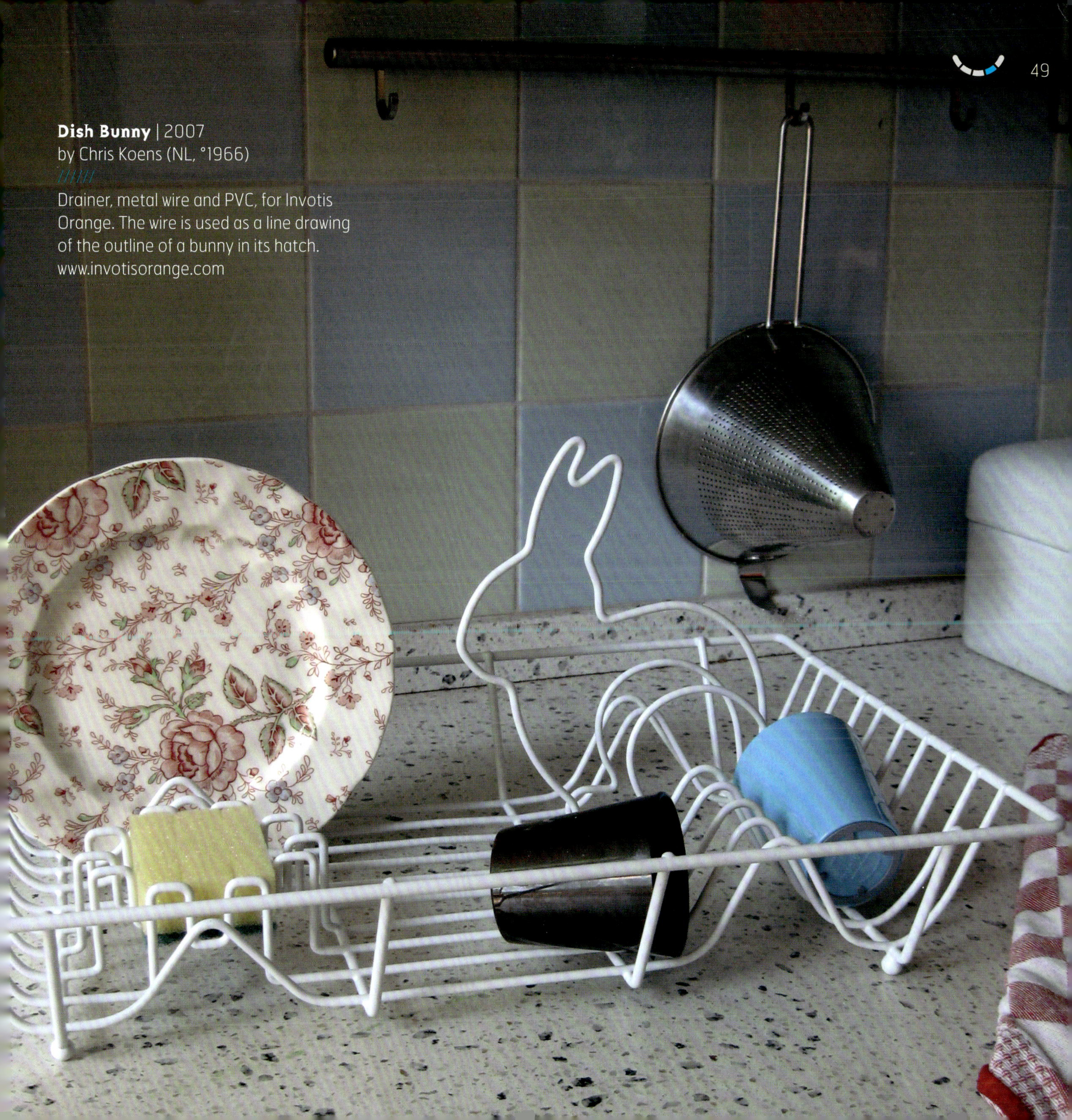

Dish Bunny | 2007
by Chris Koens (NL, °1966)

Drainer, metal wire and PVC, for Invotis Orange. The wire is used as a line drawing of the outline of a bunny in its hatch.
www.invotisorange.com

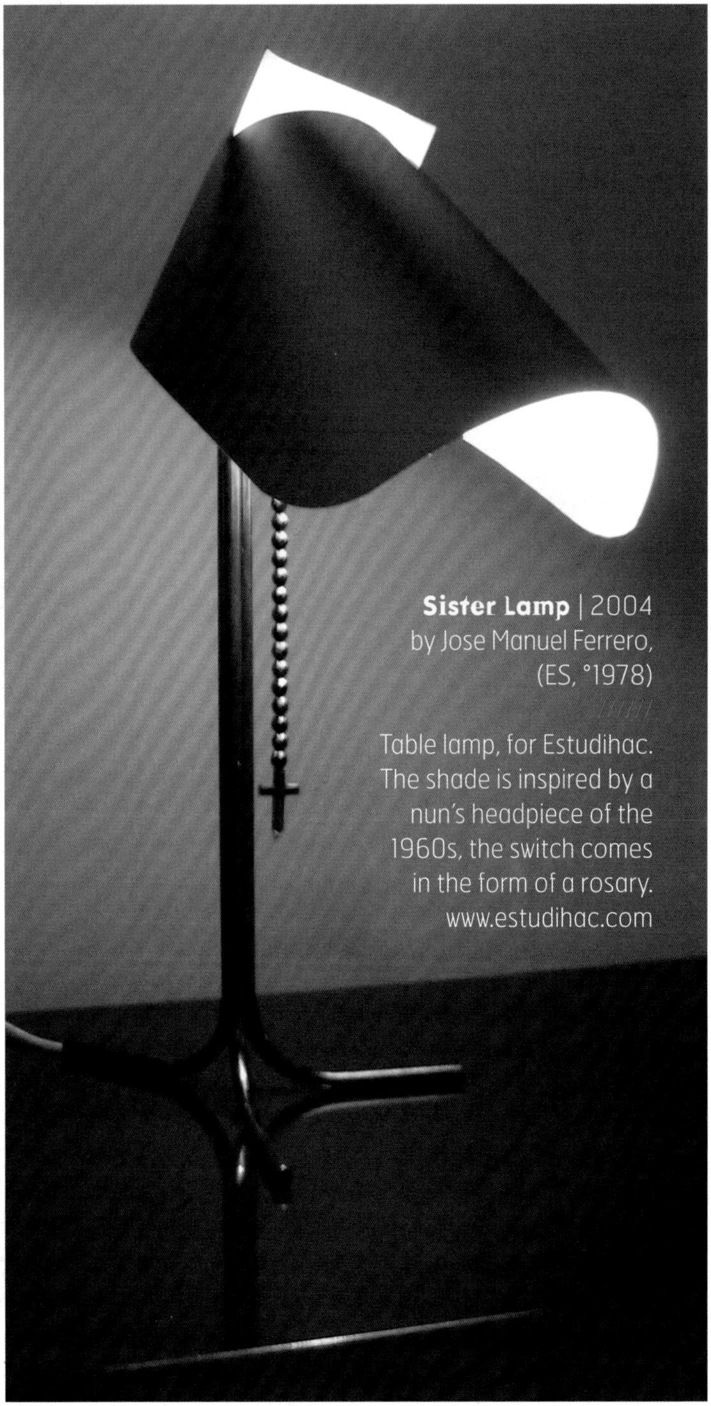

Sister Lamp | 2004
by Jose Manuel Ferrero,
(ES, °1978)

Table lamp, for Estudihac. The shade is inspired by a nun's headpiece of the 1960s, the switch comes in the form of a rosary.
www.estudihac.com

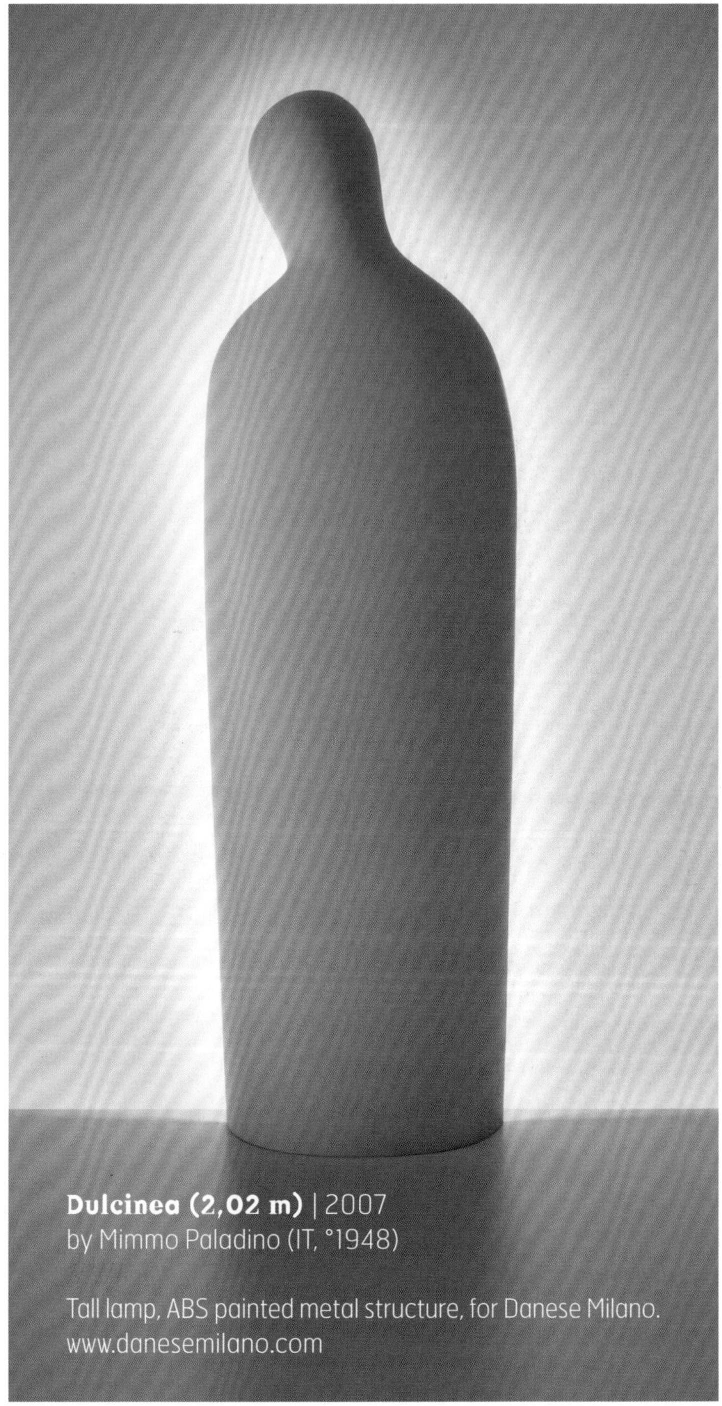

Dulcinea (2,02 m) | 2007
by Mimmo Paladino (IT, °1948)

Tall lamp, ABS painted metal structure, for Danese Milano.
www.danesemilano.com

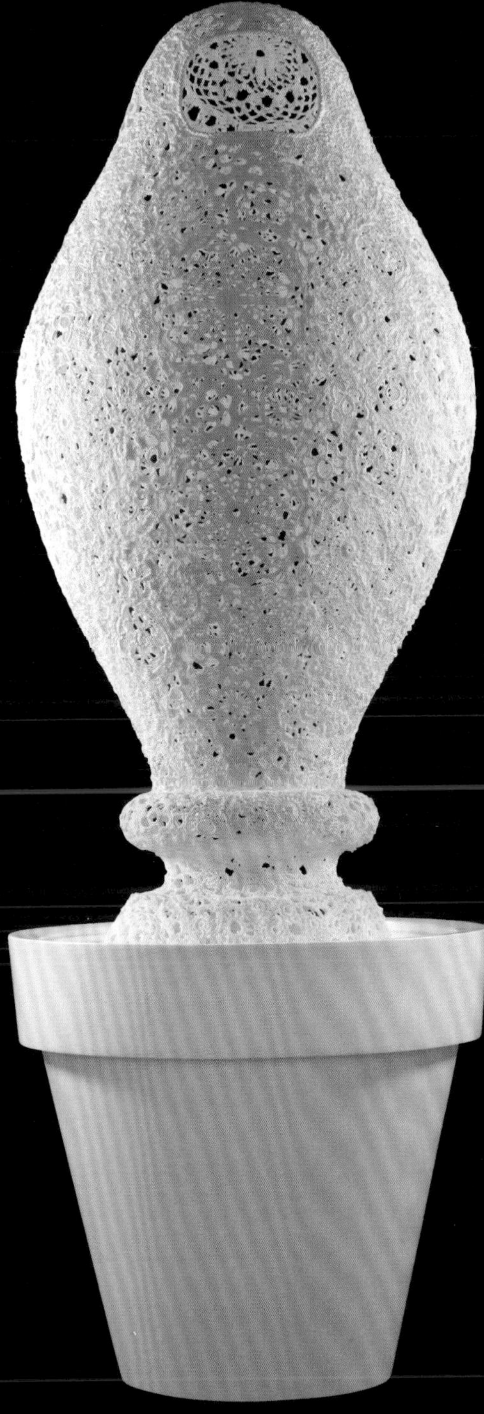

Topiary Mary | 2007
by Marcel Wanders (Nl, 1963)
//////
Sculpture, fibre, resin, Marcel Wanders Personal Editions.
www.marcelwanders.com

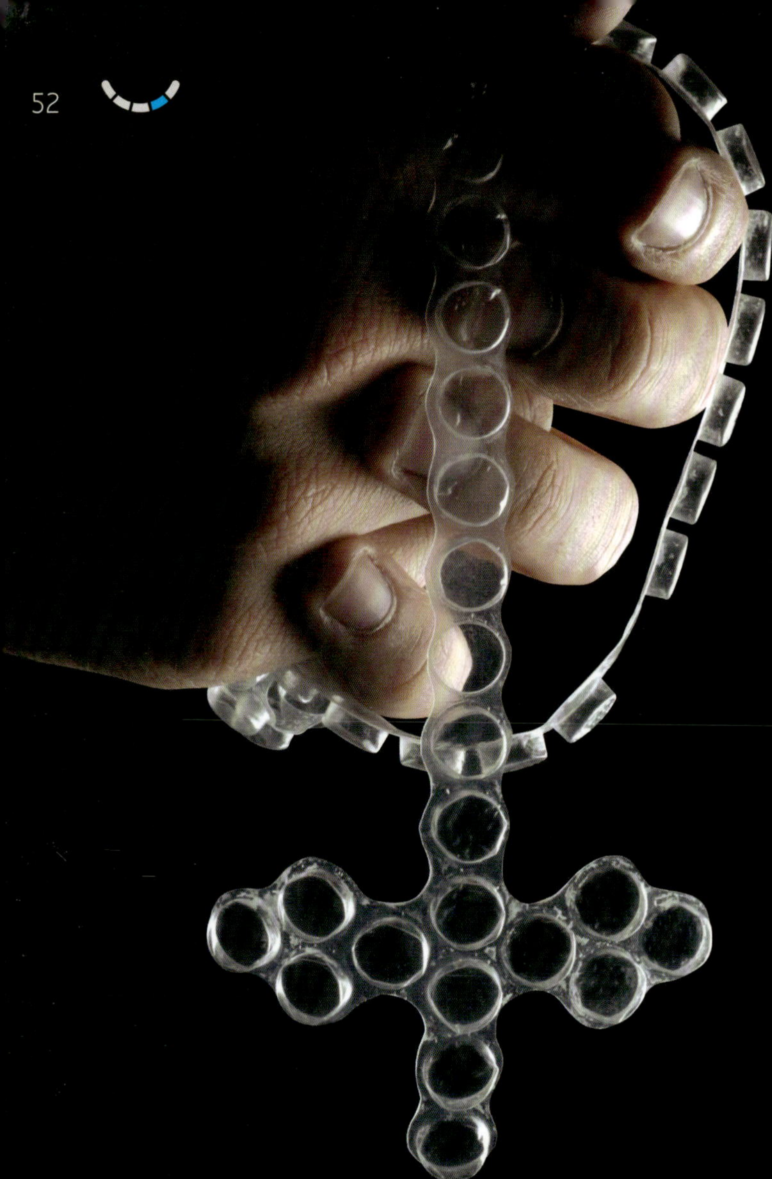

RosAria | 2007
by Joe Velluto Associati (IT)
//////
Disposable rosary, recyclable polyethylene. While the churchgoer is praying, he moves his fingers towards the cross, pushing down the air balls with a satisfying pang at the end of each prayer.
www.joevellutoassociati.it

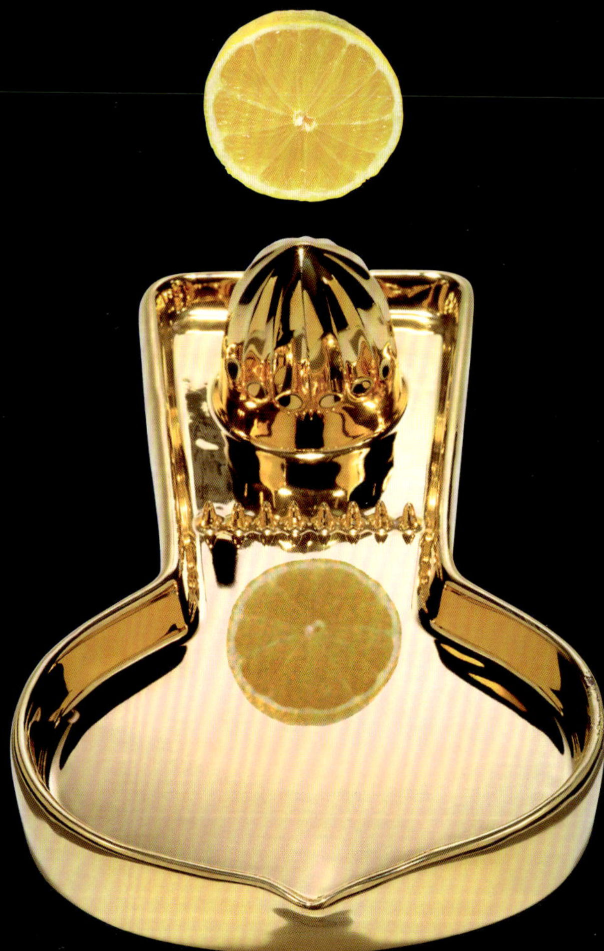

St Peter | 2007
by Giulio Iacchetti (IT)
//////
Cocktail squeezer, gold plated ceramics, for Pandora Design. The juicer mocks the practice of the Pope and church that squeezes every penny out of its worshippers while the authority itself leads a lavish life.
www.pandoradesign.it

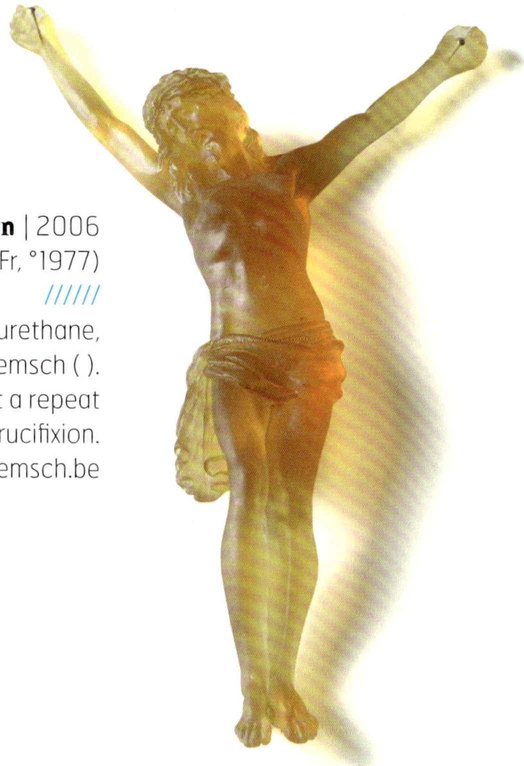

Icon | 2006
by Eric Morel (Fr, °1977)
//////
Crucifix with nails, polyurethane, metal, for Vlaemsch ( ).
For those who want a repeat performance of the crucifixion.
www.vlaemsch.be

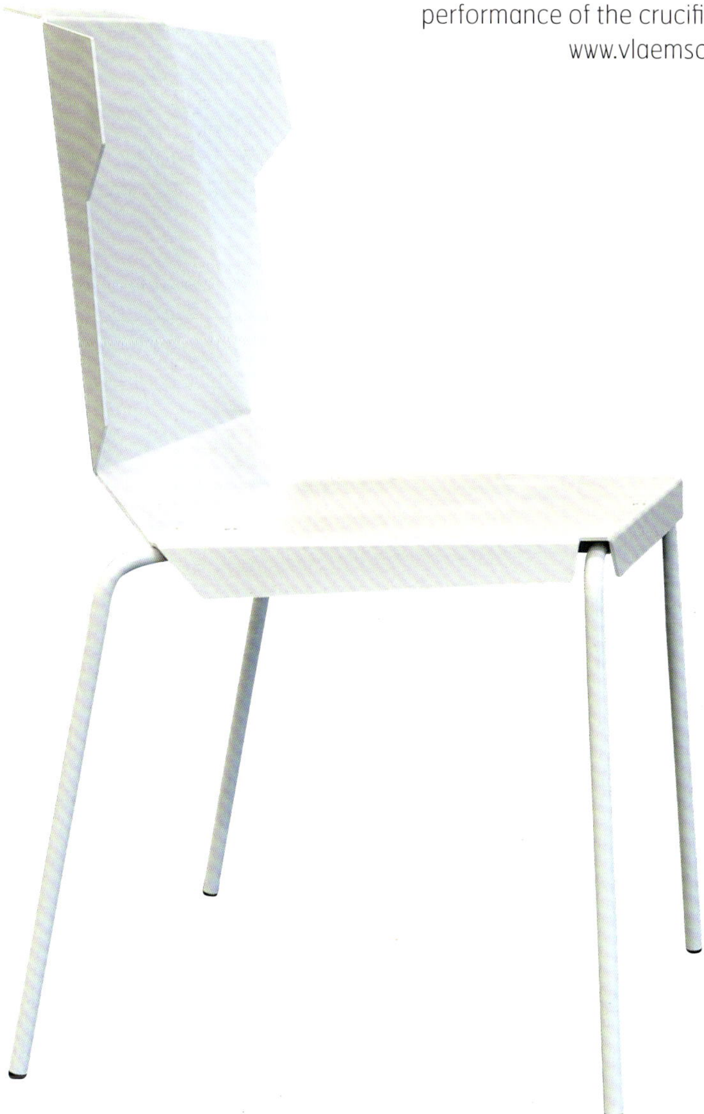

The White Nun | 2007
by Bram Boo (BE, °1971)
//////
Chair, lacquered aluminium, steel, for Unic Design.
www.unicdesign.be

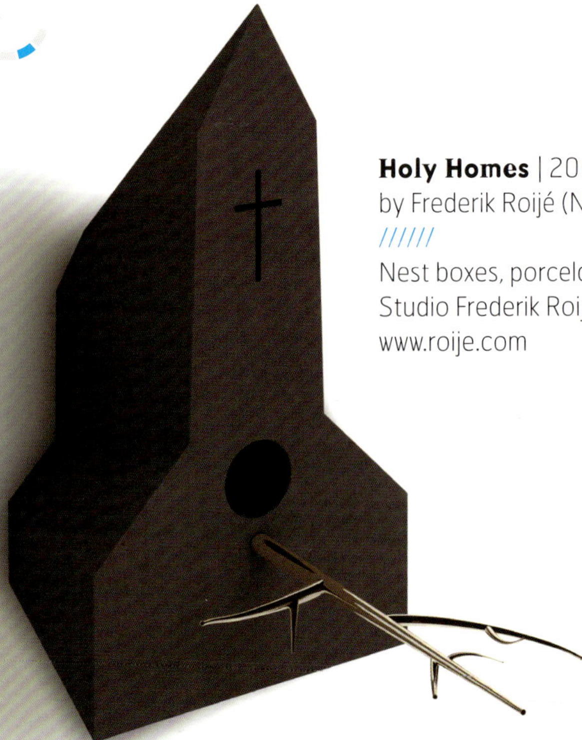

Holy Homes | 2007
by Frederik Roijé (NL, °1978)
//////
Nest boxes, porcelain, for
Studio Frederik Roijé.
www.roije.com

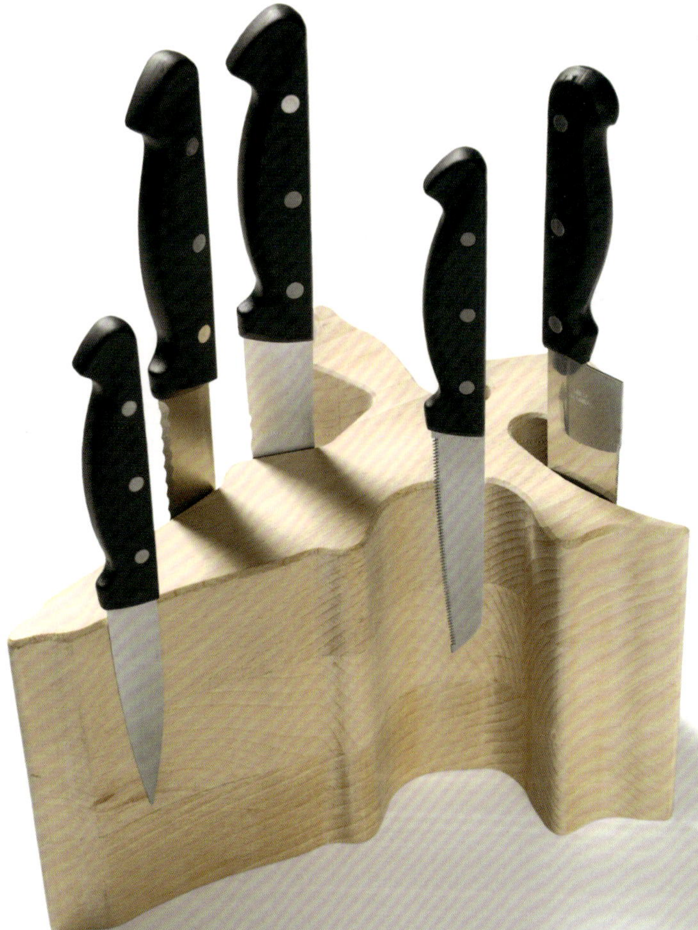

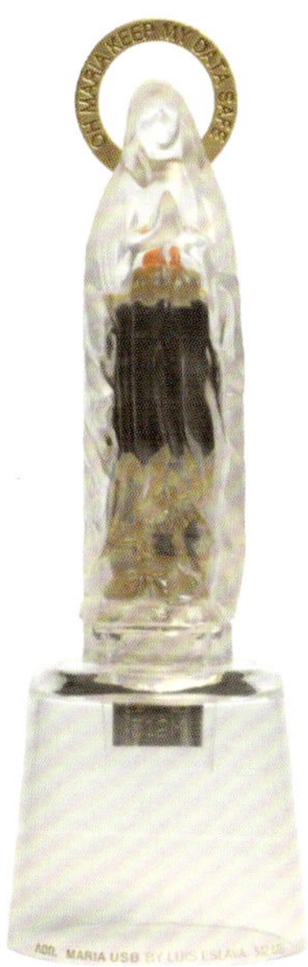

Maria USB | 2006
by Luis Eslava (Sp, ° 1976)
//////
USB memory stick, ABS, for ABR
Produccion Contemporanea.
www.abrproduccion.com

SL7 Throwzini | 2005
by Joerg Adam (DE, °1968) and
Dominik Harborth (DE, °1968)
//////
Knife block, beach tree and magnets,
for Konstantin Slawinsky.
www.konstantinslawinksky.com

Buddino | 2004
by Giovanni Gennari (IT, °1961)
and Alisée Matta (GB, °1970)
//////
Pudding mold, polyethylene,
for Nobody & Co.
www.nobodyandco.com.

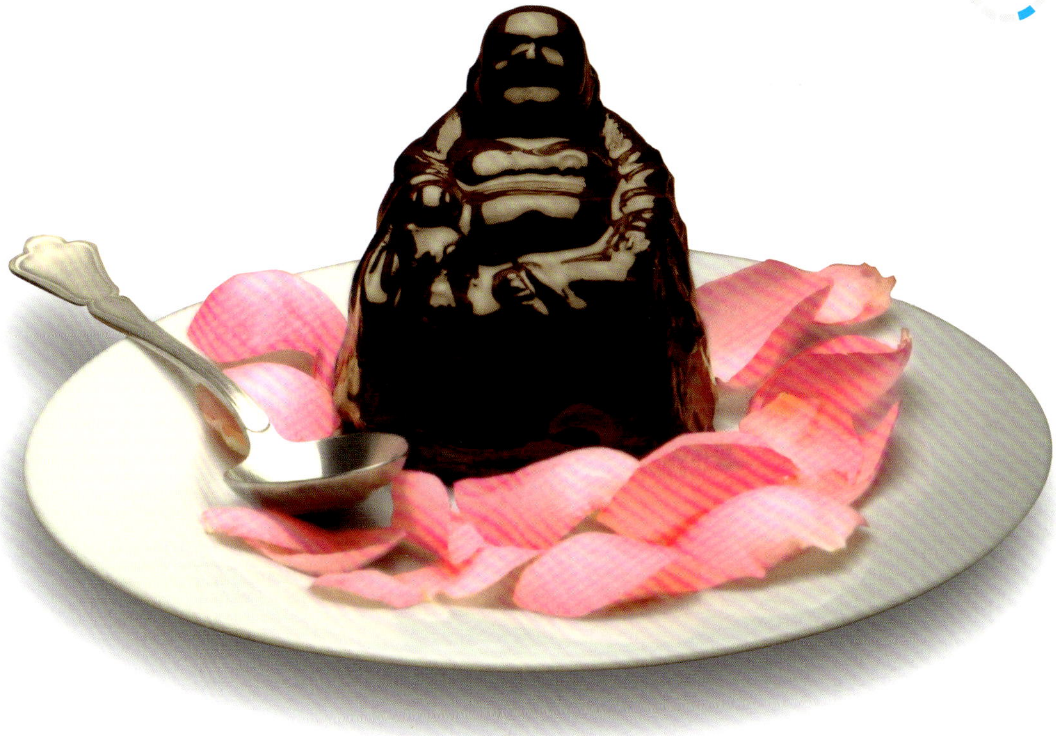

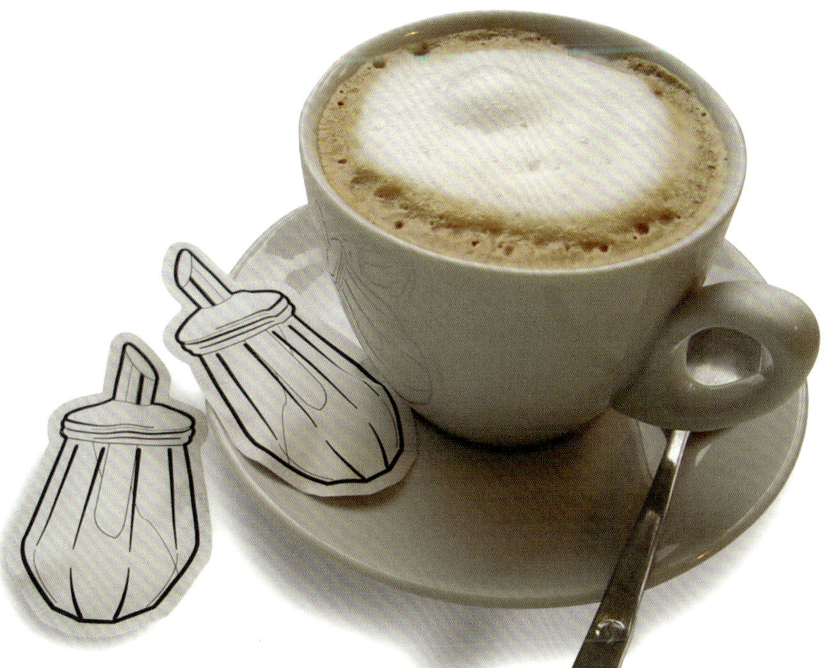

Sugar bags | 2005
by Christiane Högner
//////
Paper portion packs of sugar.
www.christianehoegner.com

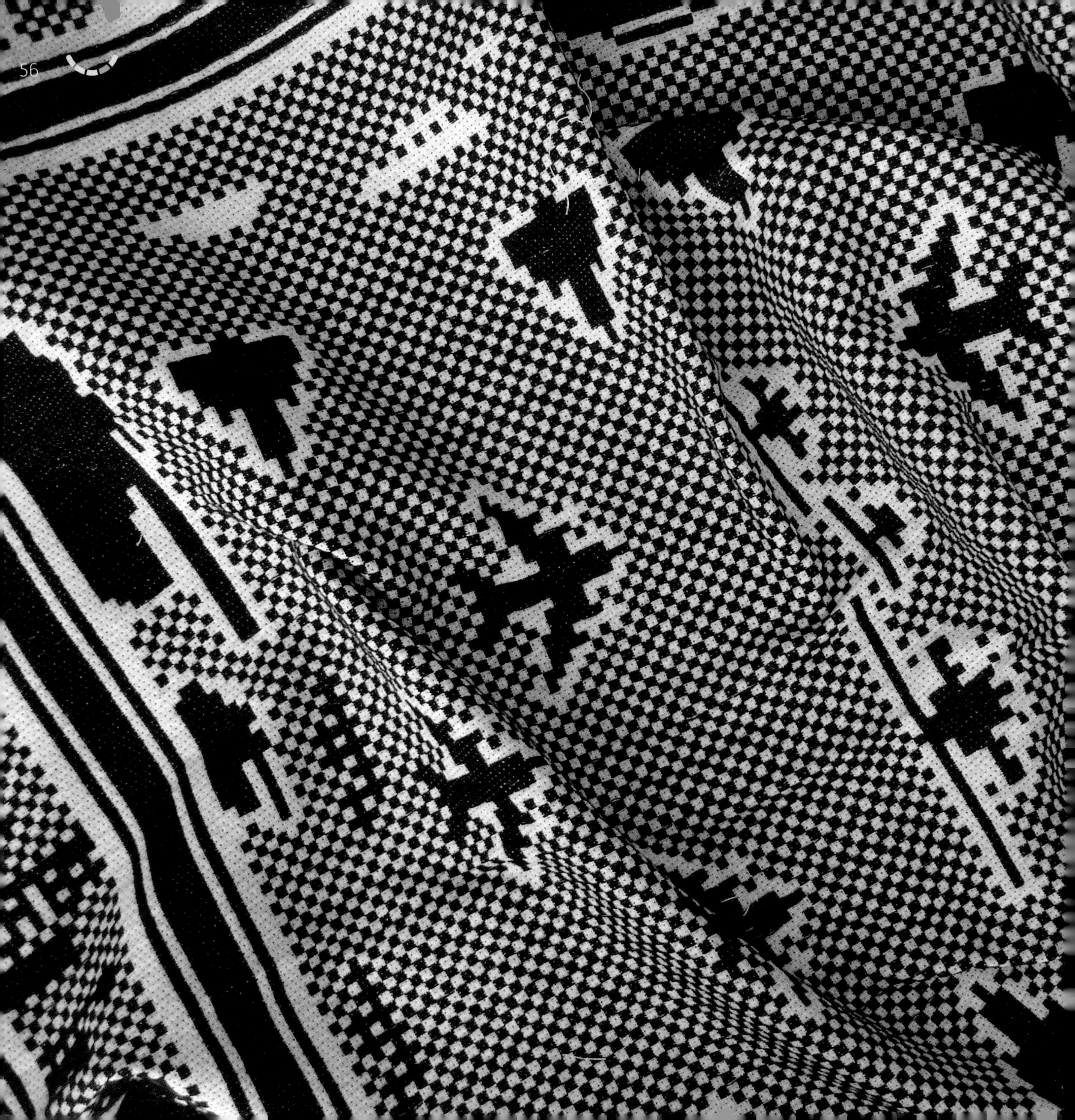

<< p56

Something here feels horribly wrong | 2005
by Brigitte Hendrix (NL, °1978) and
Jolanda van den Broek (NL, °1977)
//////
Scarf, woven cotton, for And Beyond. Arafat-shawl with deceiving war print.
www.andbeyond.nl

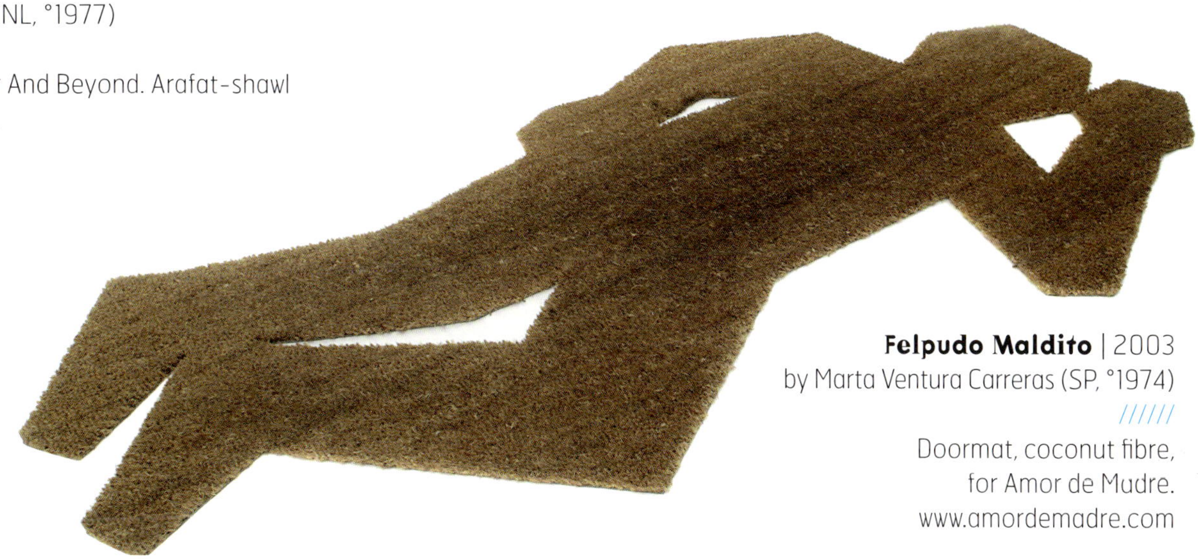

Felpudo Maldito | 2003
by Marta Ventura Carreras (SP, °1974)
//////
Doormat, coconut fibre, for Amor de Madre.
www.amordemadre.com

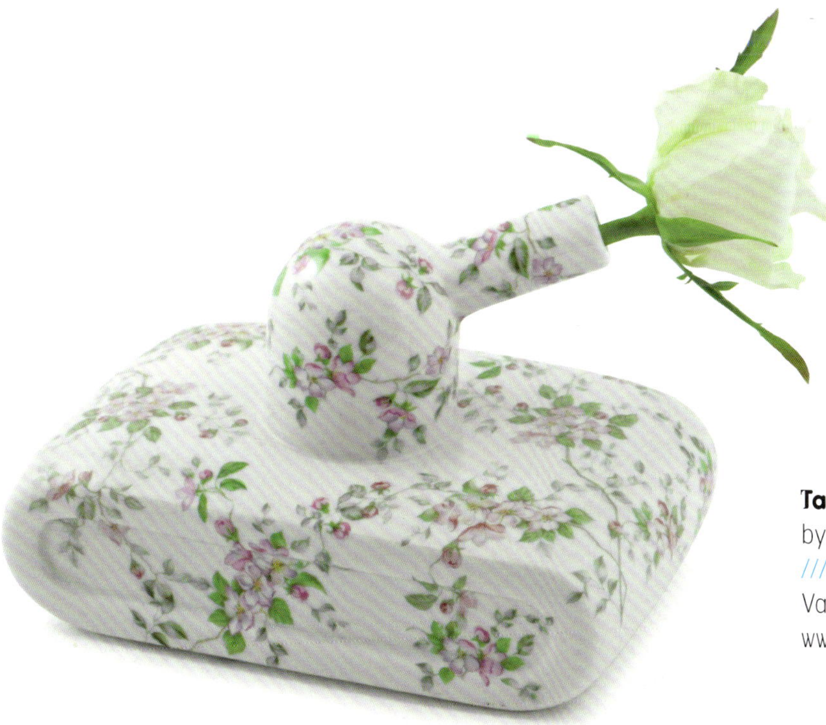

Tank You | 2006
by Thierry D'Istria (FR, °1968)
//////
Vase, porcelain, for La Tête au Cube.
www.lateteaucube.be

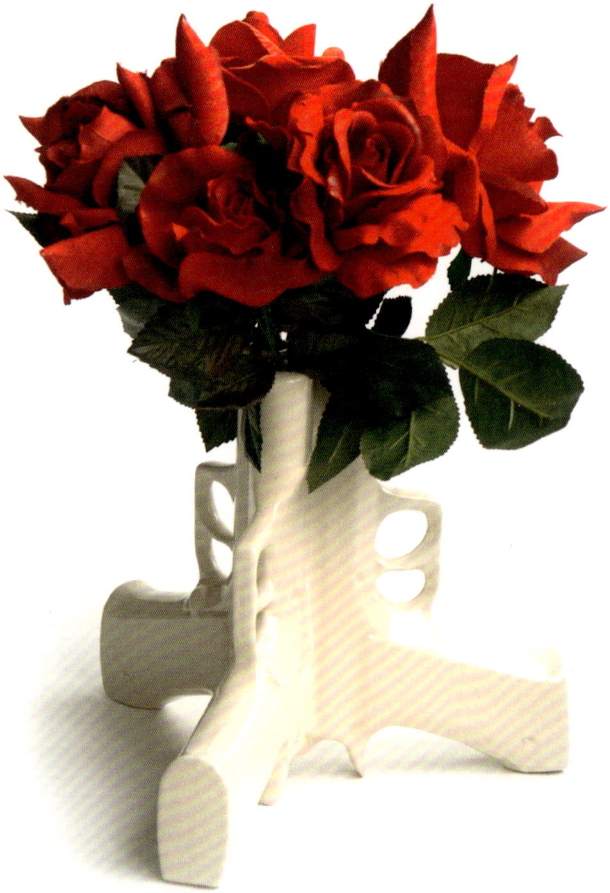

3 Guns Vase | 2004
by Sam and Jude (GB, °1973)
//////
Ceramic, for Suck UK.
www.suckuk.com

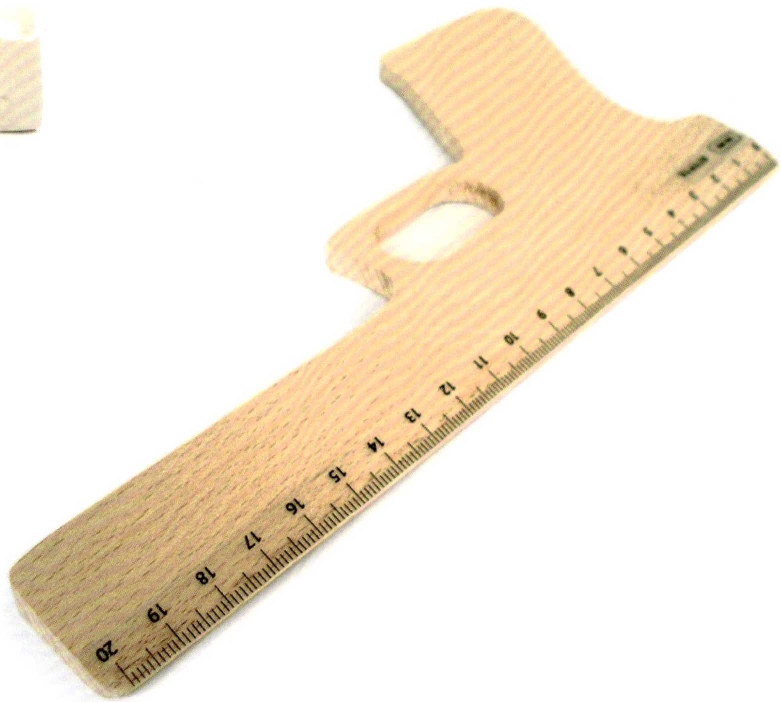

Ruler Gun | 2006
by Atypyk (Fr)
//////
Ruler, hard wood.
www.atypyk.com

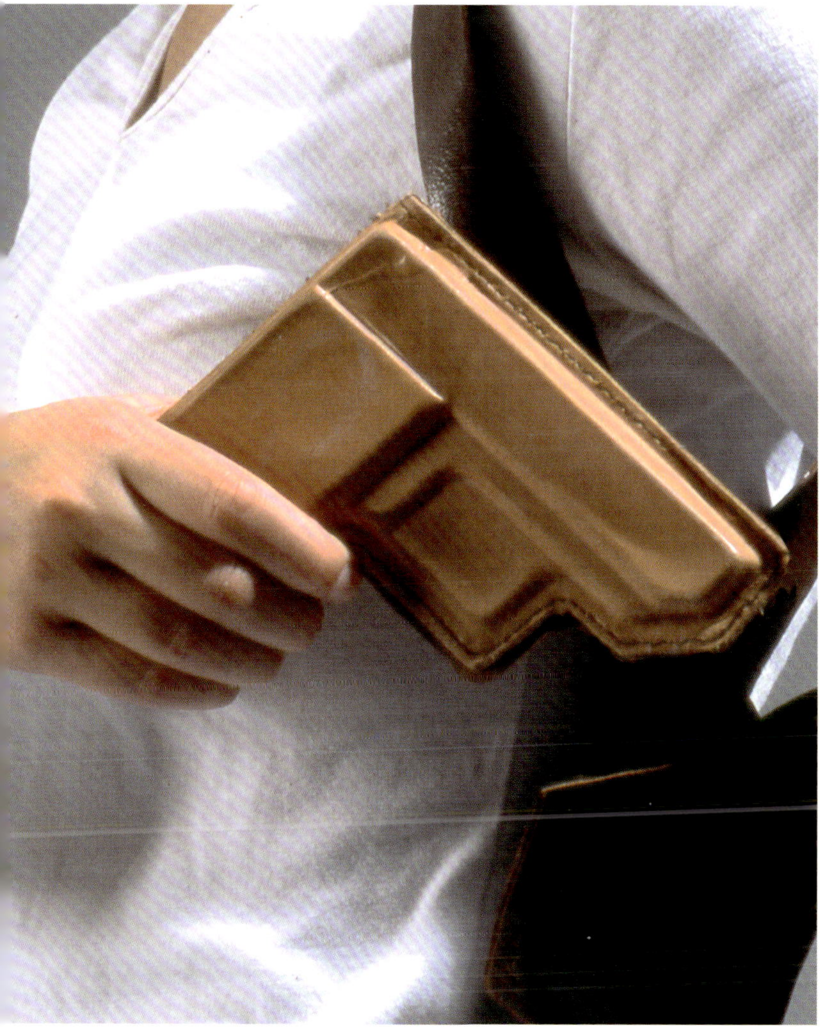

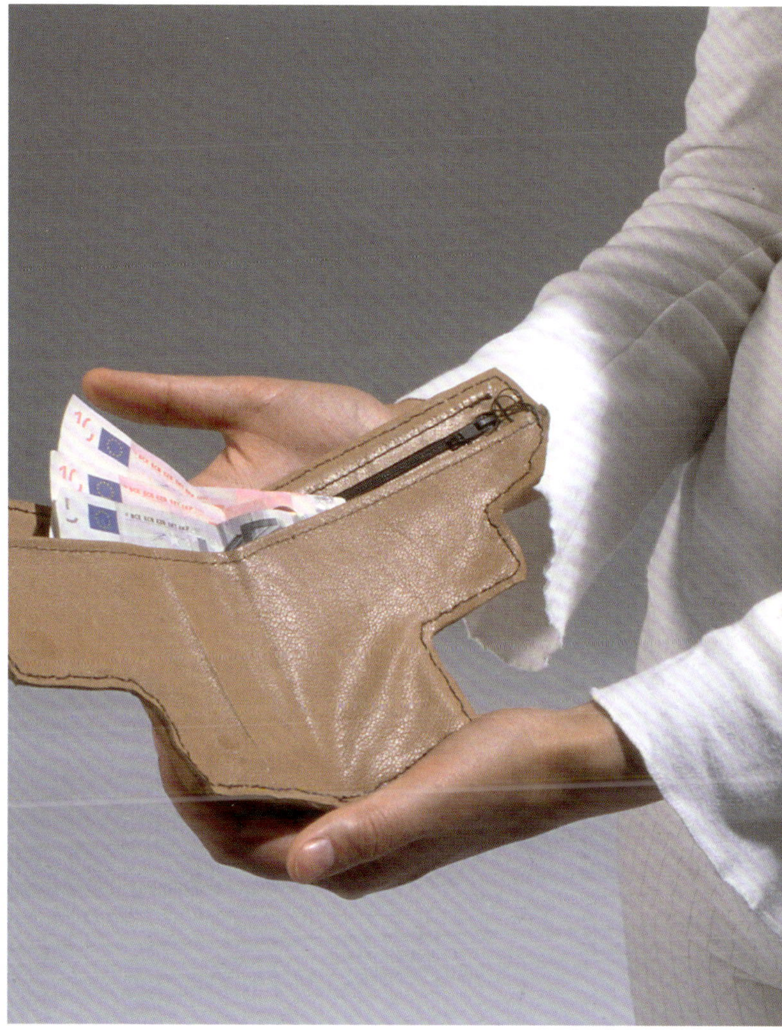

Porte mon Pistolet | 2003
by Britta Boehne (GE, °1978)
//////
Wallet, leather. A leather wallet with a 3-dimensional shape, combined with a holster so nobody can steel it.
www.brittaboehne.com

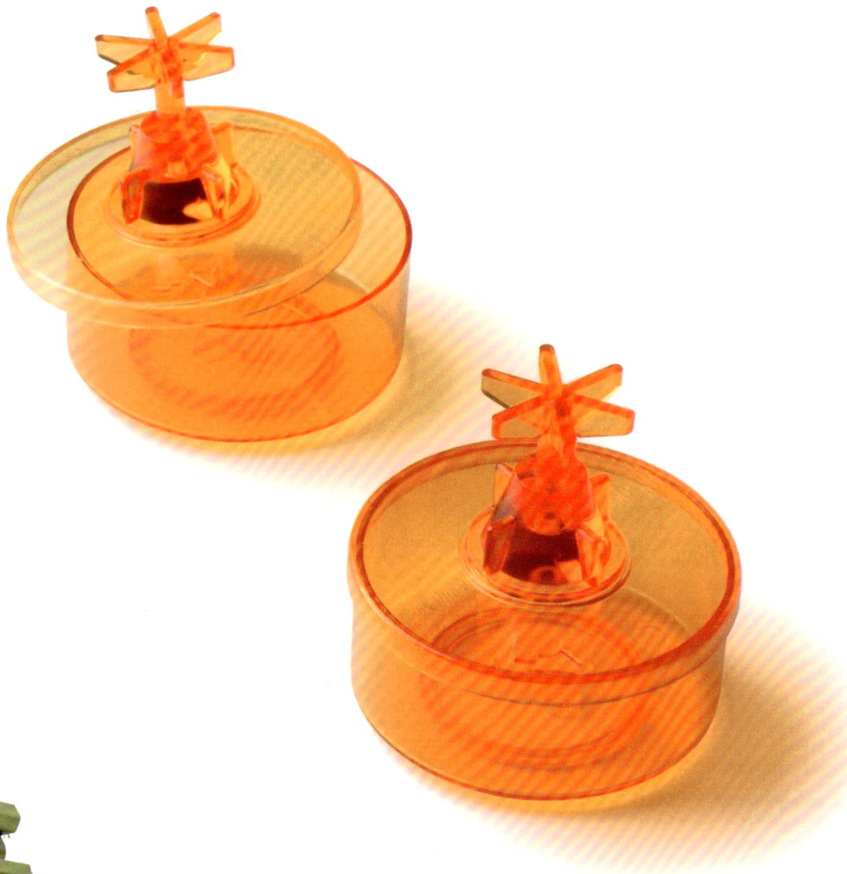

Land Mines | 2007
Pascal Koch (BE, °1969)
//////
Sweet box, injected plastic,
for La Tête au Cube.
www.lateteaucube.com

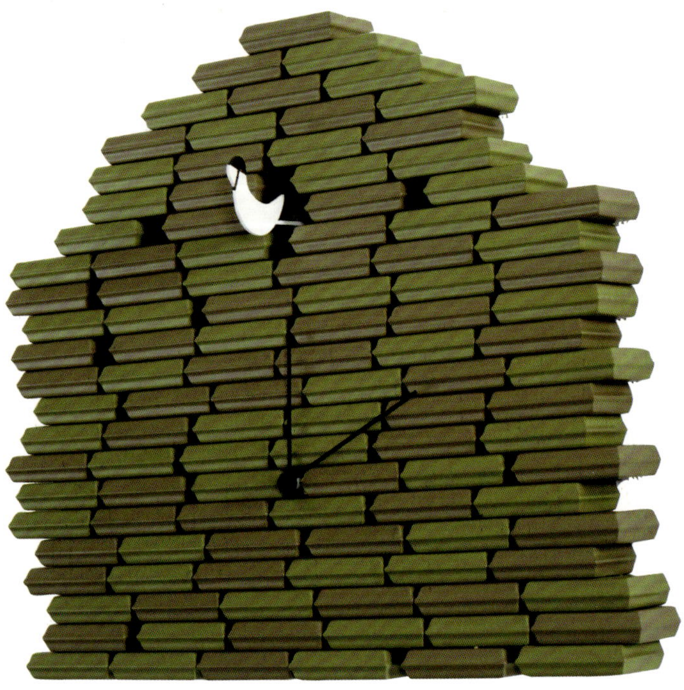

Cuckoo Bunker | 2006
by Joseph Barakat (LB)
//////
Clock, brick, metal, for Diamantini & Domeniconi.
Cuckoo clock in the form of an MDF frame formed of 111 assembled small bricks, with a fixed cuckoo in laser-cut, hand-painted metal.
www.diamantinidomeniconi.it

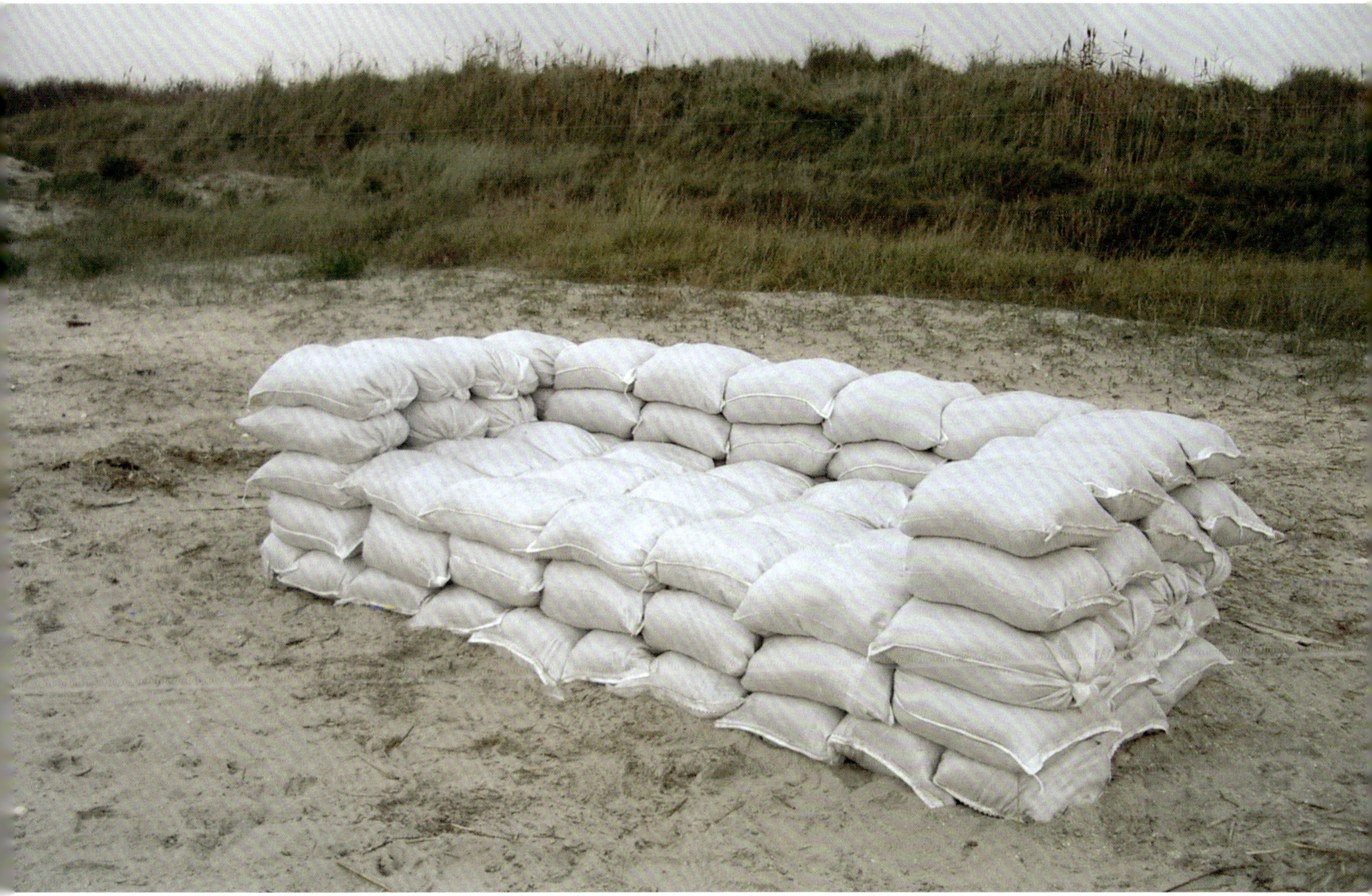

White Heavy Weight | 2004
by Christiane Högner (GE, °1974)
//////
Sofa, sandbags.
www.christianehoegner.com

sw° | 2006
by Maria Hamprecht (GE, °1975)
//////
Solar lamp, Plexiglas, solar cells, Leds. When put on the windowsill, it will emit a soft, welcoming light in the evening for solitary people who do not want to arrive in a dark house.
www.maria-hamprecht.de

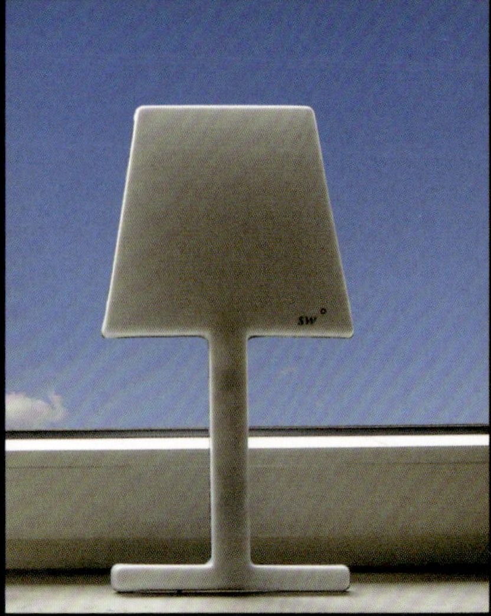

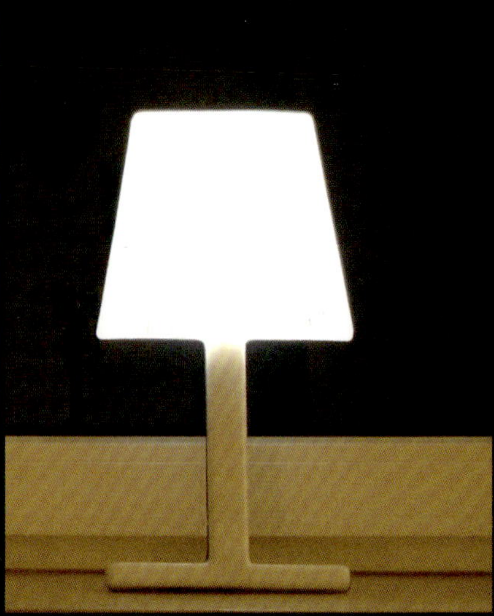

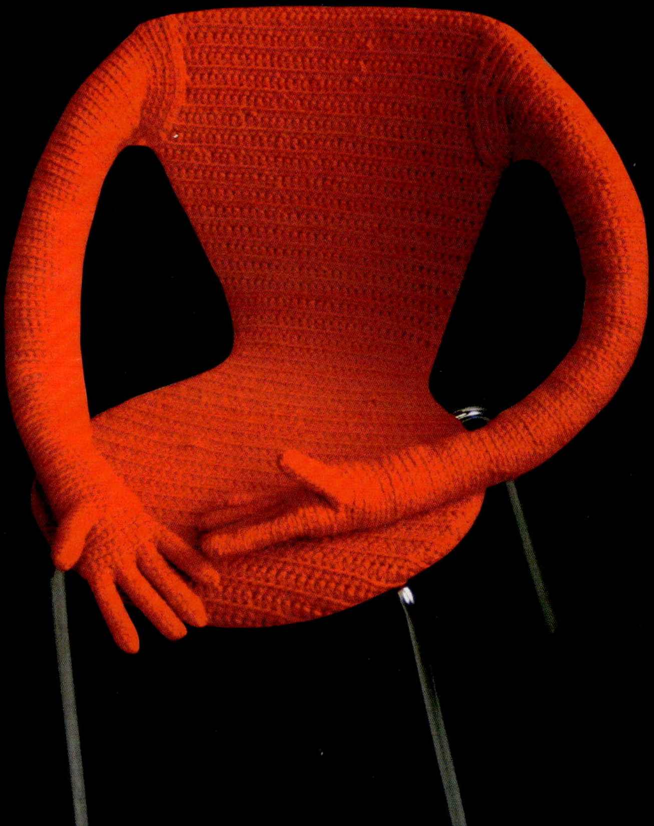

Mama | 2005
by Rasa Baradinskiene (LT)
//////
Embracing chair, handmade knitted cotton covering fixed on a plywood chair.
www.rasadesign.it

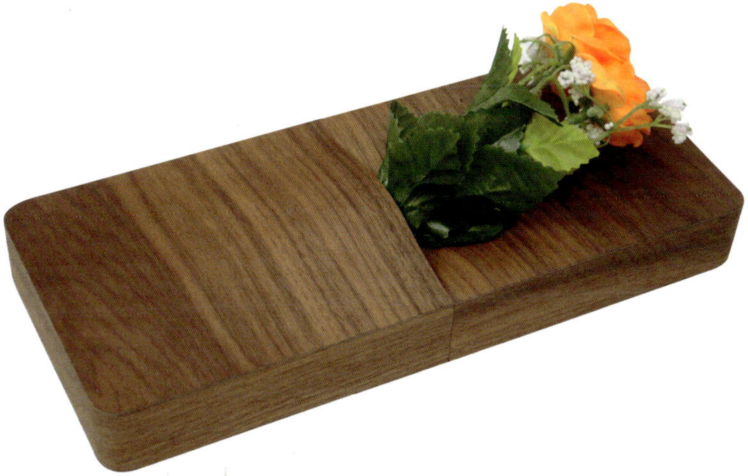

Flower Bed | 2006
by Fabian Baumann (GE, °1977)
//////
Vase, oak veneer, epoxy,
for Formfjörd.
www.formfjord.com

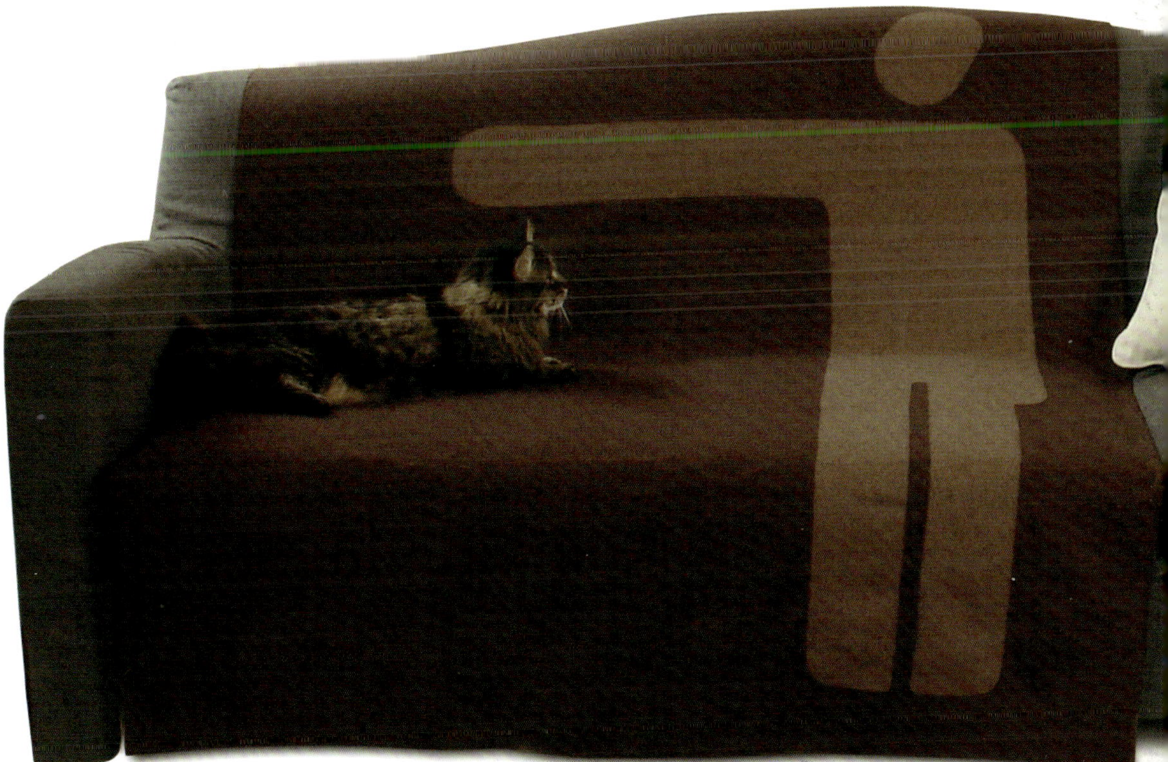

Plaid Buddy | 2005
by Thierry D'Istria (FR, °1968)
//////
Plaid, wool, for La Tête au Cube.
A woollen throw against both
cold and loneliness.
www.lateteaucube.com

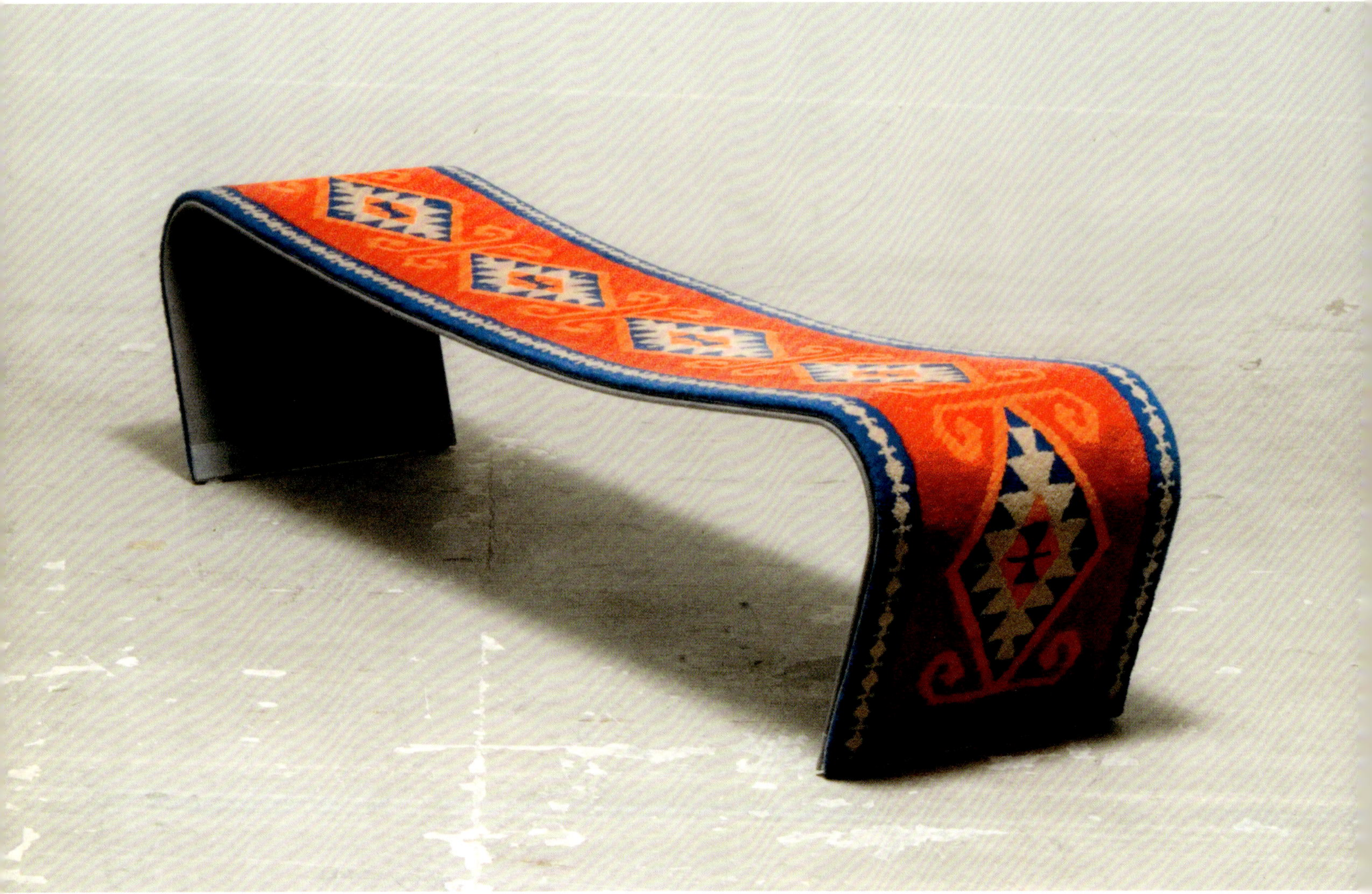

Grandbazaar | 2007
by Erdem Akan (TK, °1973), Bora Akcay (TK, °1973)
and Bogac Simsir (TK, °1970)
//////
Sofa, steel and carpet of New Zealand wool,
for Maybe Design.
www.maybedesign.at

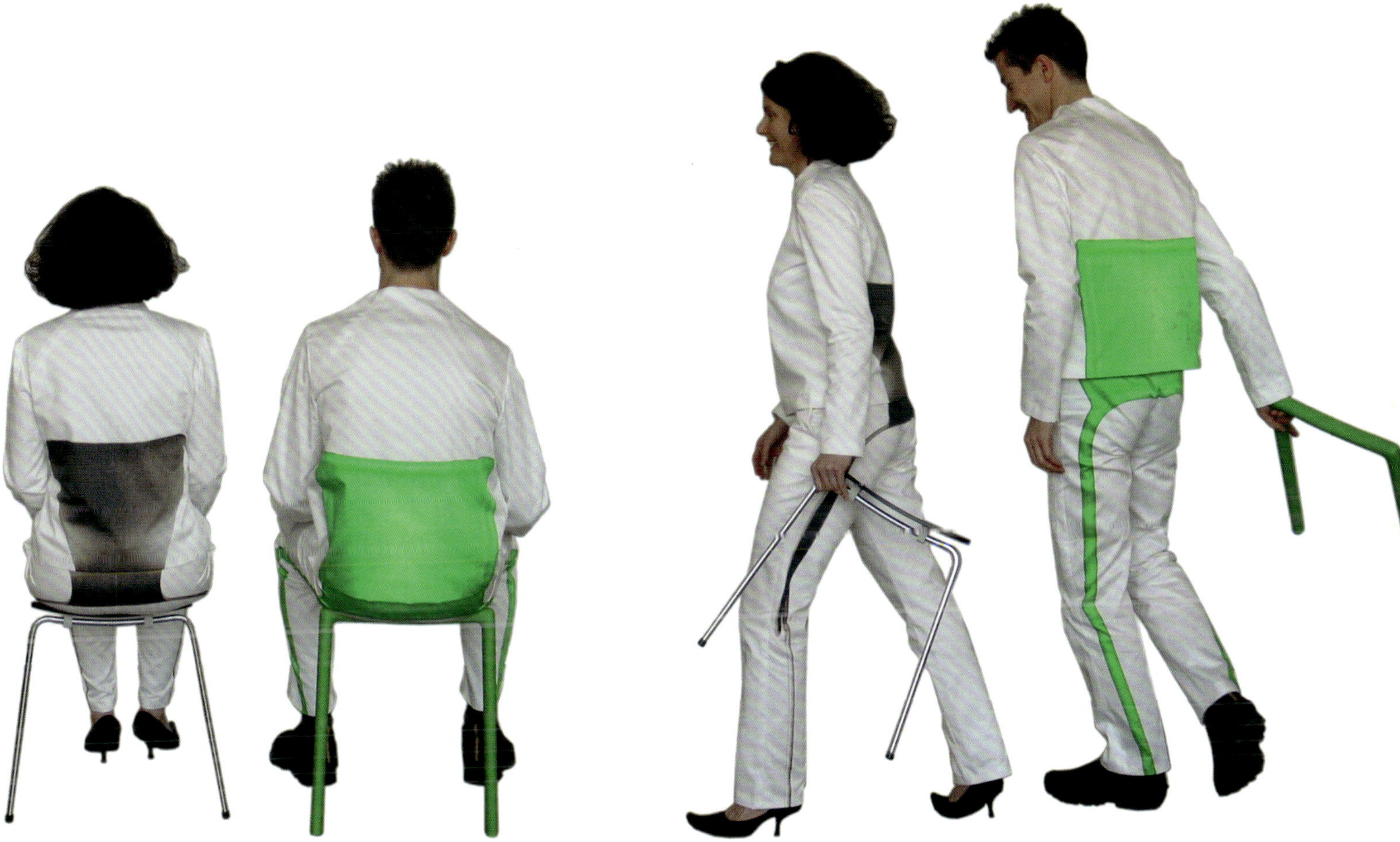

Be your own chair… and walk it! | 2003
by StauffacherBenz (CH)
//////
4 chairs, 4 suits and a DVD, inkjet
print on cotton fabric, metal.
www.stauffacherbenz.ch

3
DAYS
CLOSER TO DEATH

My cigars speak to me - Minutes | 2001
by Ernest Perera (SP, 1974)
//////
Cigars and graphic.
www.ernestperera.com

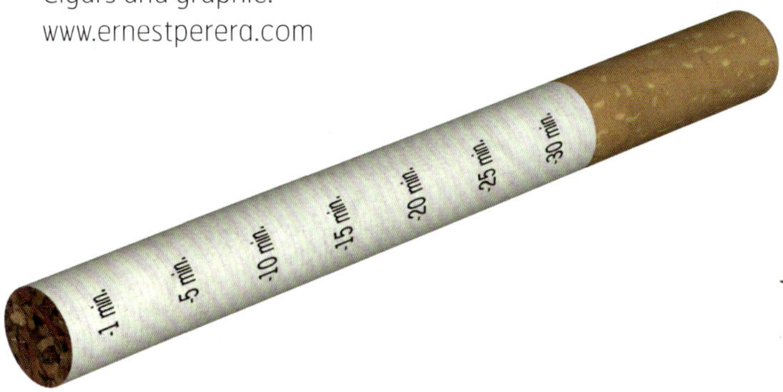

My cigars speak to me - Lungs | 2001
by Ernest Perera (SP, 1974)
//////
Cigars and graphic.
www.ernestperera.com

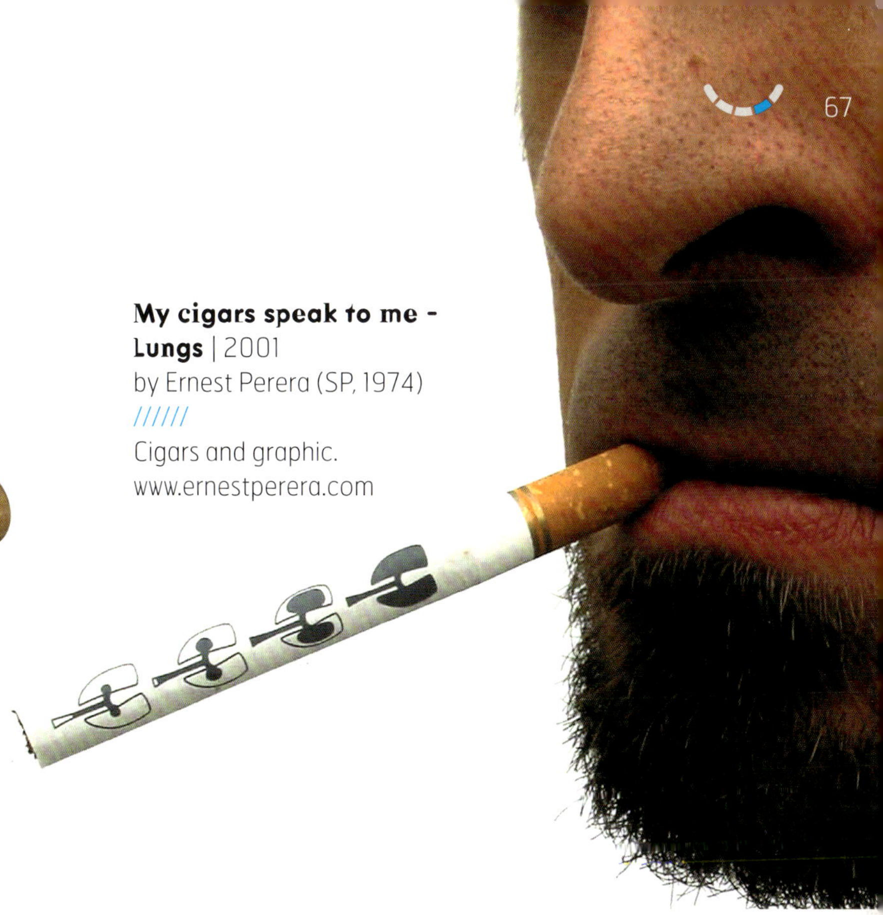

<< p66
3 Days closer to death | 2007
by Anthony Vassallo (GB)
//////
Ashtray, heat resistant elastomer, for Imovate. An ashtray measuring your dwindling lifeforce.
www.imovatedesign.co.uk

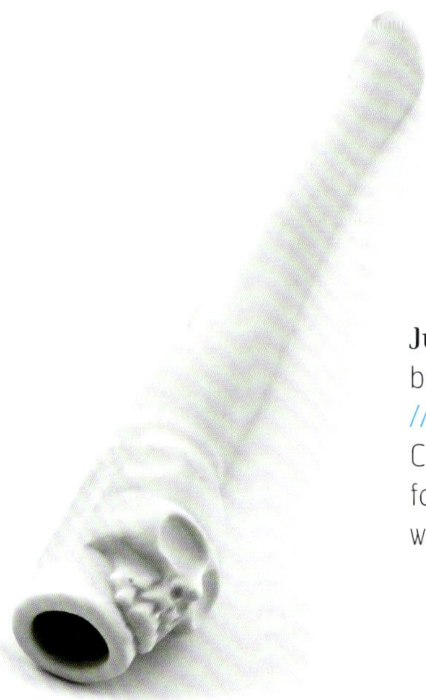

Just Enjoy | 2007
by Thierry D'Istria (FR, 1968)
//////
Cigarette holder, porcelain, for La tête au cube.
www.lateteaucube.com

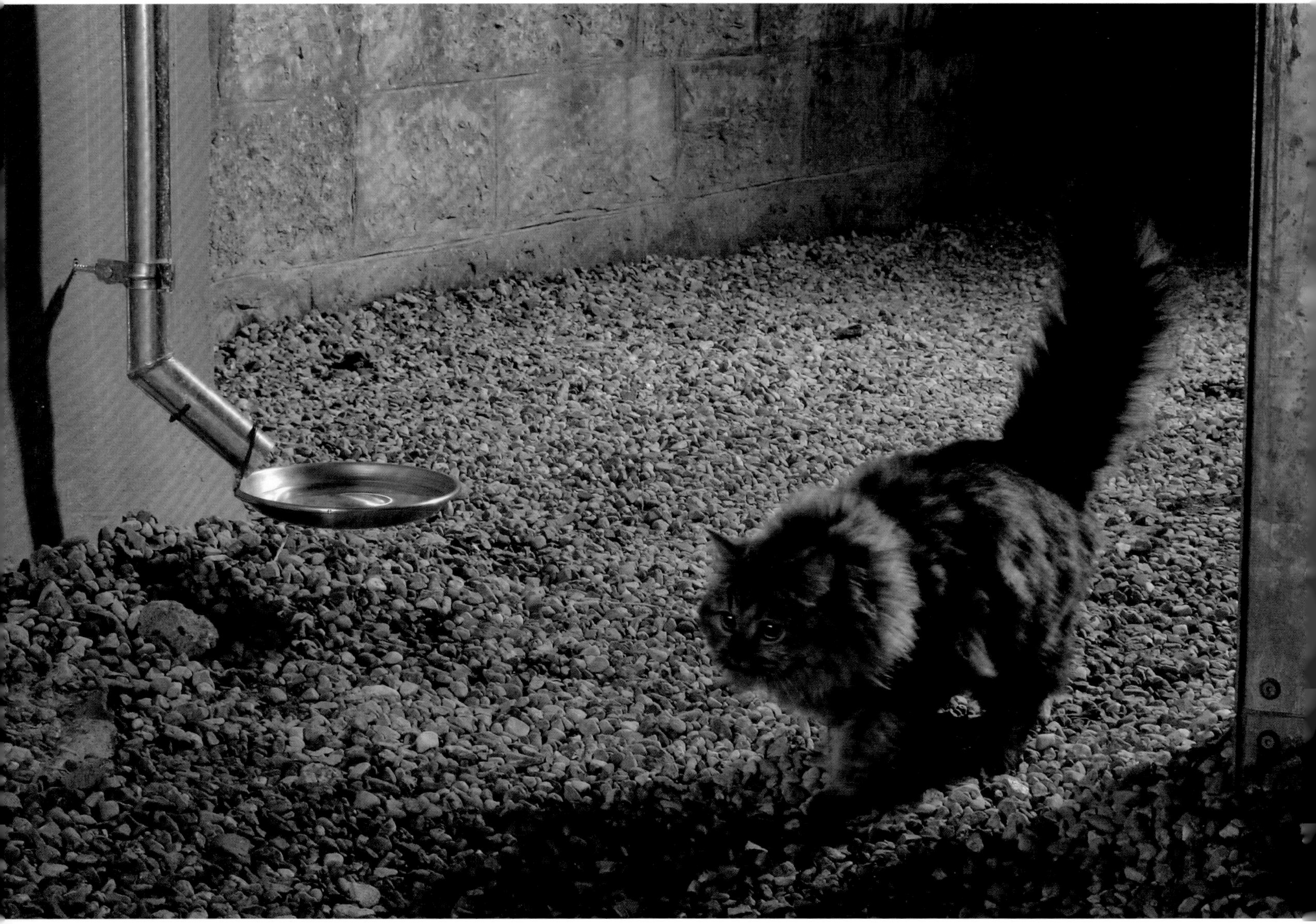

Drinking Trough | 2005
by Axel Jaccard (CH, °1976)
//////
Chased zinc, for Inout Designers.
www.inoutdesigners.ch

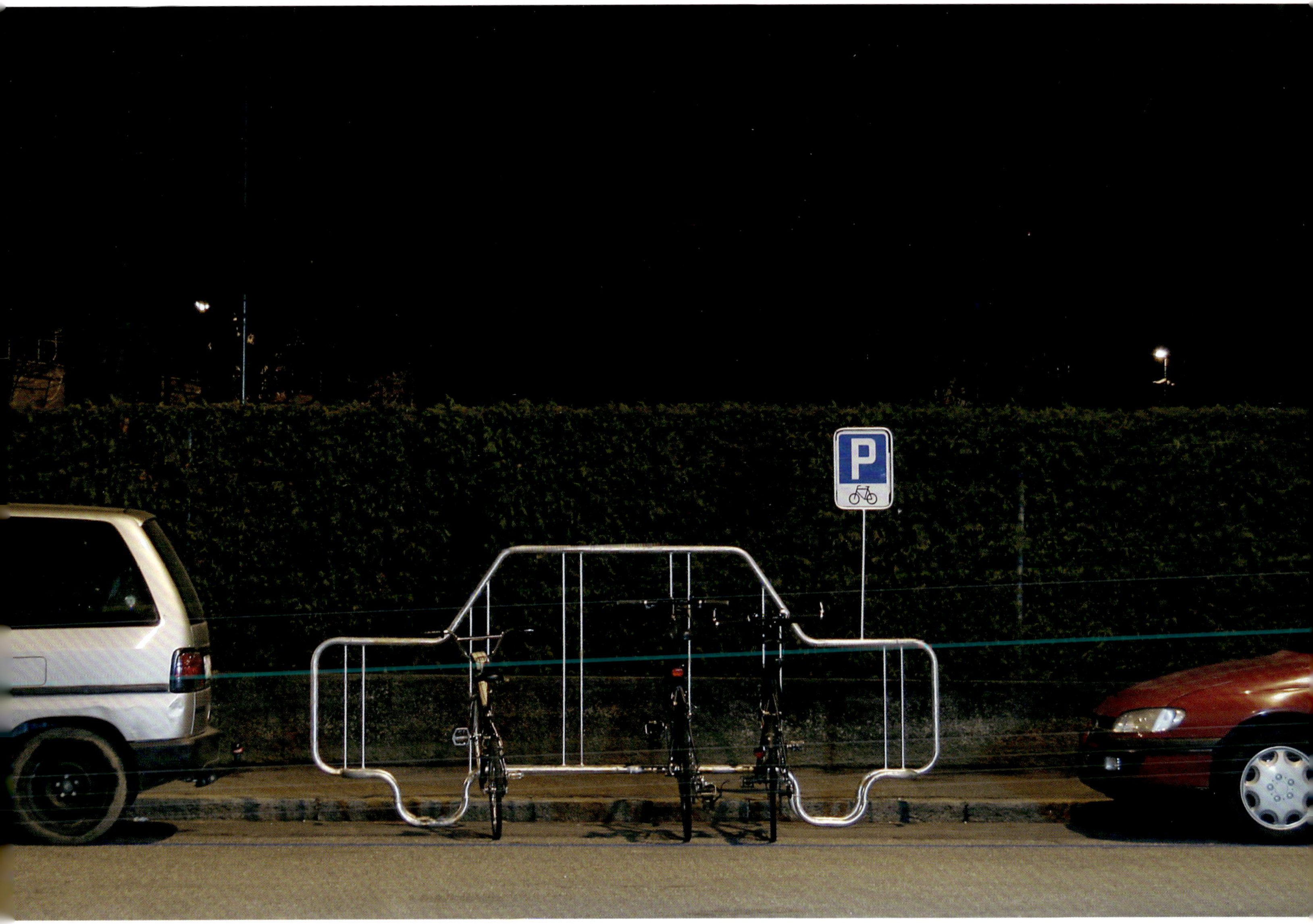

VD 003 | 2006
by Adrien Rovero (CH, °1981)
//////
Bicycle rack, galvanised steel, for Inout Designers.
A bike rack that fits snugly into a car space.
www.inoutdesigners.ch

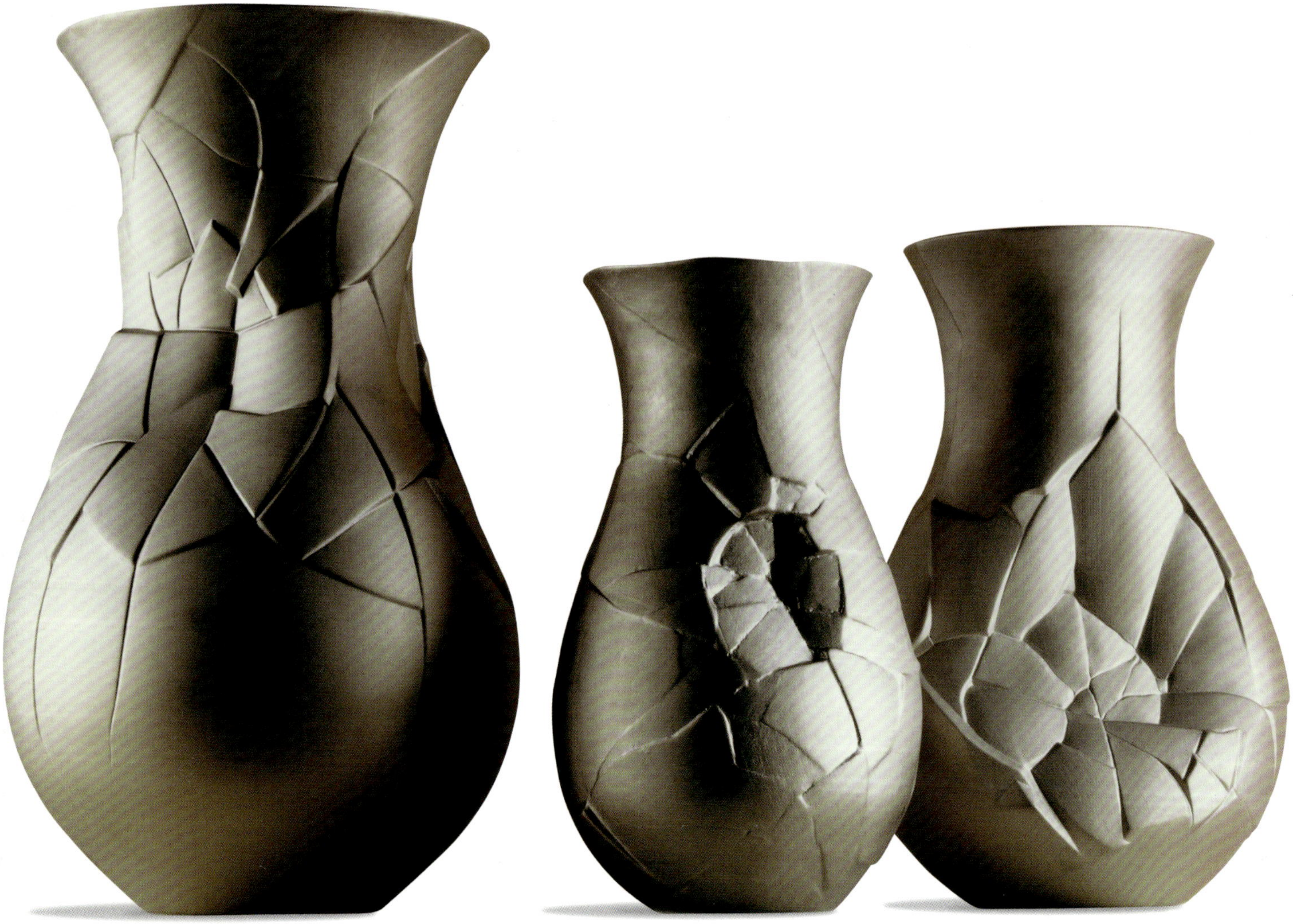

Vase of Phases | 2006
by Rosenthal studio-line
//////
Vase, porcelain.
www.rosenthal.de

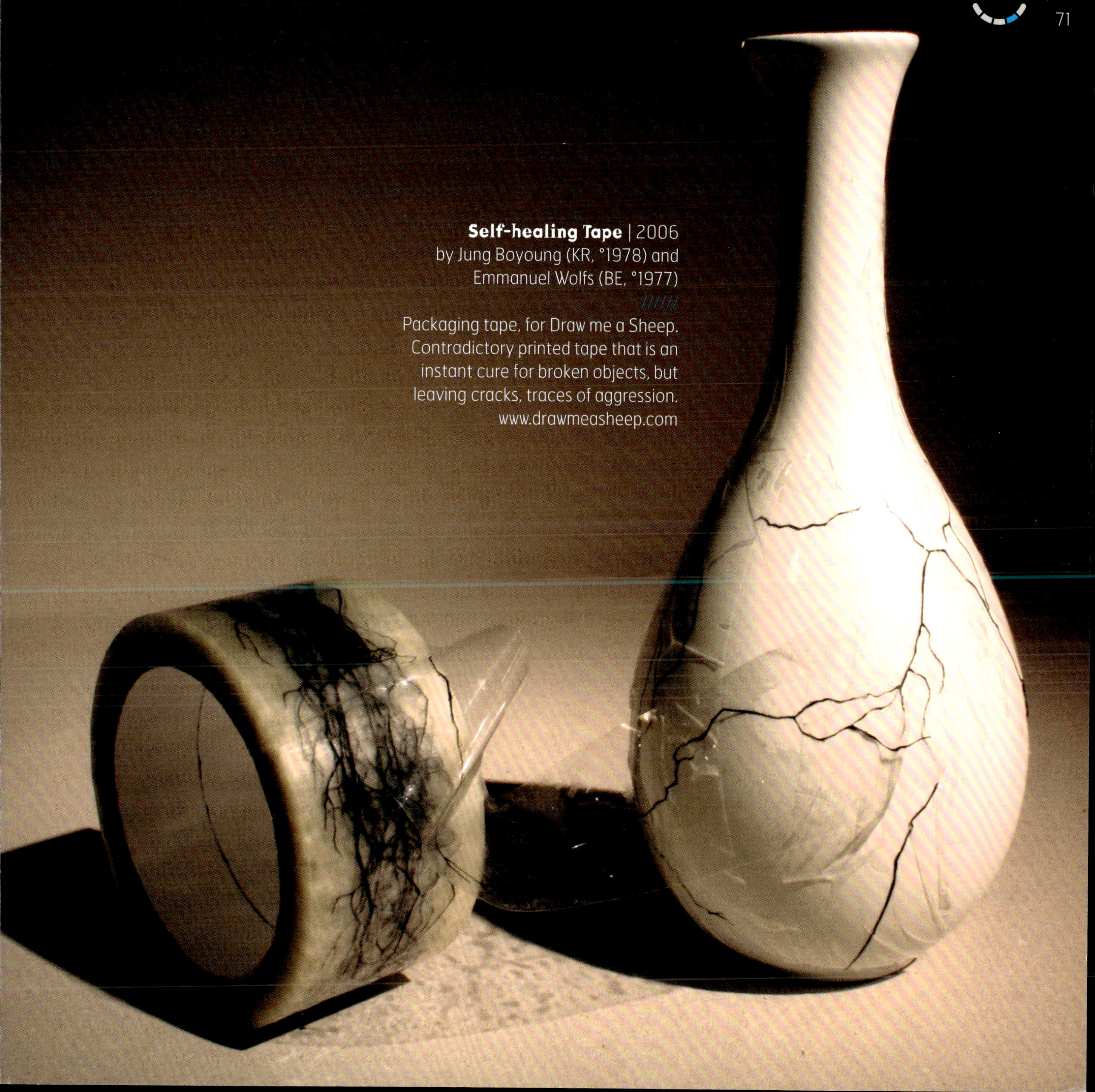

Self-healing Tape | 2006
by Jung Boyoung (KR, °1978) and
Emmanuel Wolfs (BE, °1977)

Packaging tape, for Draw me a Sheep.
Contradictory printed tape that is an
instant cure for broken objects, but
leaving cracks, traces of aggression.
www.drawmeasheep.com

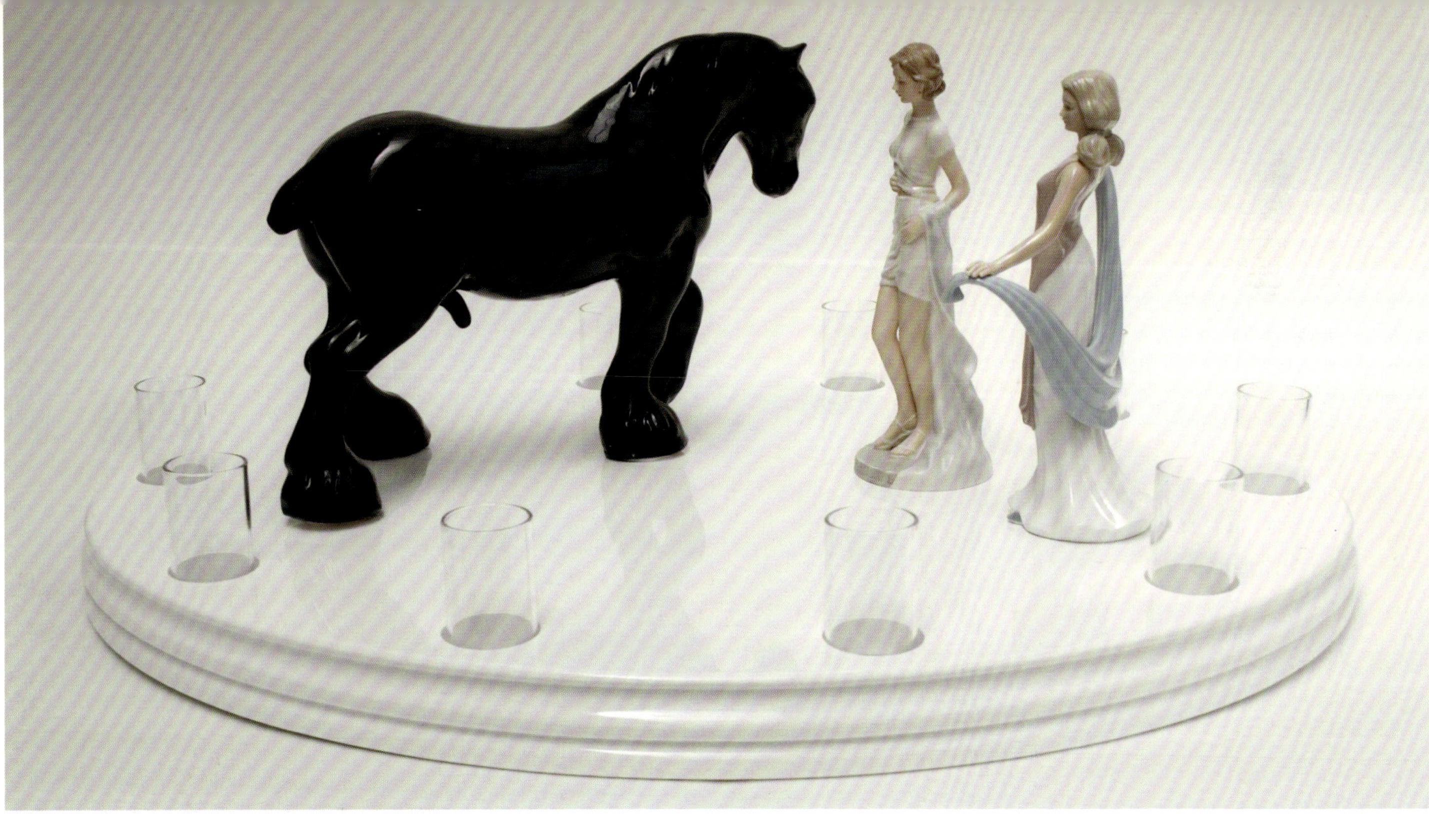

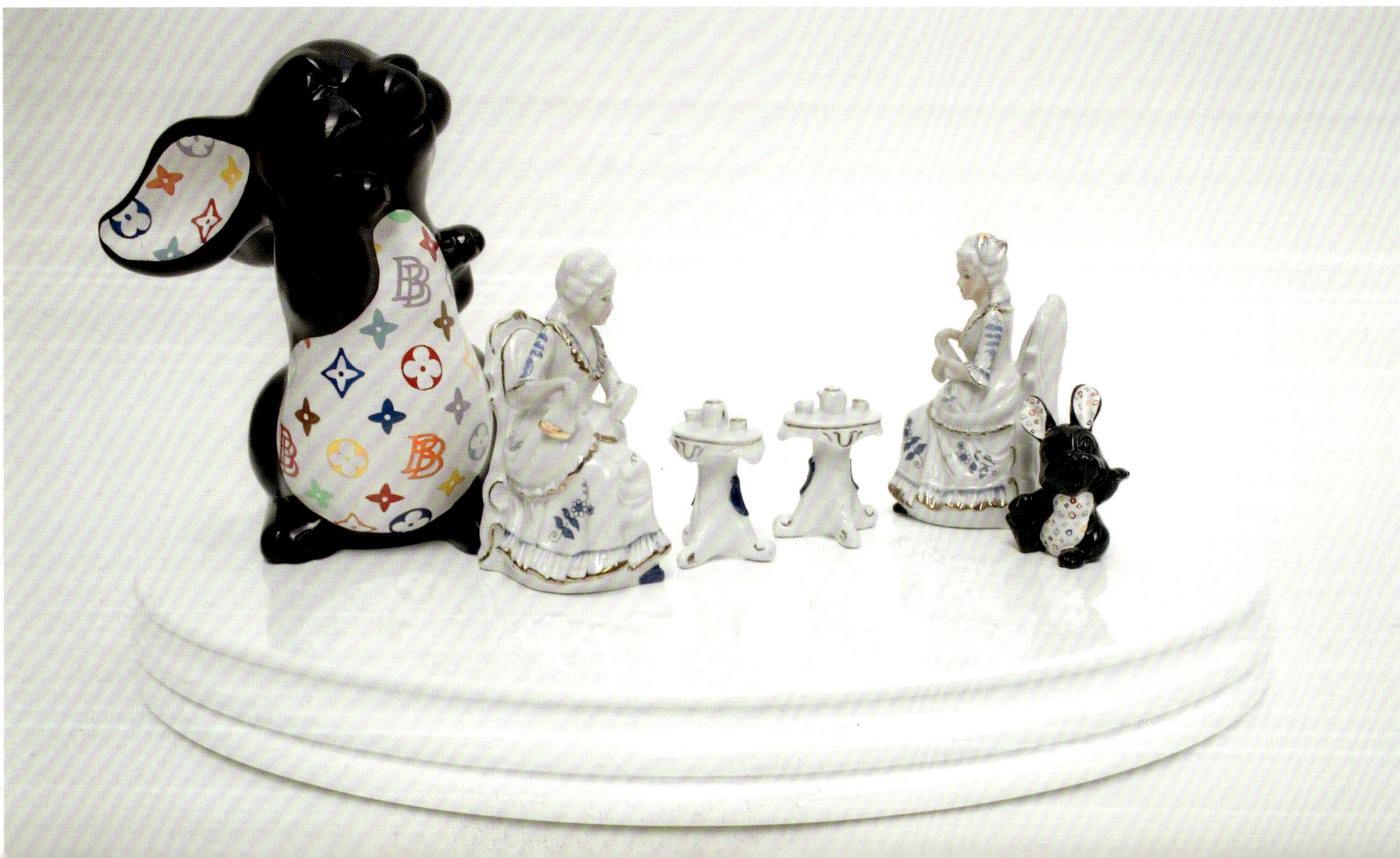

<< p72

Oh, I thought it would be bigger | 2006
by Barnaby Barford (GB, °1977)
//////
Figurine made of porcelain, enamel paint, zinc discs, glass tubes, with a painted wooden base.
www.barnabybarford.co.uk

What did you say your husband did? | 2006
by Barnaby Barford (GB, °1977)
//////
Figurine, porcelain, terracotta, resin, enamel paint, with a painted wooden base.
www.barnabybarford.co.uk

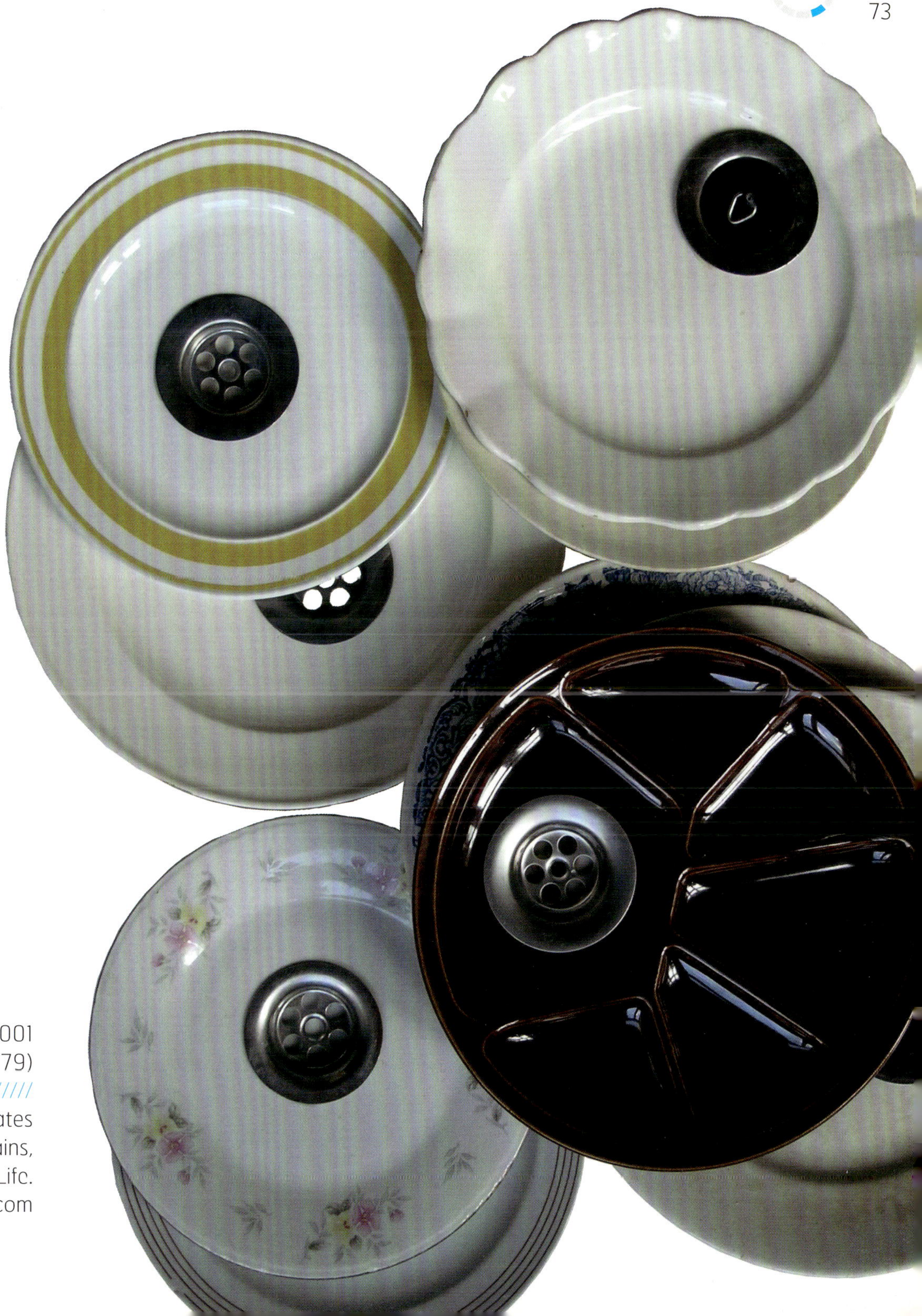

In & out Tableware | 2001
by Joana Meroz (BR-IL, °1979)
//////
Plates, ready-made plates and stainless steel drains, for The Ornamented Life.
www.theornamentedlife.com

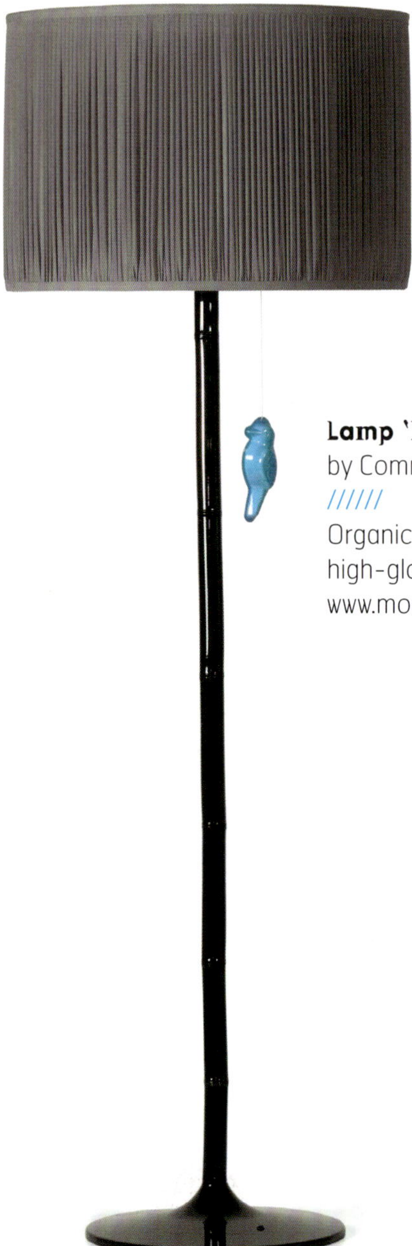

Lamp 'Bamboo' | 2007
by Committee (GB)
//////
Organic bamboo finished in a high-gloss surface, for Moooi.
www.moooi.nl

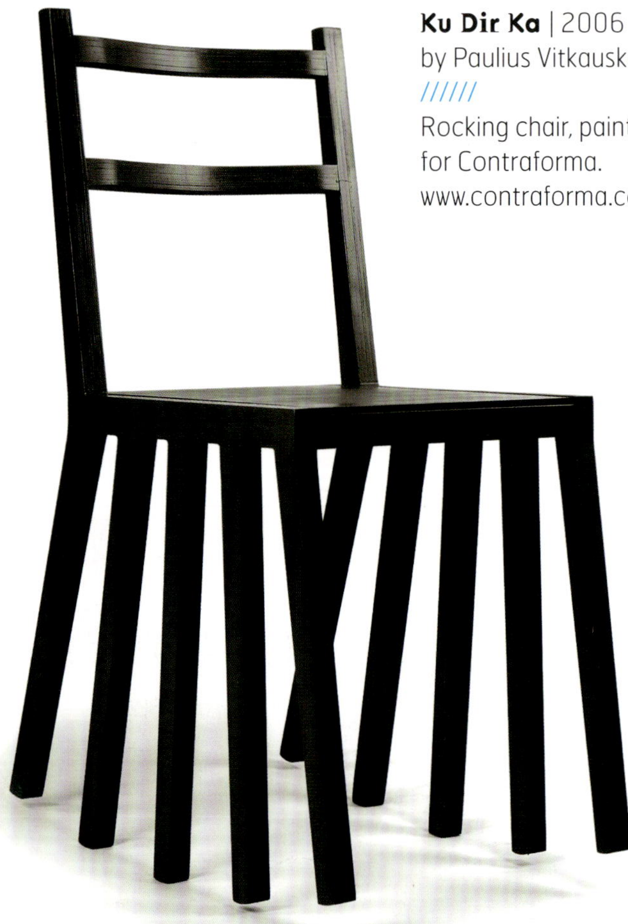

Ku Dir Ka | 2006
by Paulius Vitkauskas (LT)
//////
Rocking chair, painted plywood, for Contraforma.
www.contraforma.com

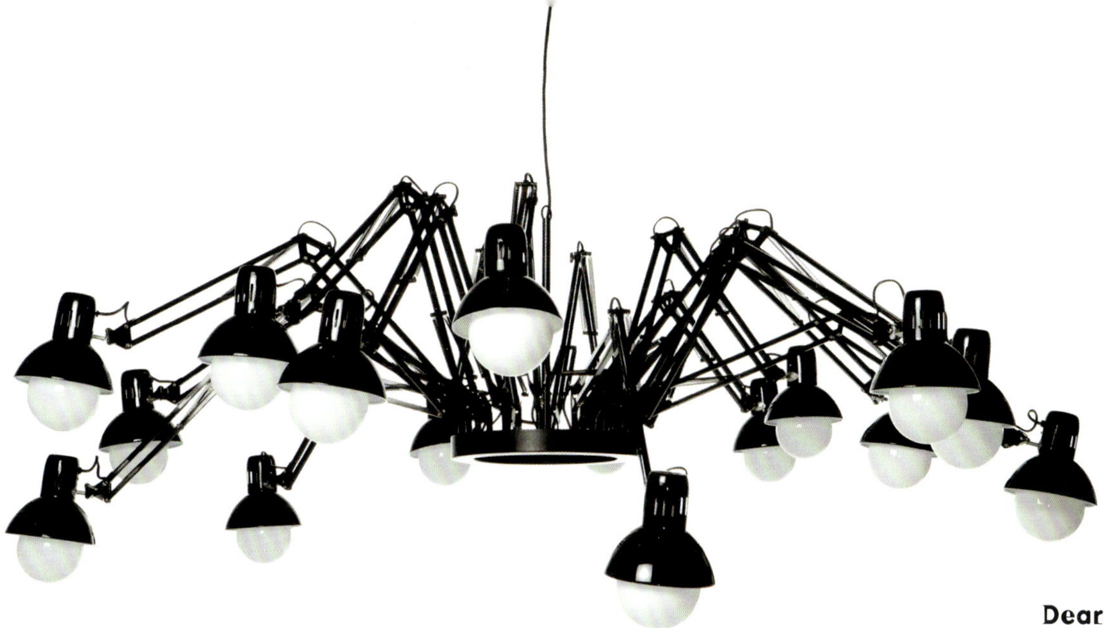

Dear Ingo | 2003
by Ron Gilad (IL, 1972)
//////
Lamp, powder coated steel, for Moooi.
www.moooi.nl

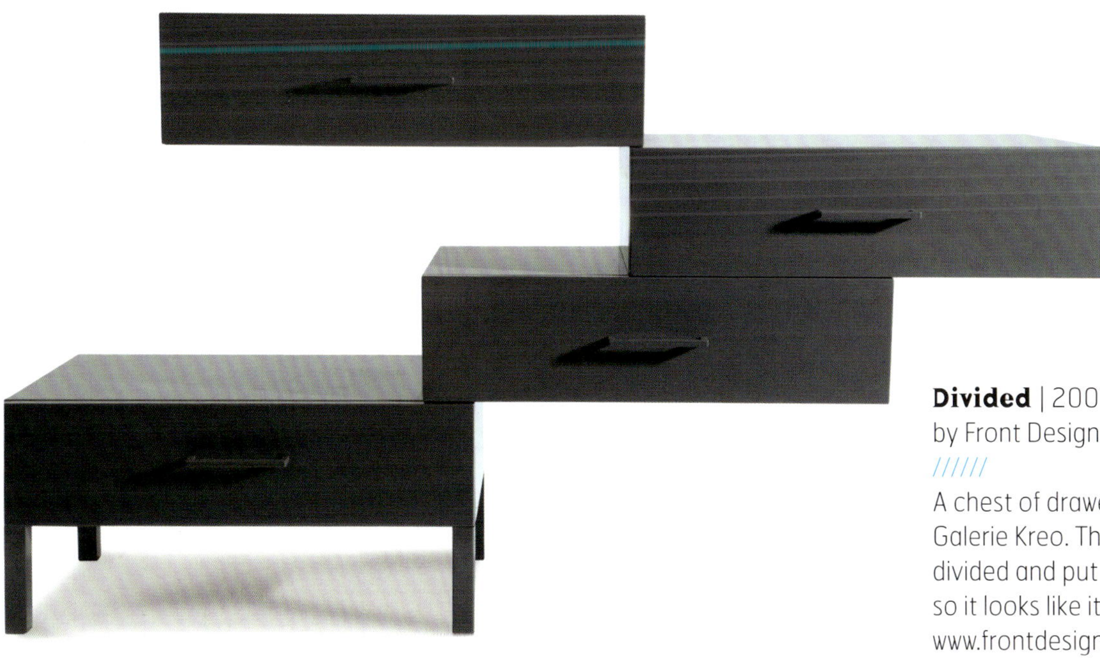

Divided | 2007
by Front Design (SE)
//////
A chest of drawers, wood, for Galerie Kreo. The cupboard was divided and put together again so it looks like it defies gravity.
www.frontdesign.se

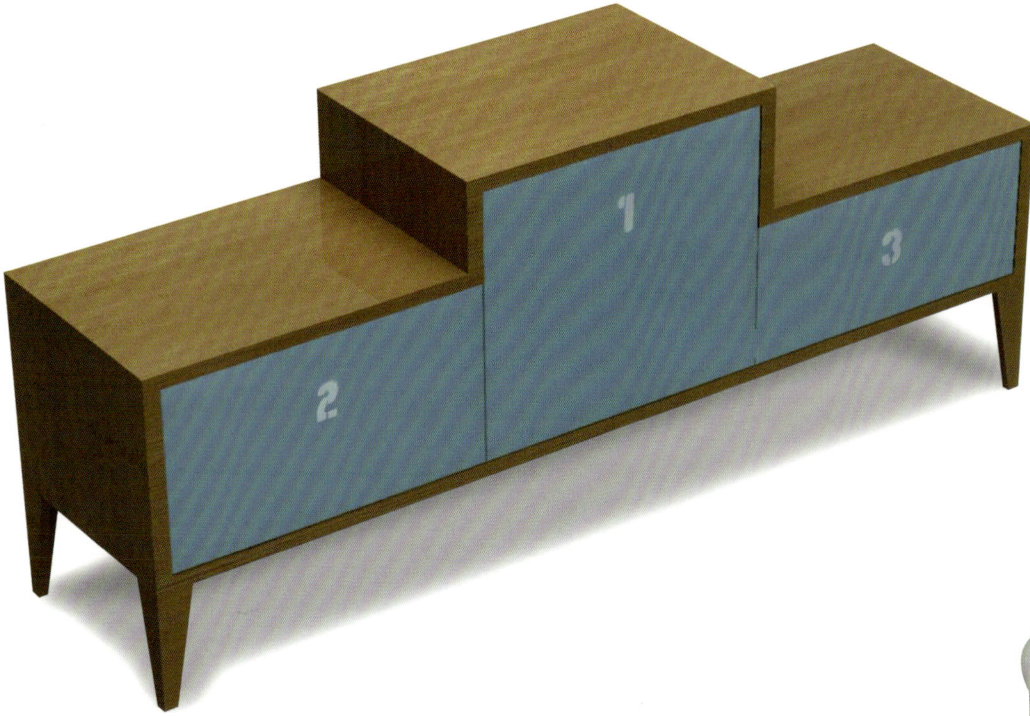

Pedestal | 2007
by Marian Lasak (SK, °1979)
//////
Cabinet made of wood and metal, for Comunistar.
www.comunistar.com

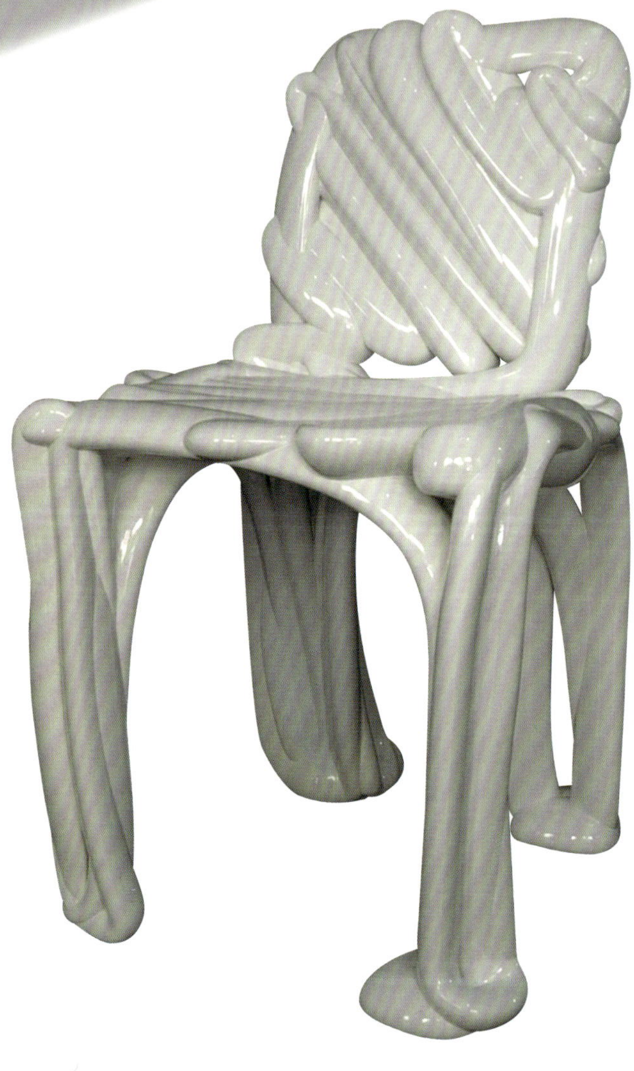

Sketch Furniture | 2007
by Front Design (SE)
//////
Pen strokes translated into 3D-files and built layer by layer by a laser beam within a liquid plastic material, in collaboration with Barry Friedman Ltd.
www.frontdesign.se

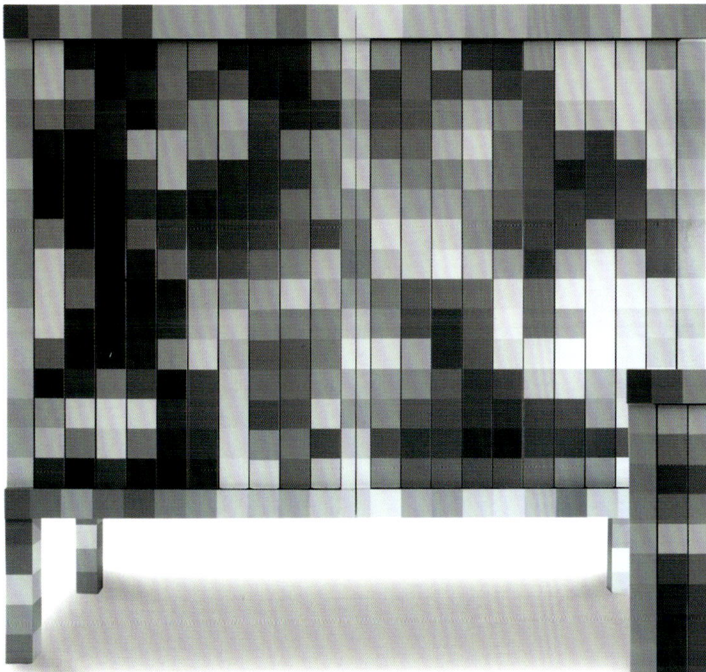

Changing Cupboard | 2007
by Front Design (SE)
//////
Cupboard, metal and wood, for Galerie Kreo. A constantly transforming cupboard built from turning advertising signs.
www.frontdesign.se

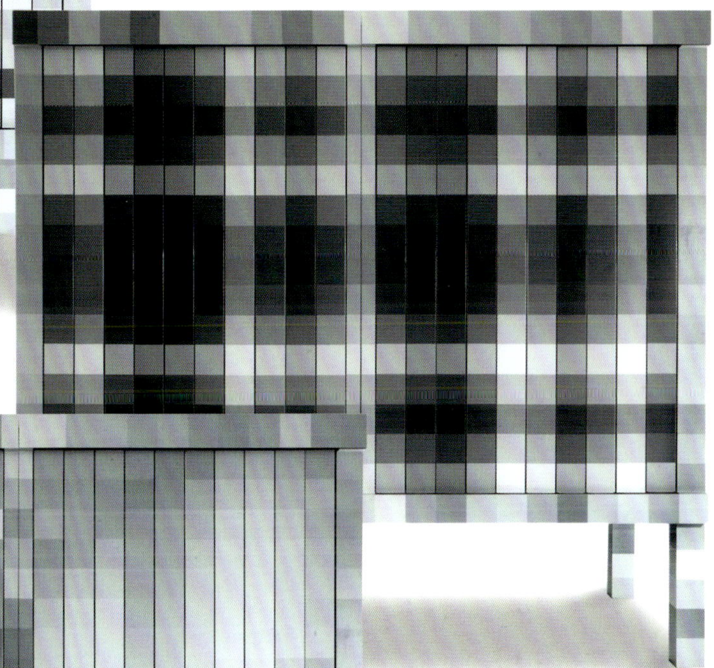

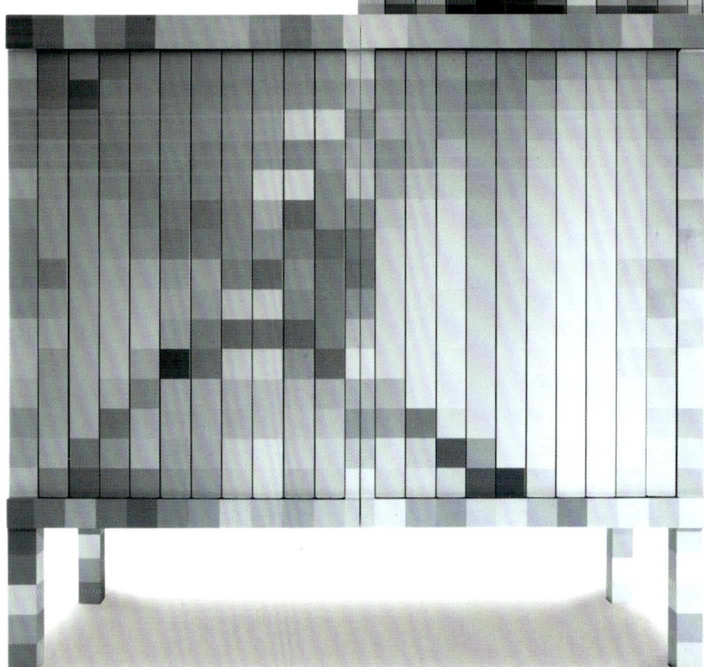

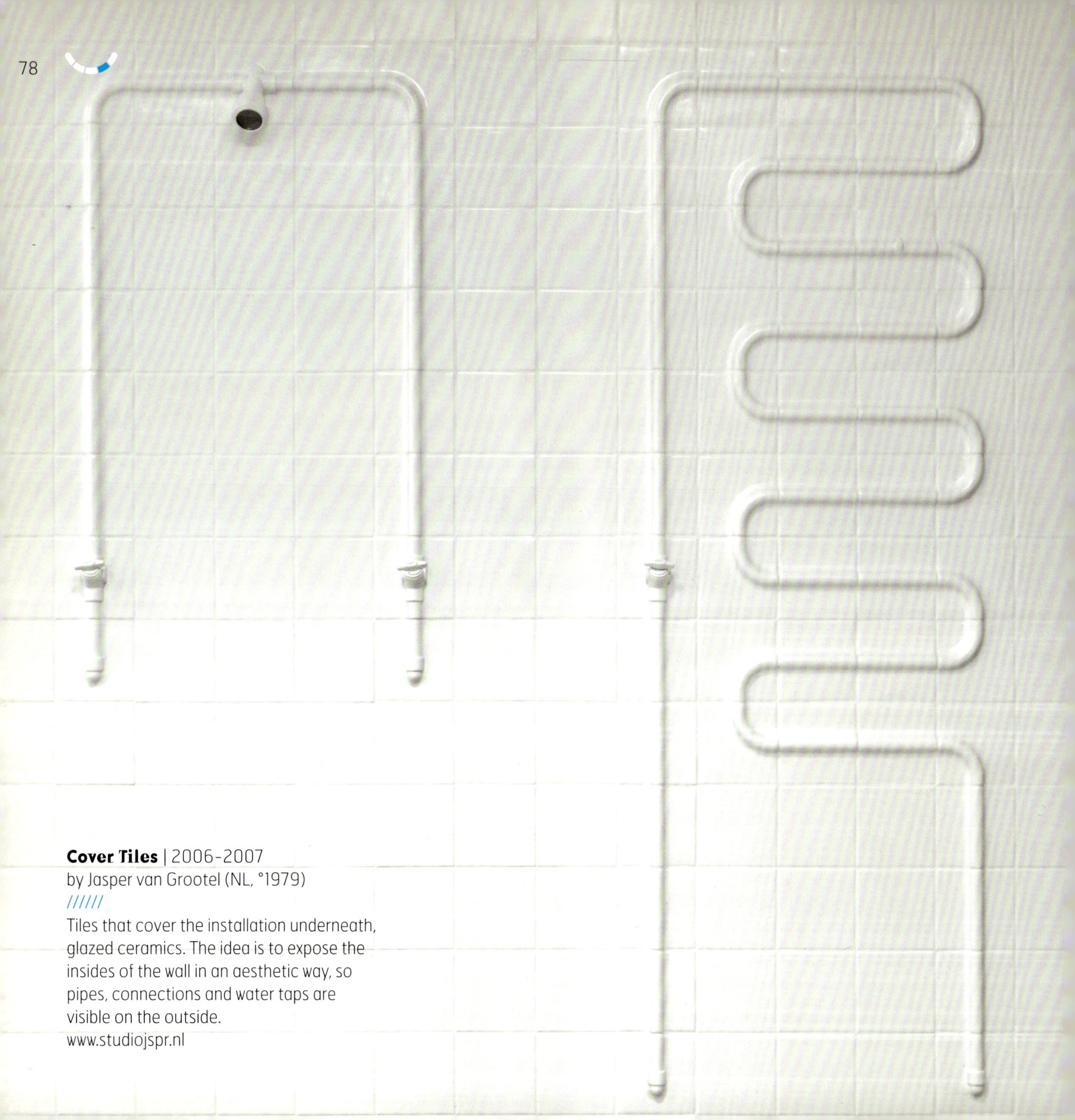

Cover Tiles | 2006-2007
by Jasper van Grootel (NL, °1979)
//////
Tiles that cover the installation underneath, glazed ceramics. The idea is to expose the insides of the wall in an aesthetic way, so pipes, connections and water taps are visible on the outside.
www.studiojspr.nl

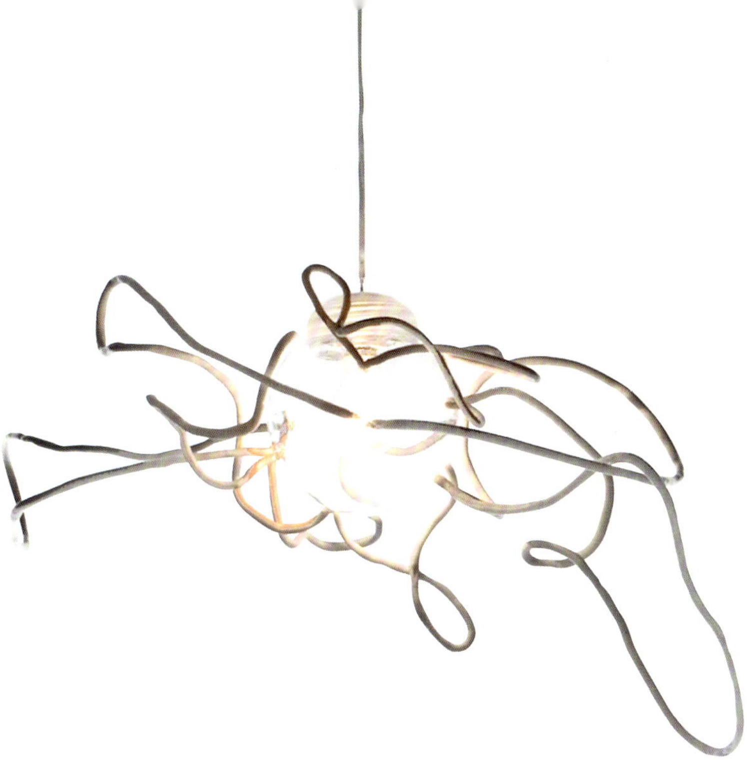

Fly Lamp | 2007
by Front Design (SE)
//////
A fly's circling around a lamp is recorded by motion capture and materialized into a lampshade, in collaboration with Barry Friedman Ltd.
www.frontdesign.se

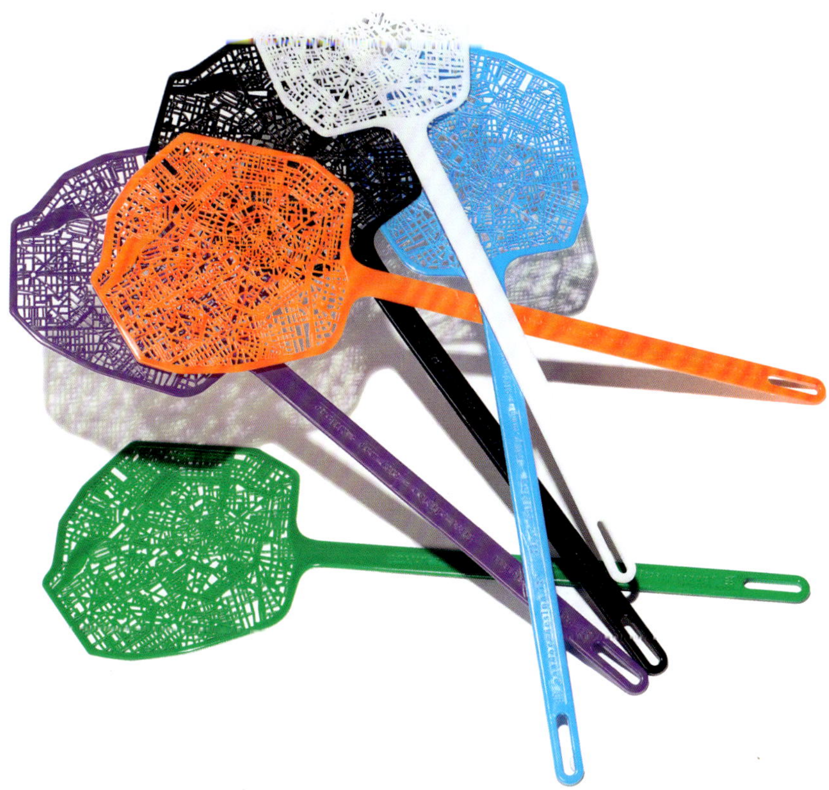

Bye Bye Fly | 2007
by Giulio Iacchetti (IT)
//////
Fly swatter, plastic, for Pandora Design. Swatter representing a map of Milan, the capital of design.
www.pandoradesign.it

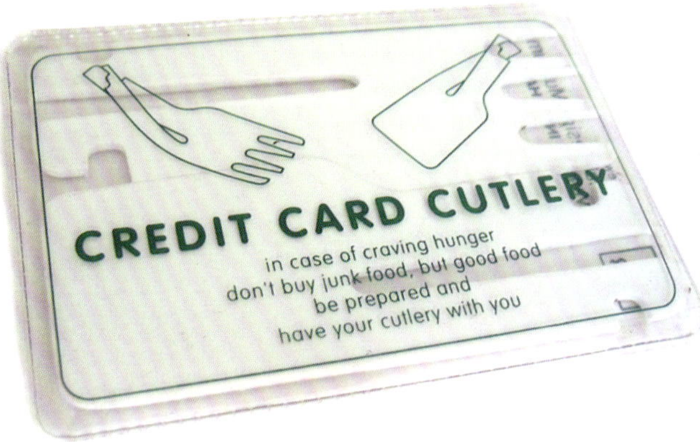

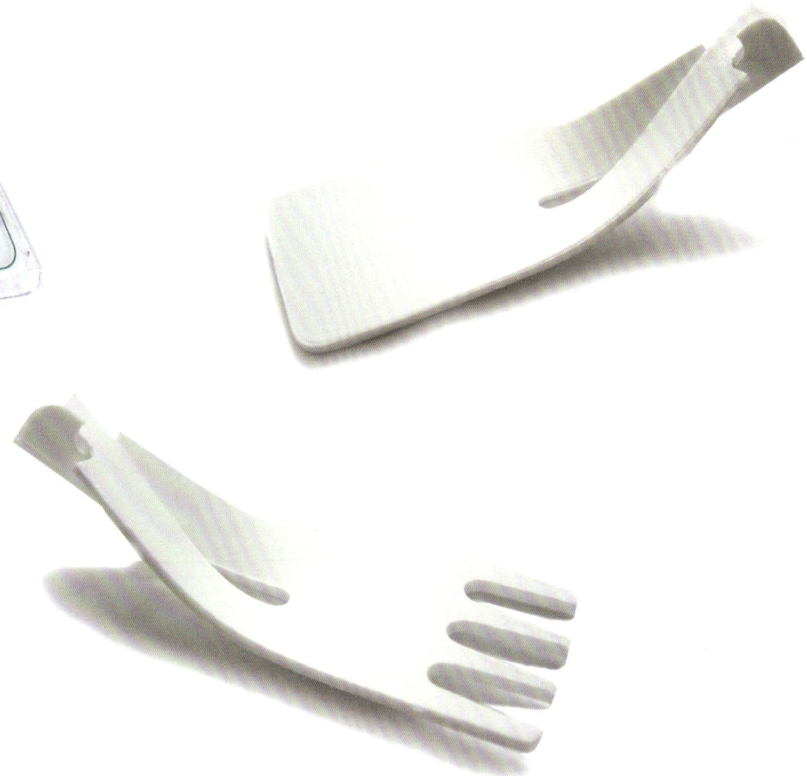

Credit Card Cutlery | 2006
by Ineke Hans (NL, °1966)

Cutlery set, polypropylene, designed for the Cooper Hewitt National Design Museum, NY.
www.inekehans.com

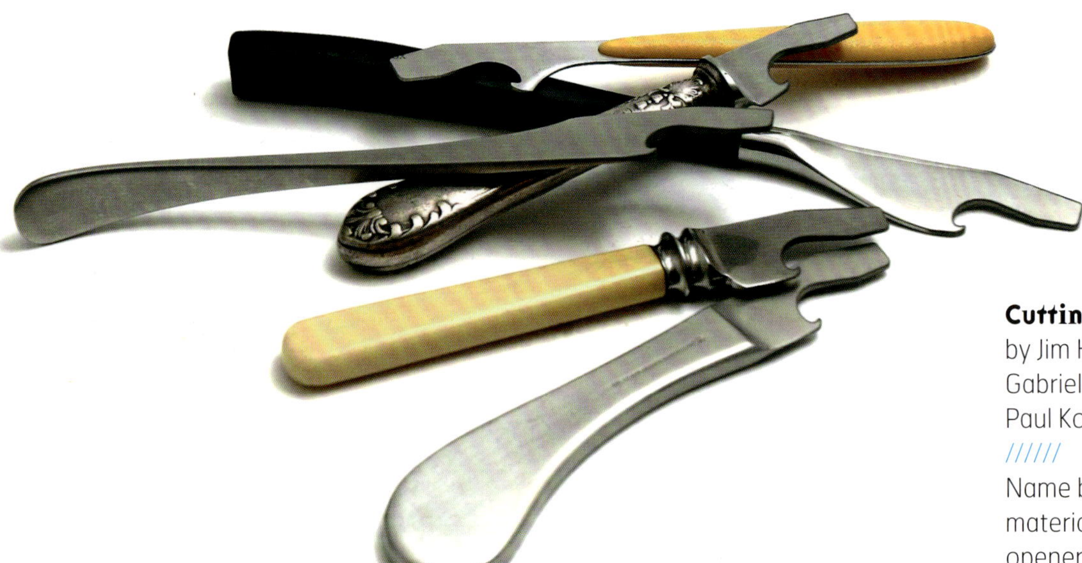

Cutting up knives | 2006
by Jim Hannon-Tan (ES, °1975), Gabriel Heusser (CH, °1978) and Paul Kogelnig (GE, °1979)

Name brand knives of various materials transformed into bottle openers, for Pervisioni.
www.pervisioni.it

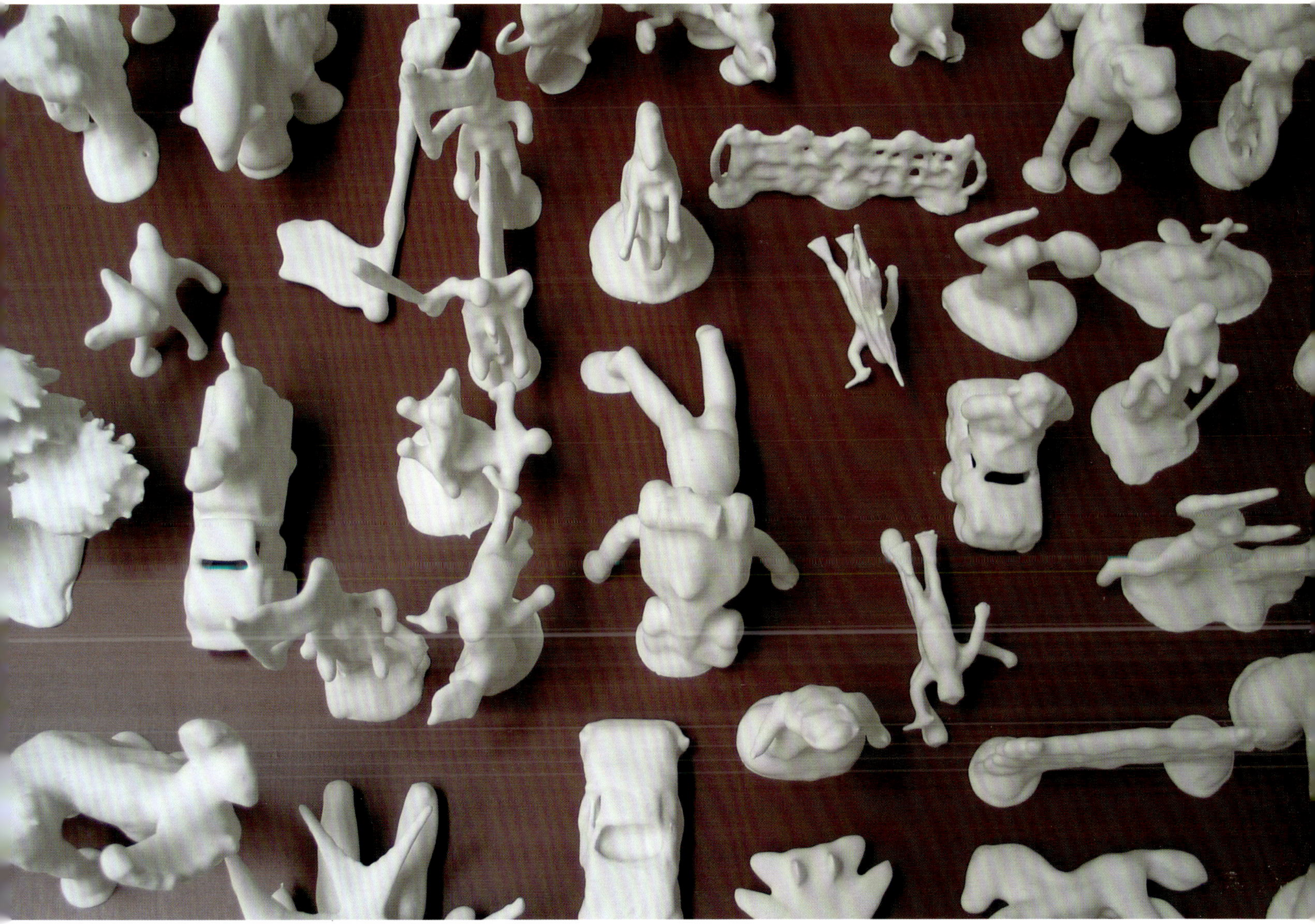

Anarchistic Chess | 2004
by Bertjan Pot (NL, °1975)
//////
Plaster dipped sculptures.
www.bertjanpot.nl

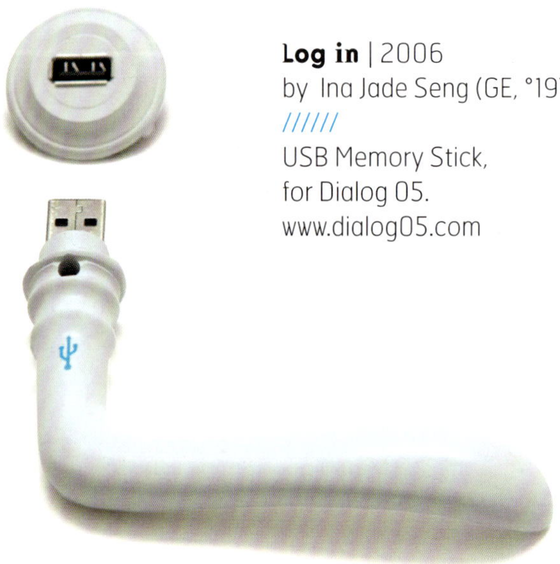

Log in | 2006
by Ina Jade Seng (GE, °1977)
//////
USB Memory Stick,
for Dialog 05.
www.dialog05.com

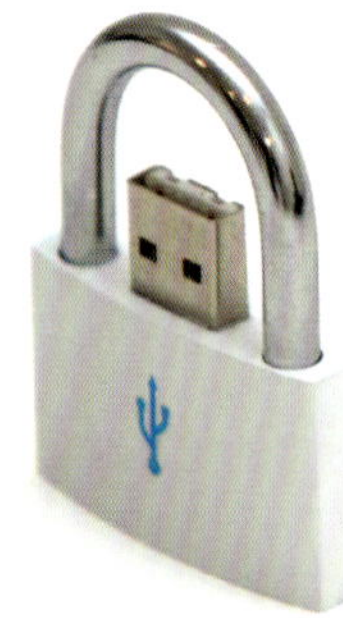

Datenschutz | 2006
by Ina Jade Seng (GE, °1977)
//////
USB Memory Stick,
for Dialog 05.
www.dialog05.com

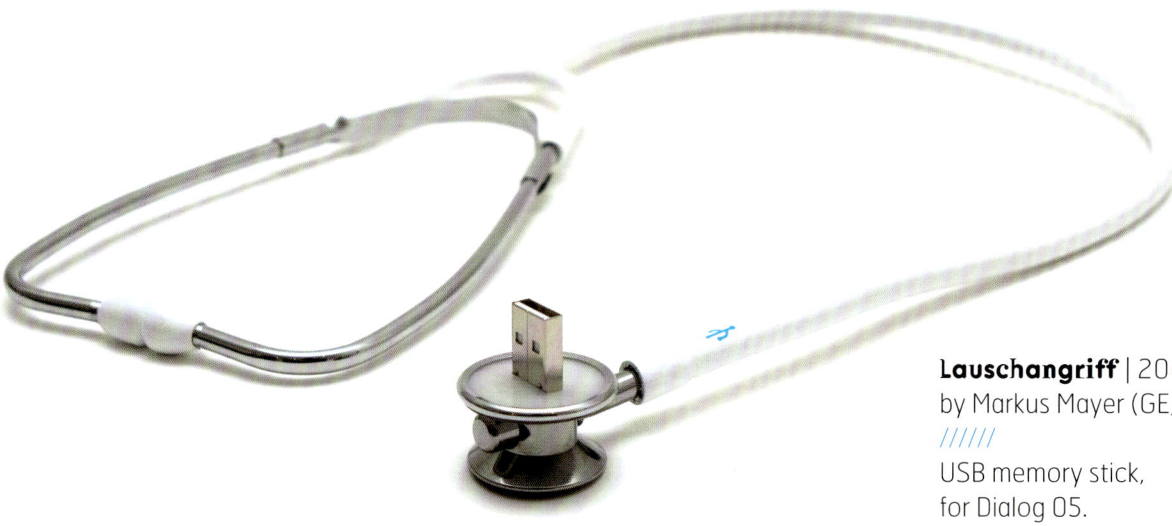

Lauschangriff | 2006
by Markus Mayer (GE, °1975)
//////
USB memory stick,
for Dialog 05.
www.dialog05.com

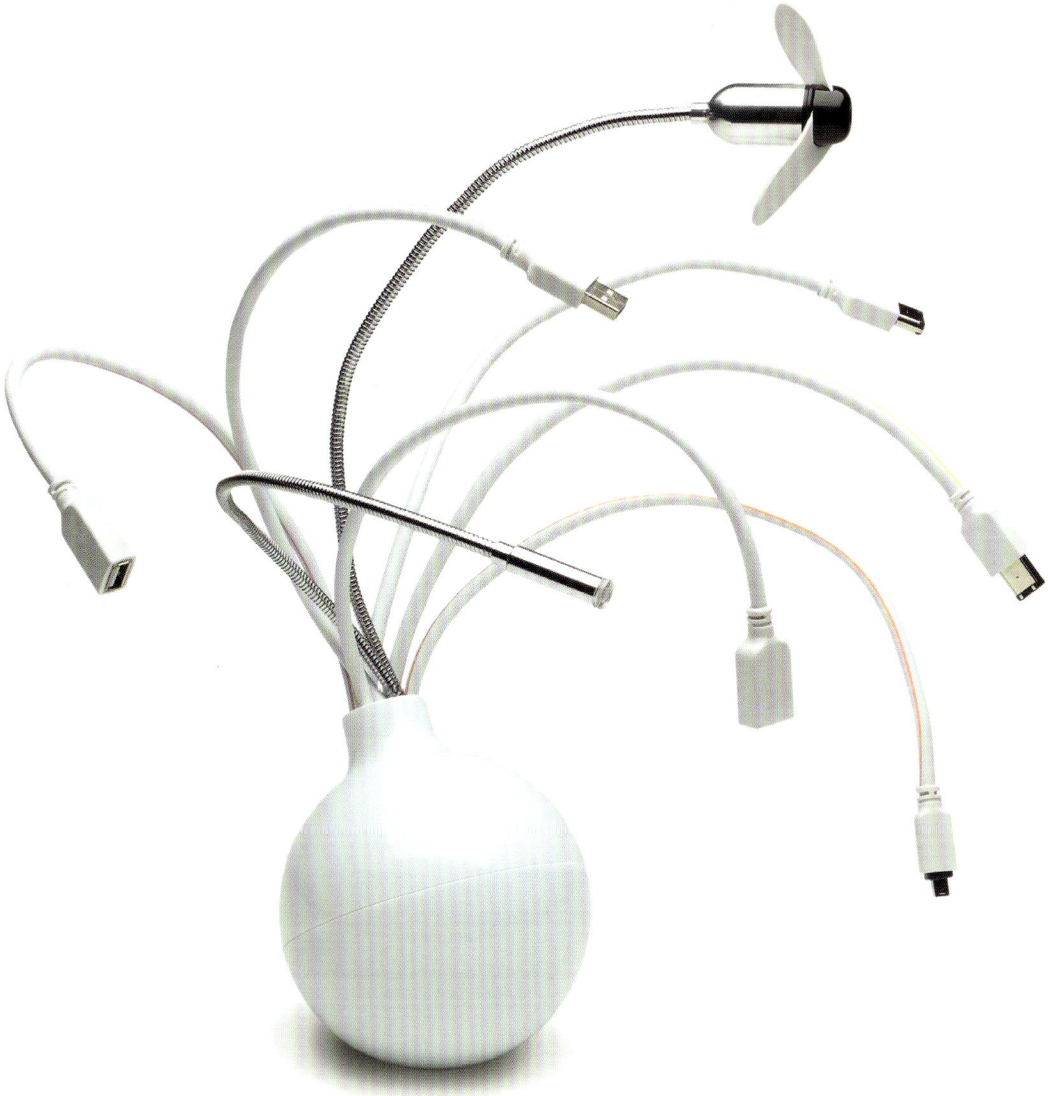

Lacie Huby | 2006
by Ora Ito (FR, °1977)
//////
Explosive looking USB- and firewire-hub made of plastic and metal, for LaCie.
www.lacie.nl

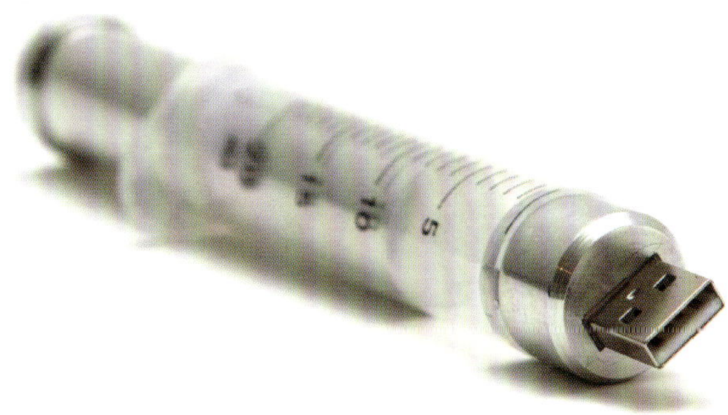

Data injection | 2006
by Markus Mayer (GE, 1975°)
//////
USB memory stick, for Dialog 05.
www.dialog05.com

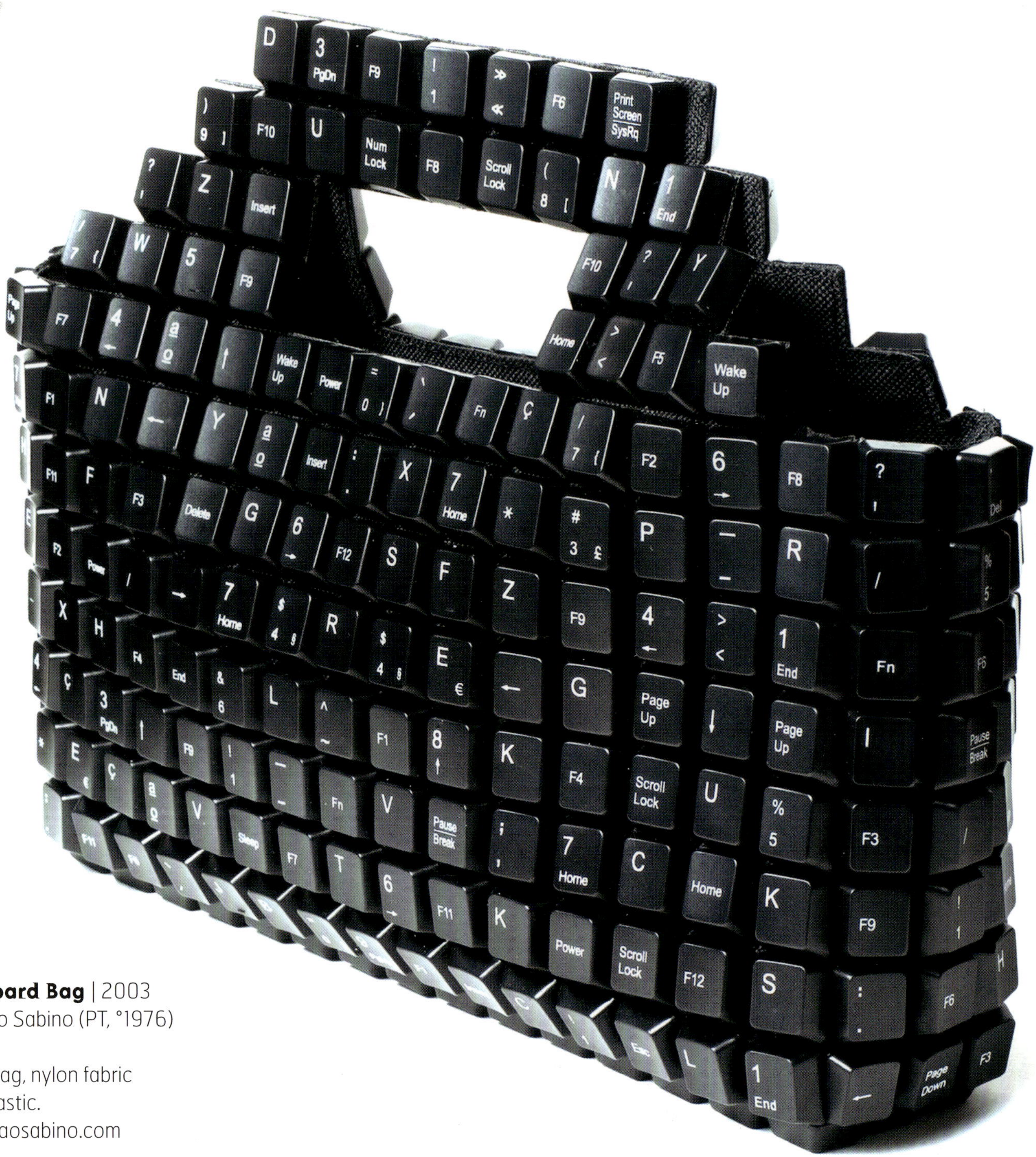

Keyboard Bag | 2003
by Joao Sabino (PT, °1976)
//////
Handbag, nylon fabric
and plastic.
www.joaosabino.com

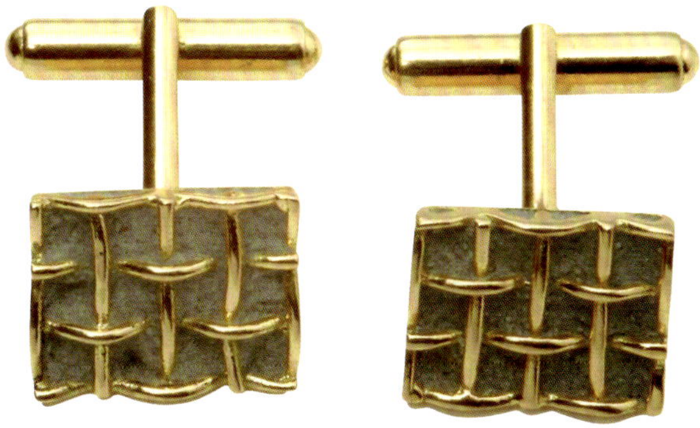

Beton | 1986
by Patrice Fabre (FR, °1954)
//////
Cufflinks, gold and concrete, 1986. Armoured concrete never looked more flashy.
www.patrice-fabre.com

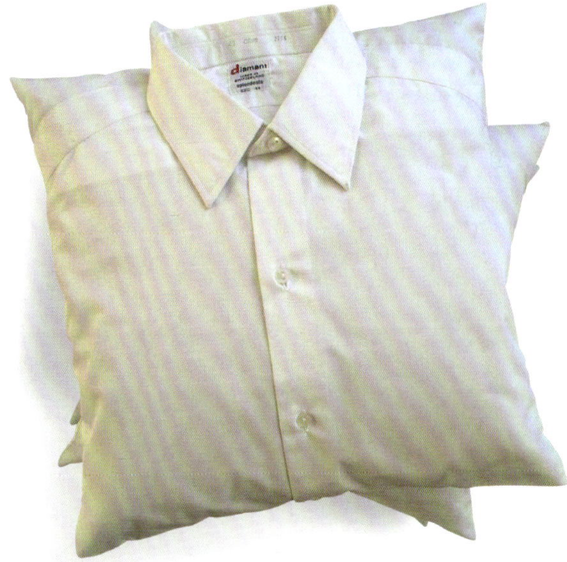

Dad | 2003
by Christiane Högner (GE, °1974)
//////
Cushion, cotton.
www.christianehoegner.com

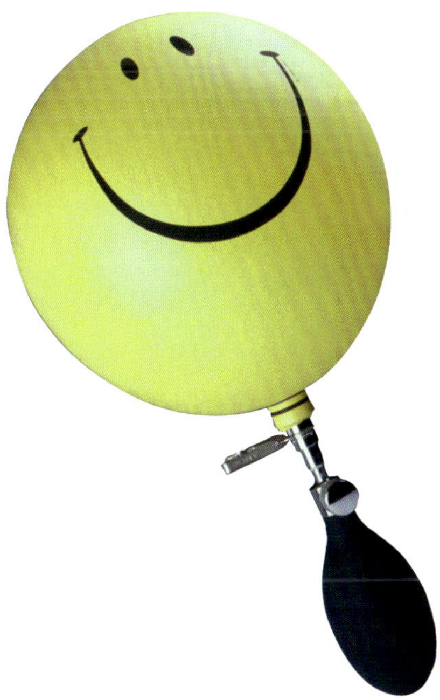

Balloon Brooch | 2006
by Sigurd Bronger (NO, °1957)
//////
Brooch, chrome plated brass, rubber, steel and a balloon.
www.sigurdbronger.no

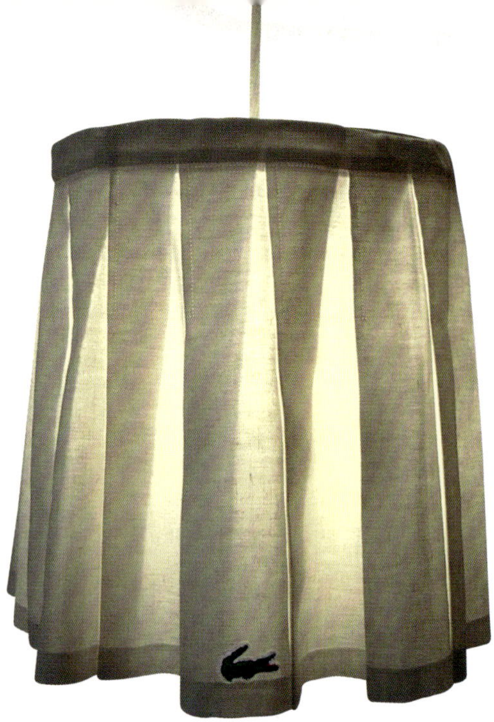

Anna | 2004
by Christiane Högner (GE, °1974)
//////
A lamp made out of a metal frame and a vintage tennis skirt.
www.christianehoegner.com

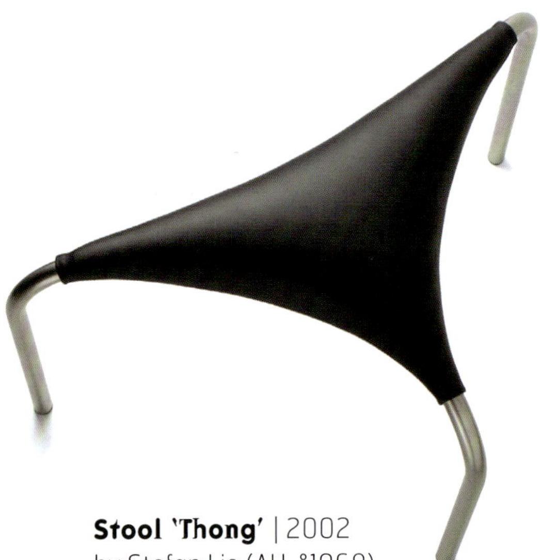

Stool 'Thong' | 2002
by Stefan Lie (AU, °1968)
//////
Stainless steel, urethane foam and leather.
www.stefan-lie.com

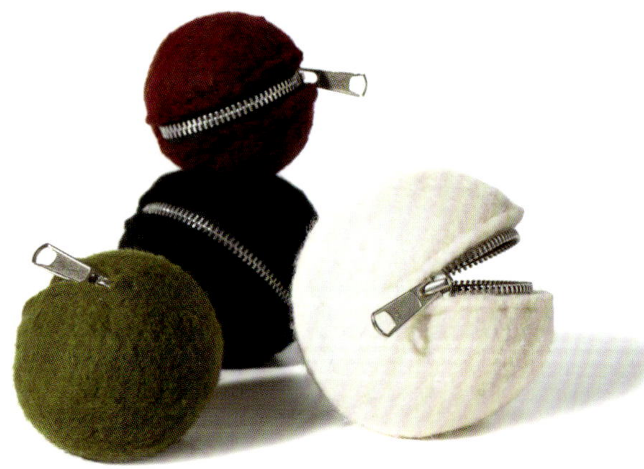

Pod | 2005
by Katy Chan (CA, °1983)
//////
Vessel and fashion accessory of handmade felt.
www.katychandesign.com

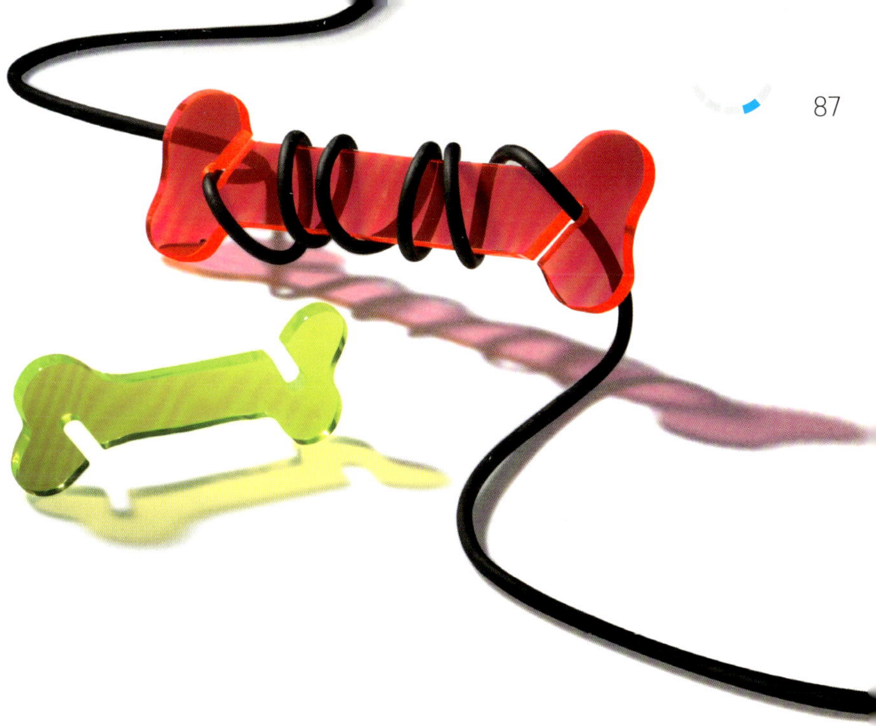

Cablebone | 2005
by Frank Schuermans (BE, °1982)
//////
Cable management
object made of acryl glass.

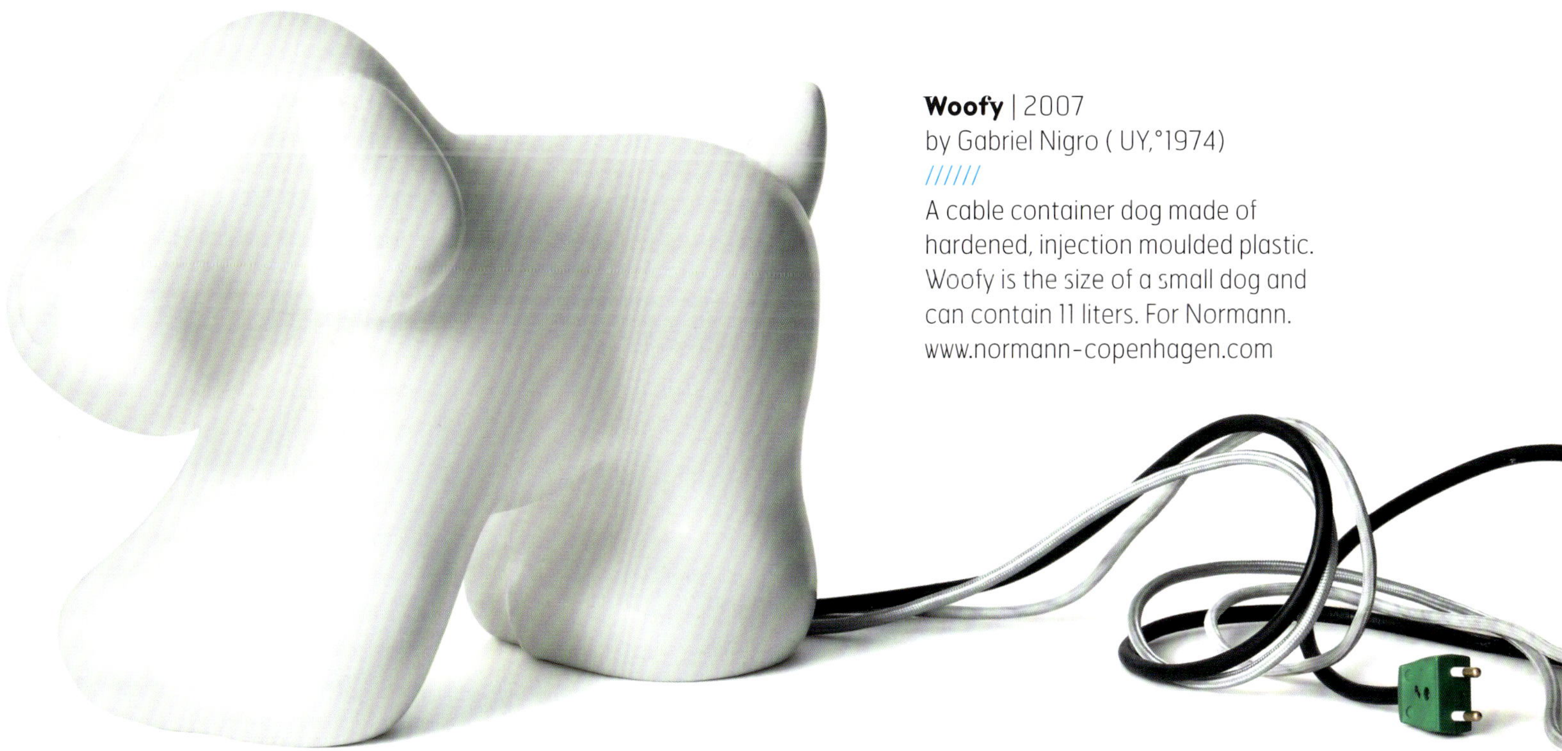

Woofy | 2007
by Gabriel Nigro (UY,°1974)
//////
A cable container dog made of hardened, injection moulded plastic. Woofy is the size of a small dog and can contain 11 liters. For Normann.
www.normann-copenhagen.com

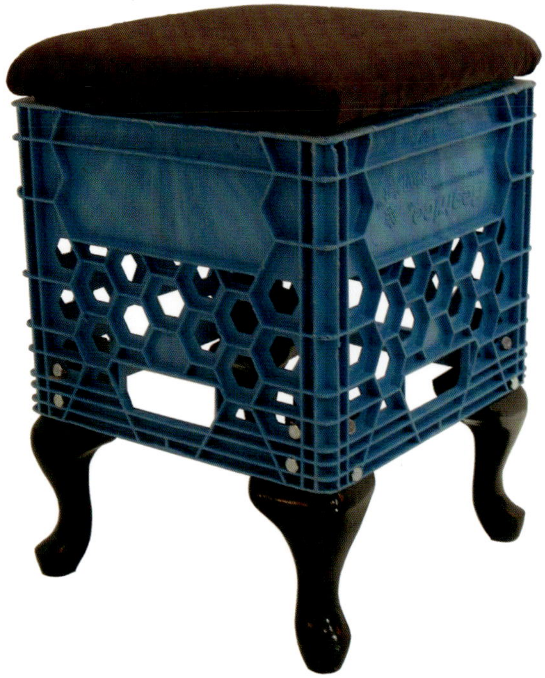

Hybrid Stool | 2007
by Shaun Moore (CA, °1973) and
Julie Nicholson (AU, °1963)
//////
Stool, commercial milk crate,
painted maple legs and an
upholstered seat, for Made Design.
www.madedesign.ca

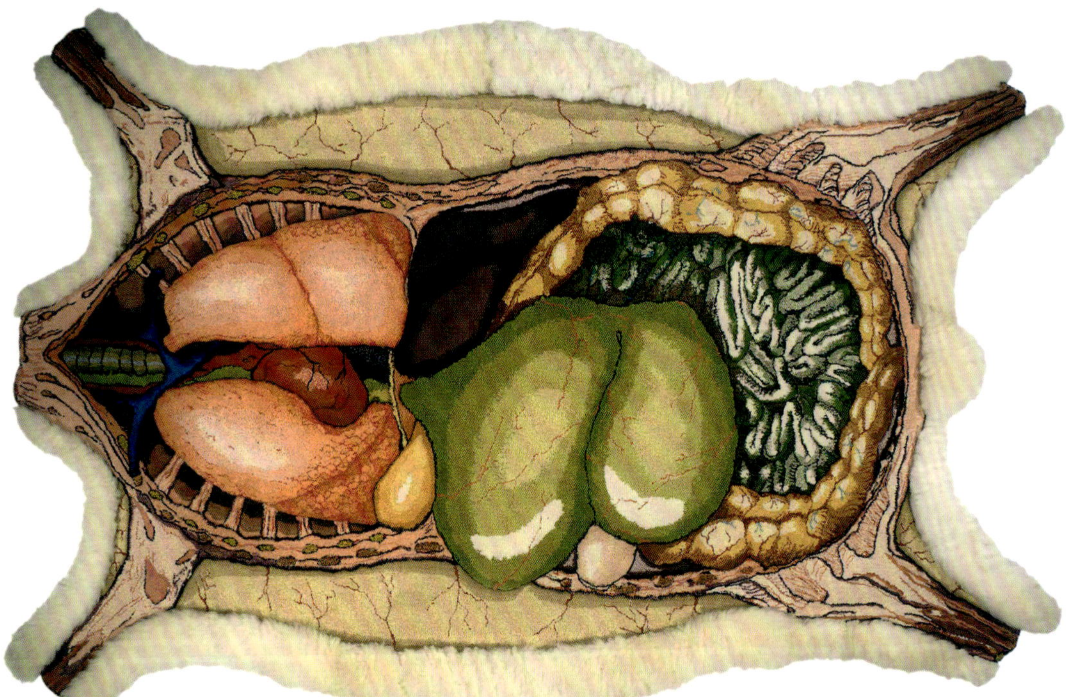

Mouton Retourné | 1996
by Weyers & Borms (BE)
//////
Carpet, 100% virgin wool.
www.weyersborms.com

Psst-it Table | 2007
by Atelier Blink (B)
//////
Table, wood and recycled paper.
www.atelierblink.com

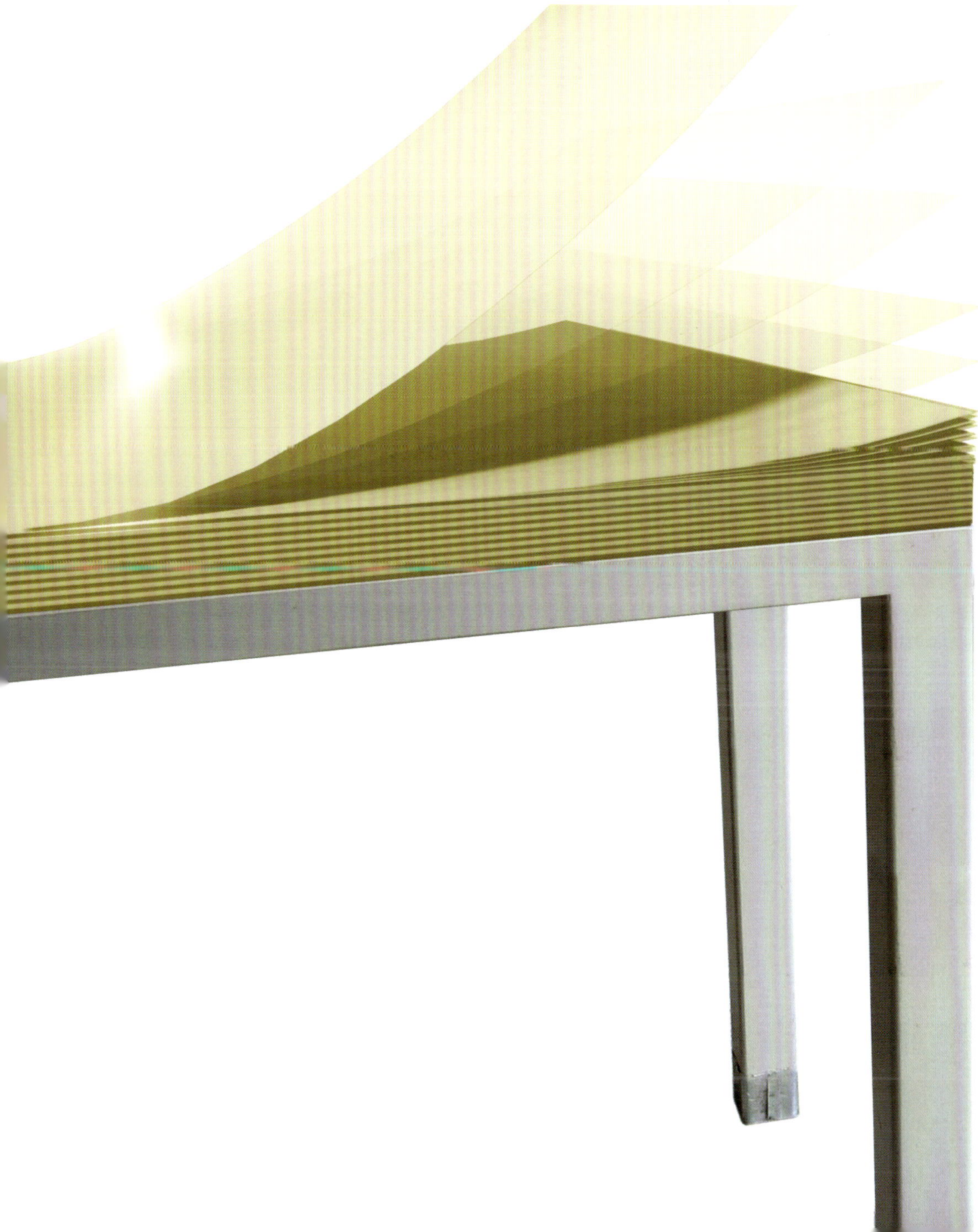

TABLE PSST-IT

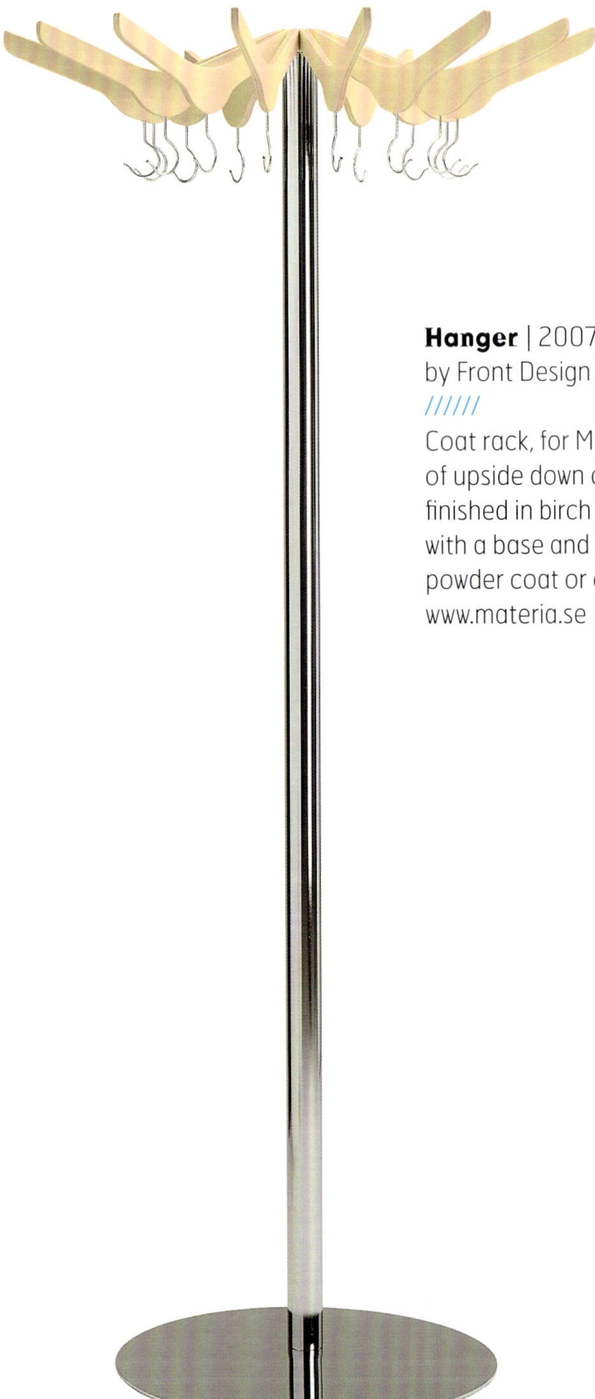

Hanger | 2007
by Front Design (SE)
//////
Coat rack, for Materia. A crown of upside down coat hangers, finished in birch or oak veneer, with a base and pole in a white powder coat or chrome finish.
www.materia.se

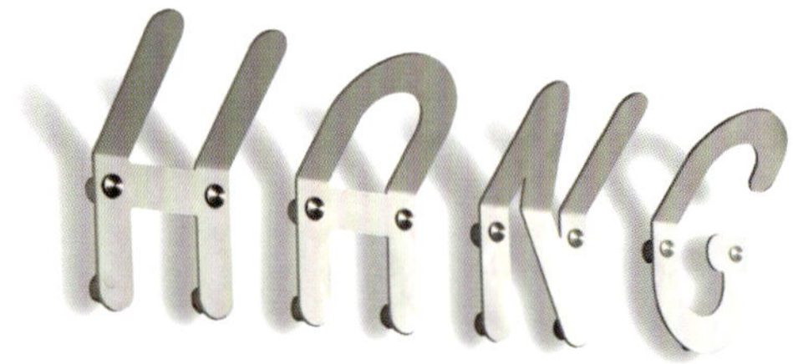

Hang | 2007
by Stefano Seletti (It, °1970), Miria Seletti (It, °1966) and Alessandro Zambelli (It, °1974)
//////
Clothes hanger, metal, for Seletti. Coat hanger with a rather sinister undertone.
www.seletti.com

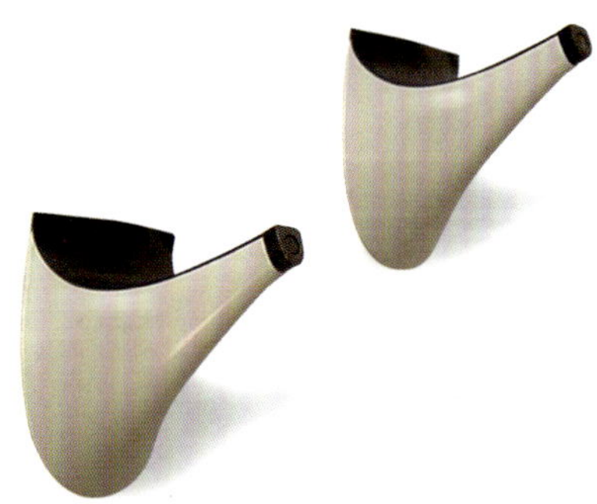

White Stiletto Hooks | 2006
by Susan Bradley (GB)
//////
Hooks, polymer, rubber and a hidden fixing.
www.susanbradley.co.uk

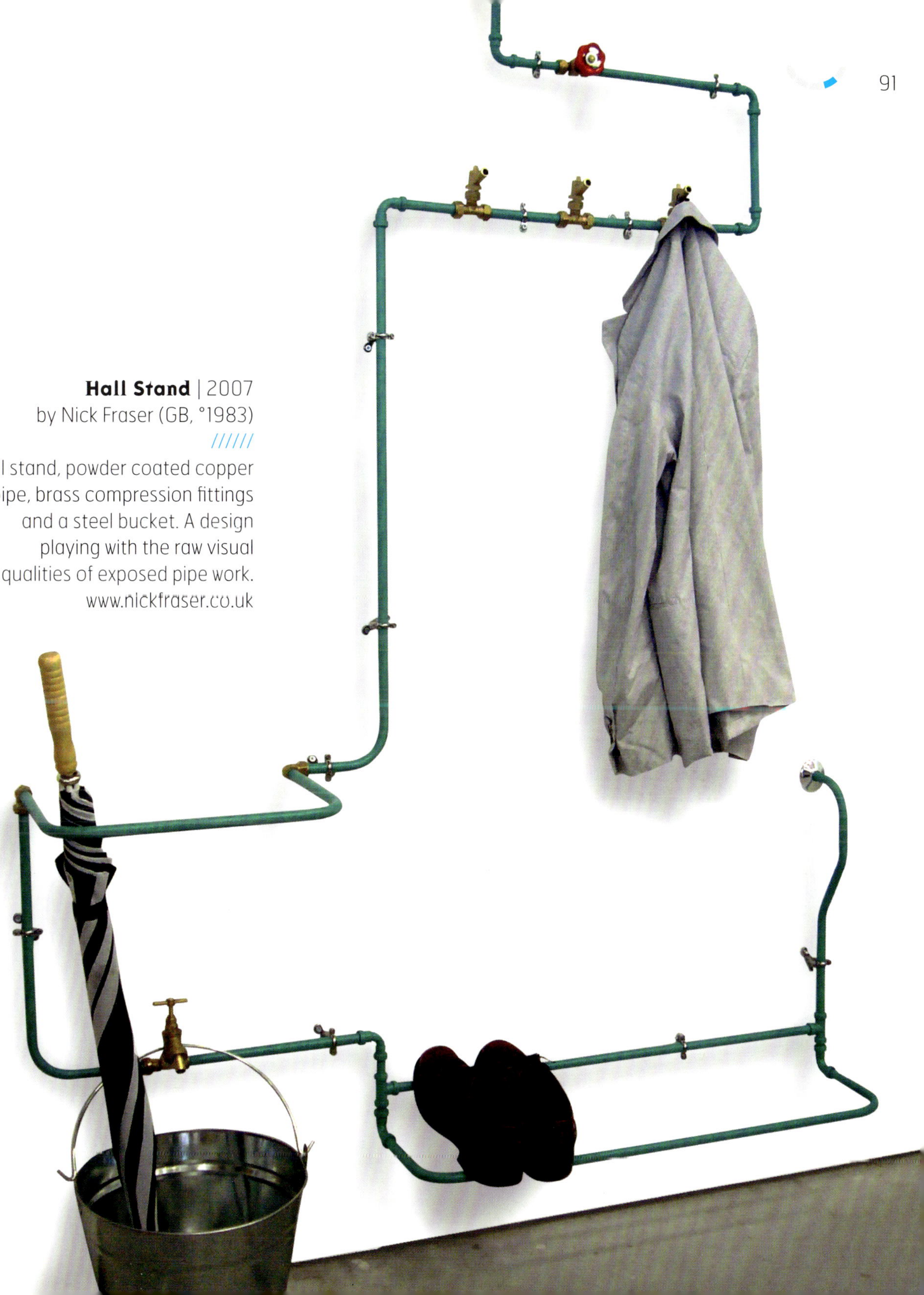

Hall Stand | 2007
by Nick Fraser (GB, °1983)

//////

Hall stand, powder coated copper pipe, brass compression fittings and a steel bucket. A design playing with the raw visual qualities of exposed pipe work.
www.nickfraser.co.uk

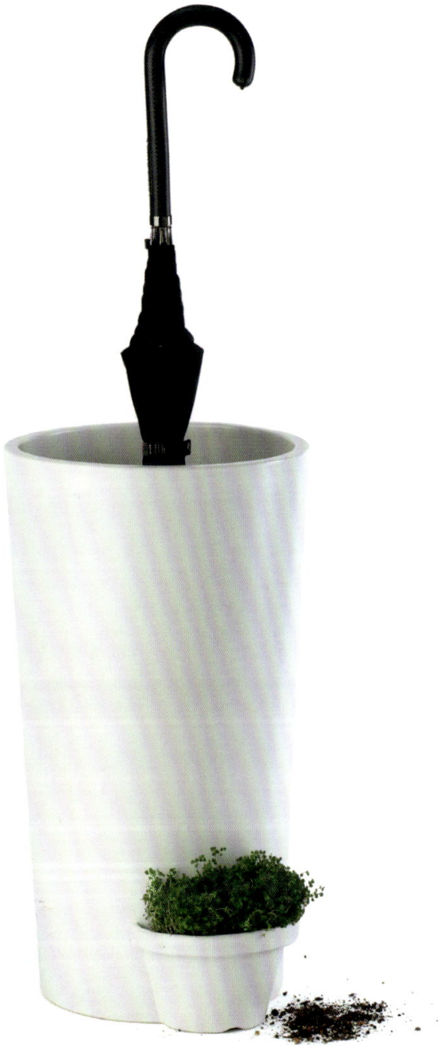

Umbrella Pot | 2007
by Kouichi Okamoto (Japan, °1970)
//////
Umbrella stand, ceramics, for Kyouei Design. This umbrella stand doubles as a flower pot, watered by the droplets of your umbrella.
www.kyouei-ltd.co.jp

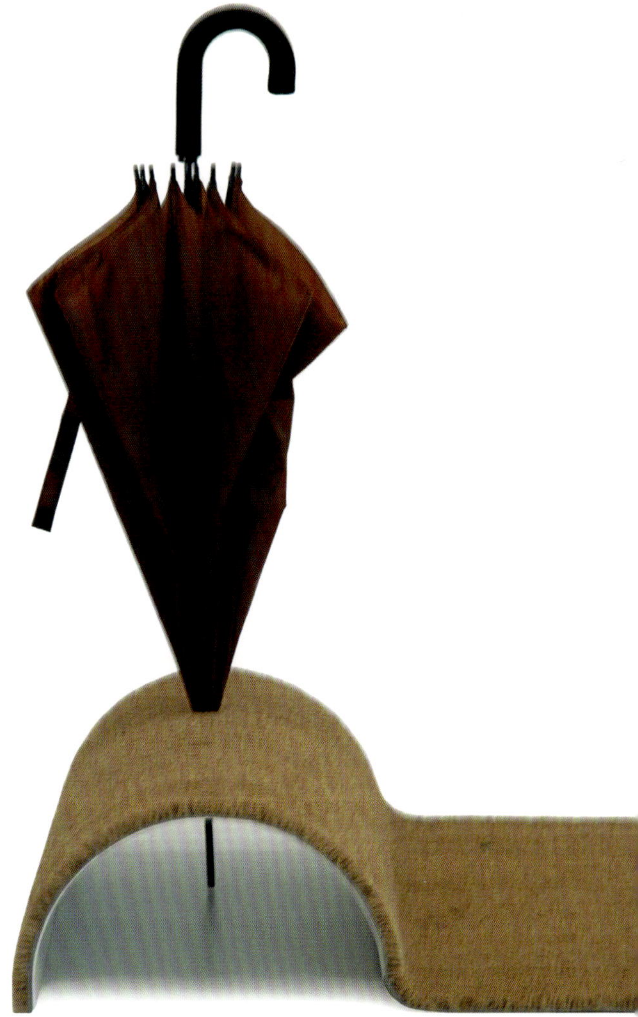

Mehary | 2004
by Jean-François D'or (BE, °1974)/ LOUDORDESIGN studio
//////
A frivolous combination of a doormat and an umbrella support, made of natural coco.
www.loudordesign.be

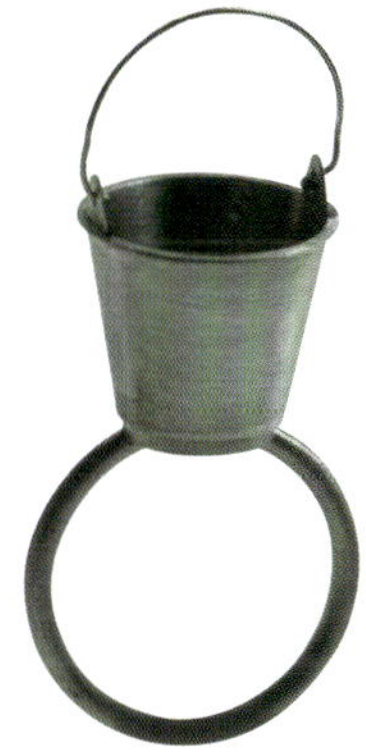

A Bucket of Silver | 1997
by Lachaert and D'Hanis (BE)
//////
Ring, silver.
www.lachaert.com

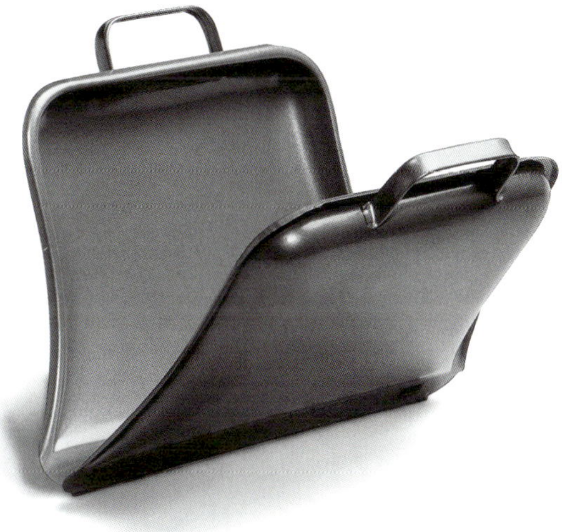

Annie | 1993
by Henk Stallinga (Nl, °1962)
//////
Handbag, metal, two slices of cut garden hose, for Studio Stallinga.
www.stallinga.com

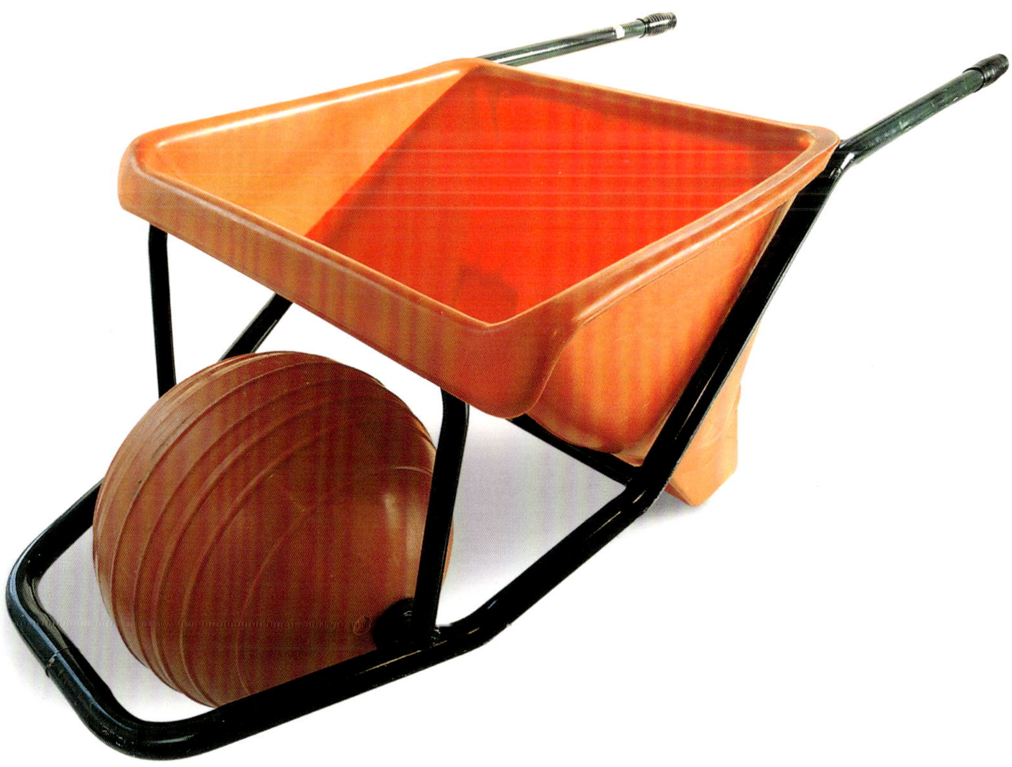

Ballbarrow | 1974
by James Dyson (GB, °1947)
//////
Plastic and steel. This wheelbarrow goes where no other one can.
www.dyson.com

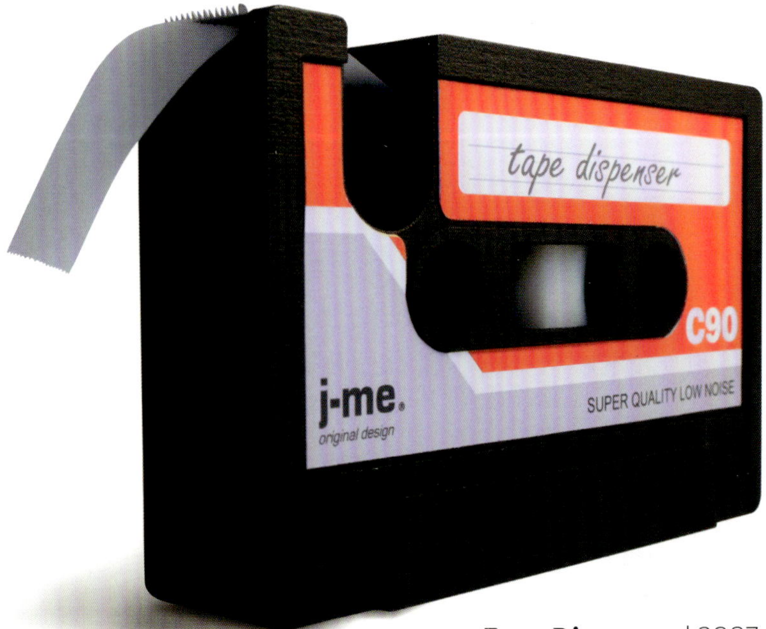

Tape Dispenser | 2007
by J-me Design
//////
Made of non slip rubber.
www.j-me.co.uk

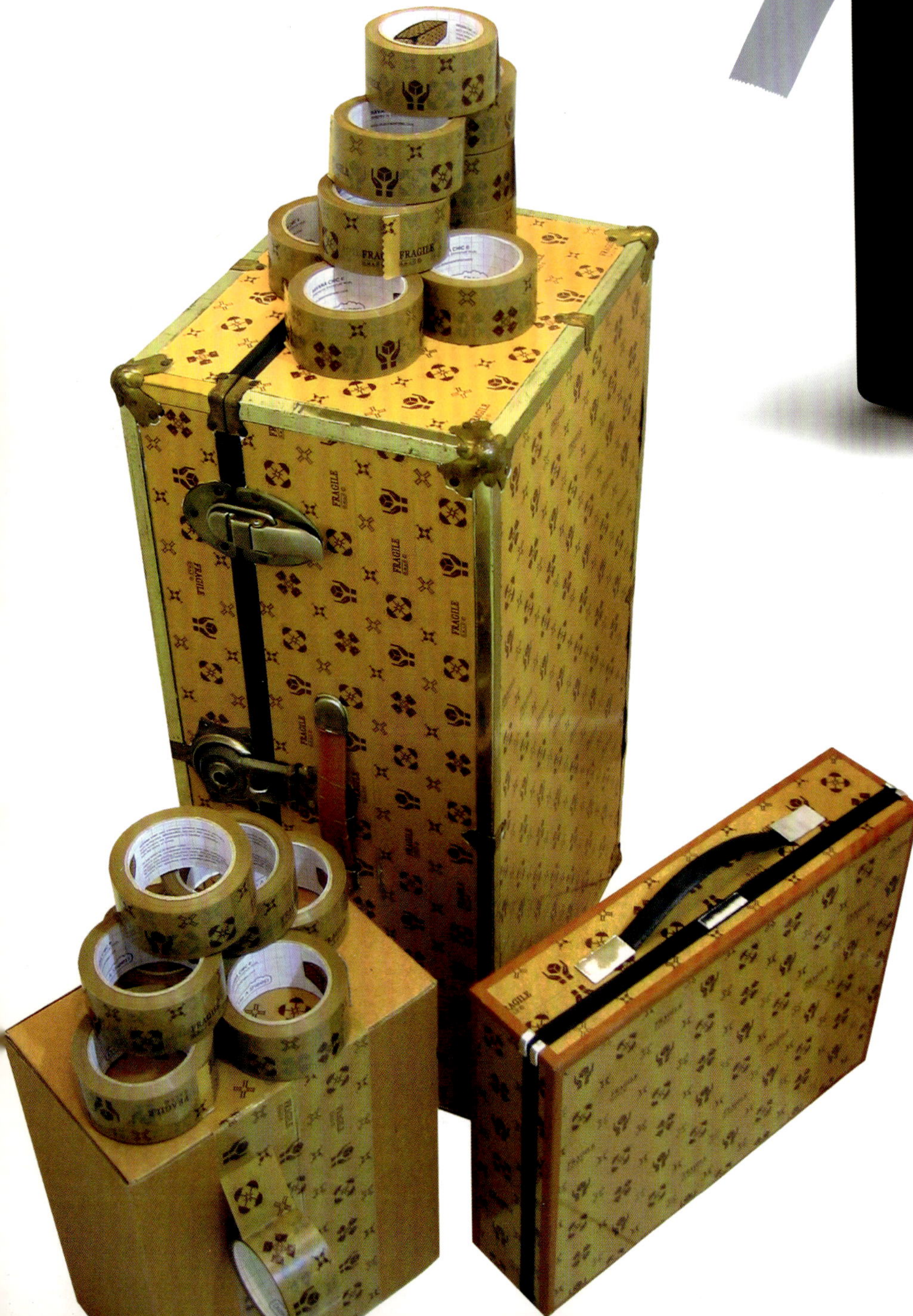

Havana Chic | 2006
by Jung Boyoung (KR, °1978) and
Emmanuel Wolfs (BE, °1977)
//////
Packing tape, for Draw me a Sheep.
Basic brown tape with printed packaging
symbols that are cleverly arranged into a
Vuitton look-alike composition.
www.drawmeasheep.com

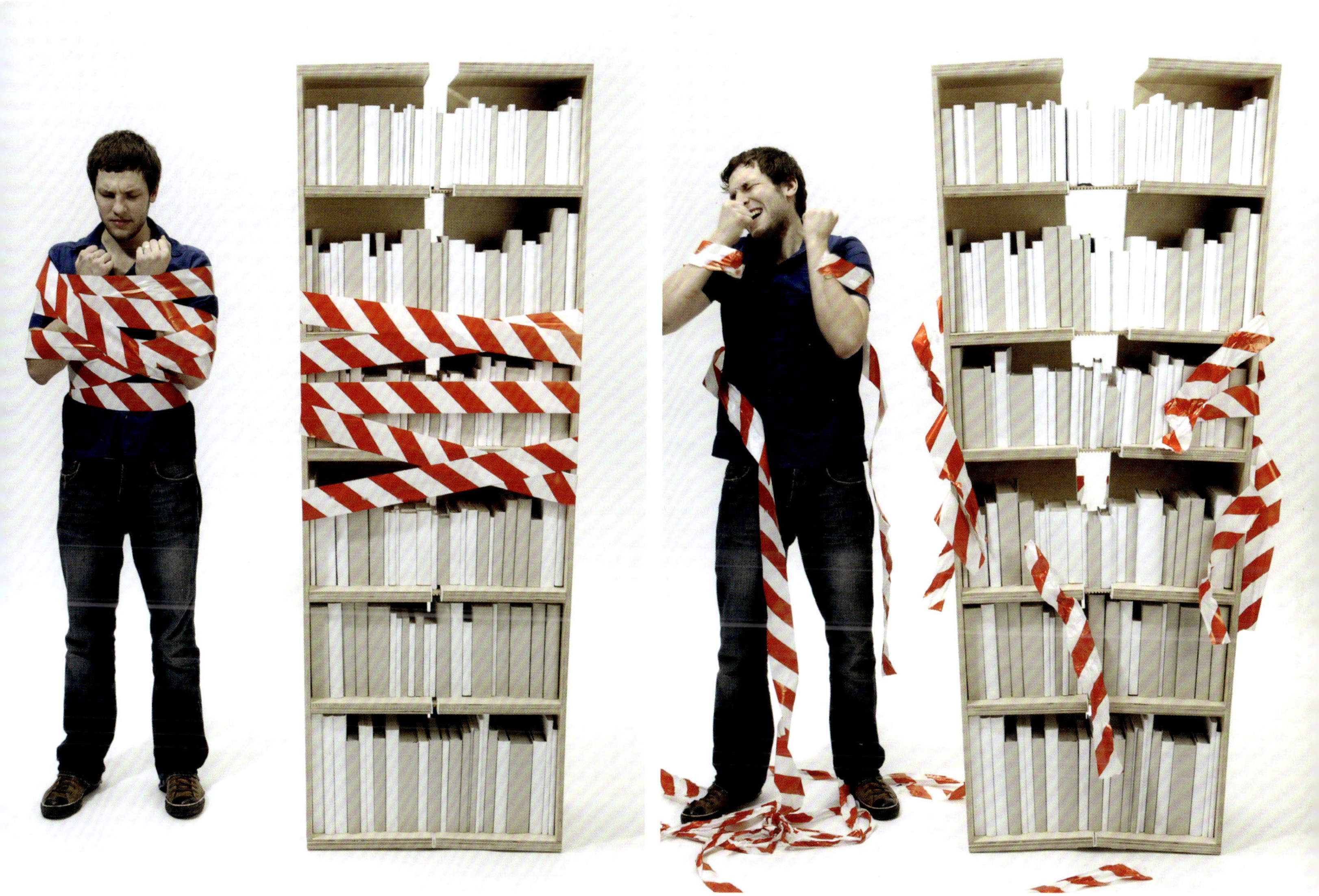

Platzhalter | 2007
by Nina Farsen (GE, °1980) and
Isabel Schöllhammer (GE, °1979)
//////
Bookcase, plywood with a hidden board stretching between the split halves to widen the usable surface. The more books you add, the wider it opens.
www.ninafarsen.de

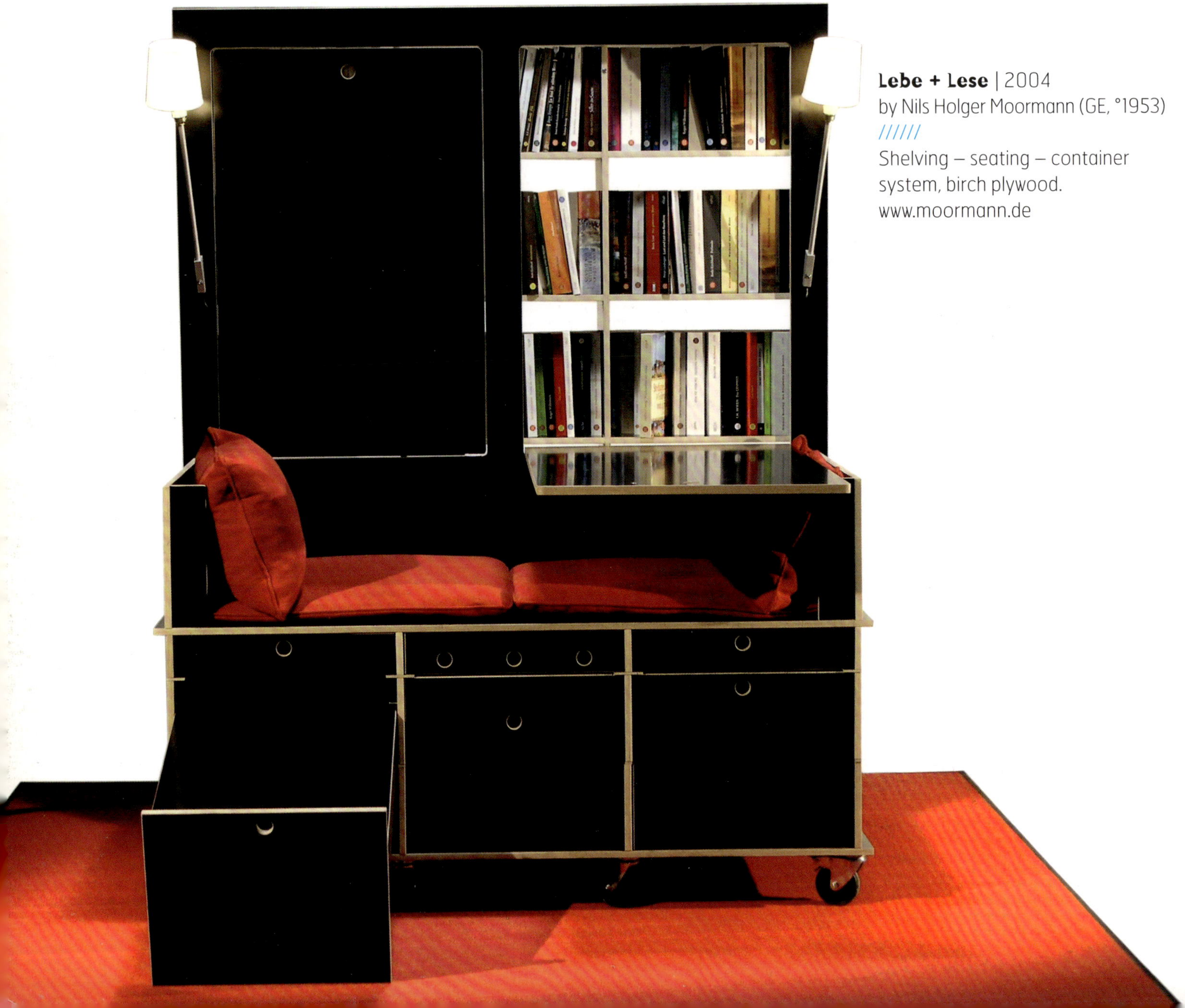

Lebe + Lese | 2004
by Nils Holger Moormann (GE, °1953)
//////
Shelving – seating – container system, birch plywood.
www.moormann.de

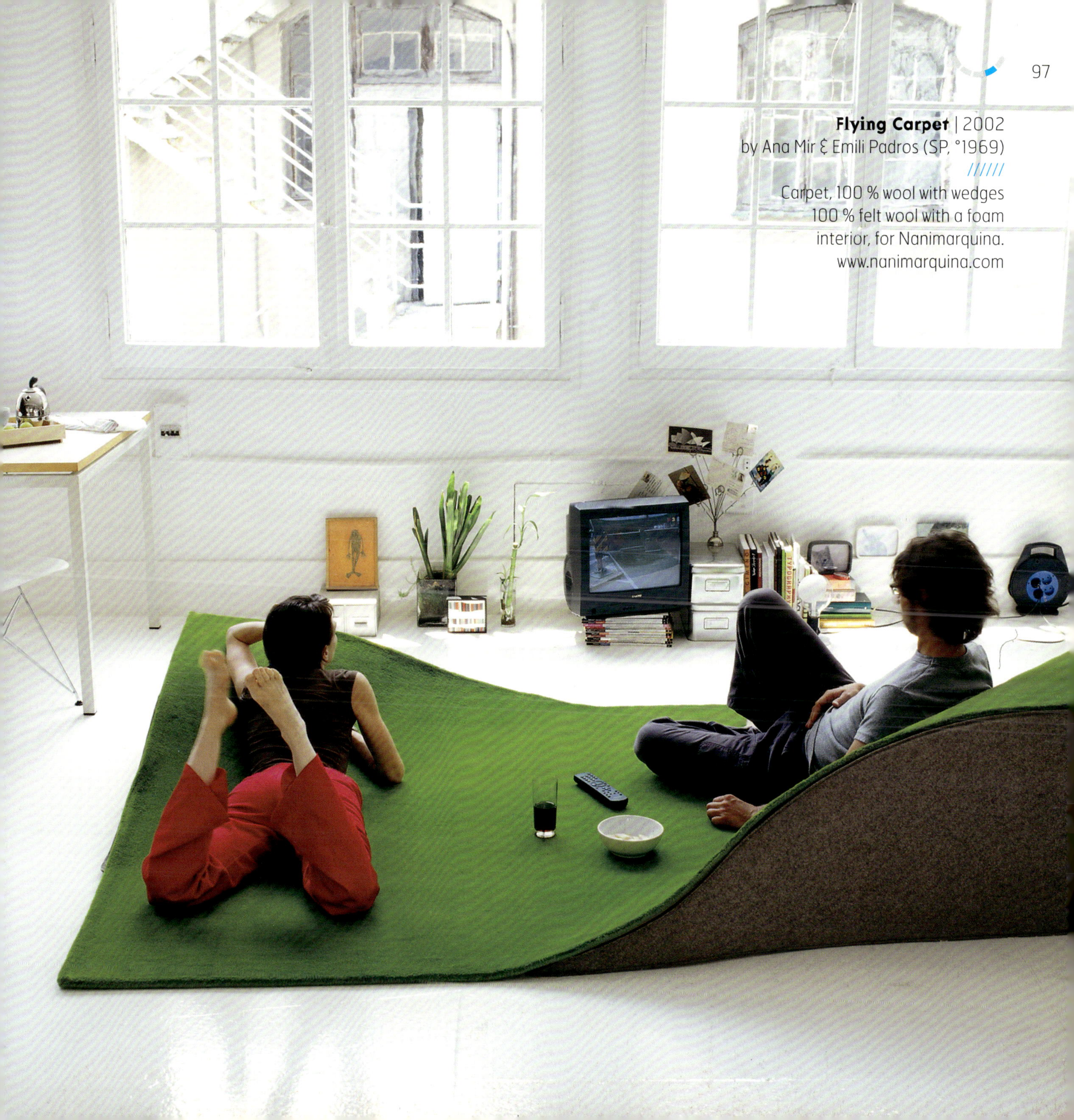

Flying Carpet | 2002
by Ana Mir & Emili Padros (SP, °1969)
//////
Carpet, 100 % wool with wedges
100 % felt wool with a foam
interior, for Nanimarquina.
www.nanimarquina.com

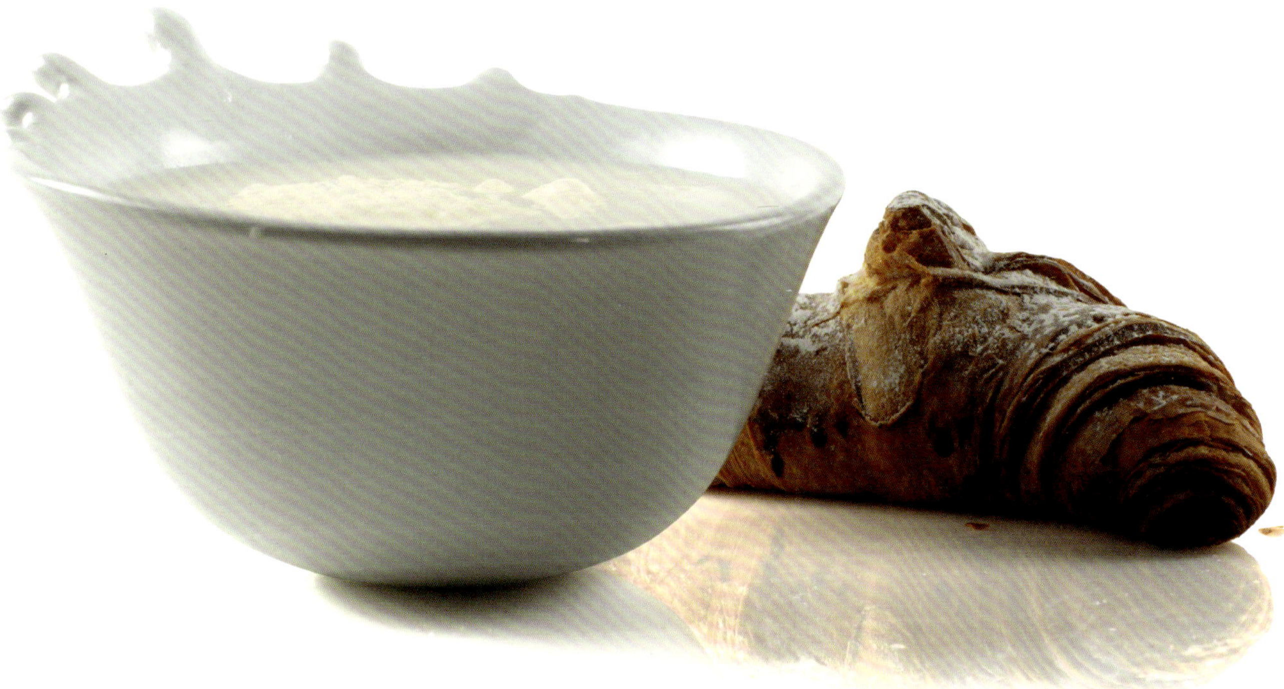

Milkmoments | 2006
by Laura Strasser (GE, °1981)
and Milia Seyppel (GE, °1982)
//////
Bowl, porcelain, for
Frenchknicker.
www.frenchknicker.de

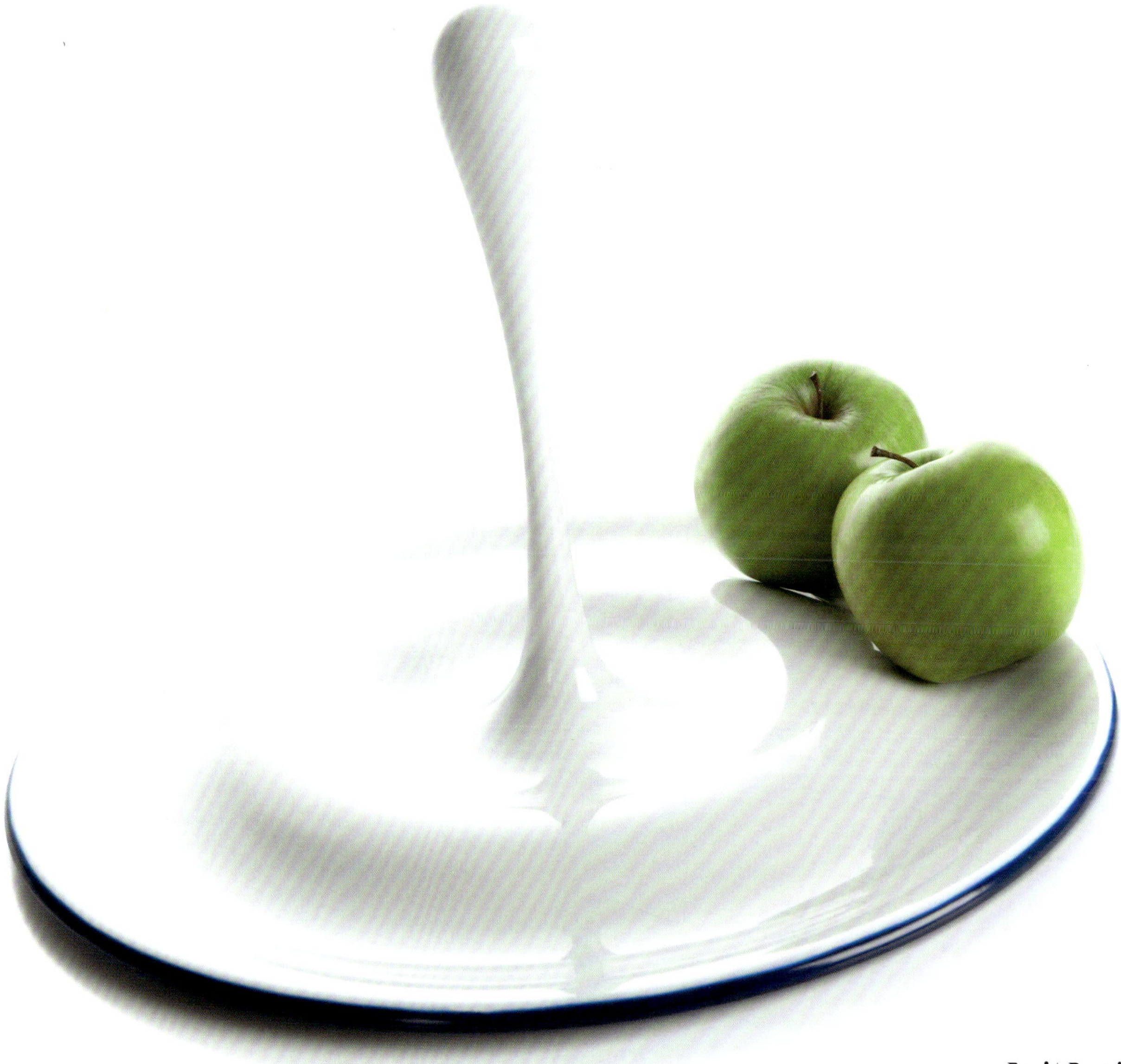

Fruit Bowl | 2007
by Gijs Bakker (NL, °1942)
//////
Fruit bowl, white enamelled steel, for Royal VKB. A fruit dish in the shape of a water droplet
www.royalvkb.com

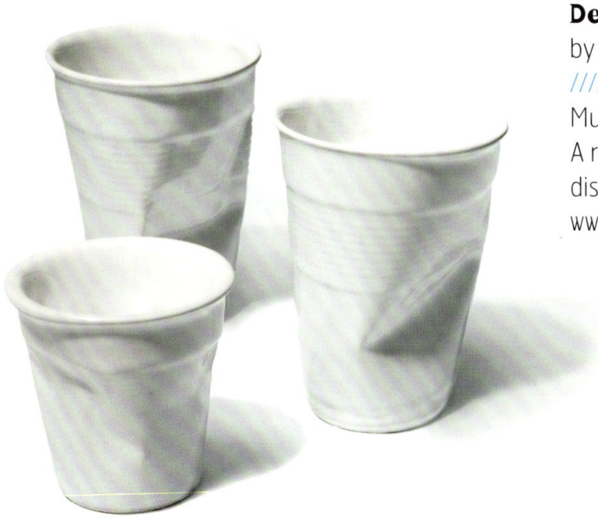

Deuk beker | 1975
by Rob Brandt
//////
Mug, ceramics, for Goods.
A reference to the cheap disposable plastic version.
www.goods.nl

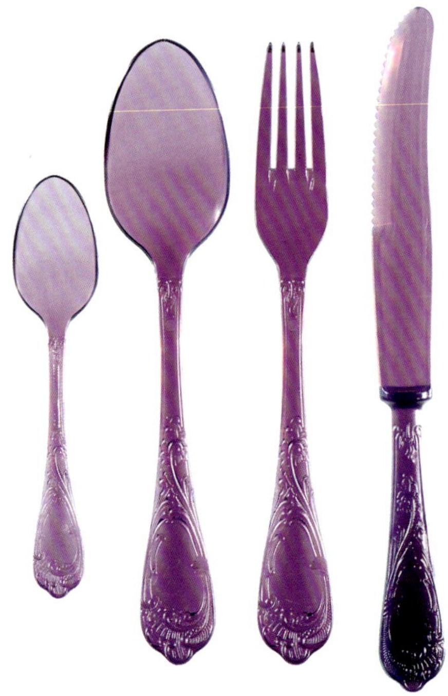

De Luxe | 2000
by Donata Paruccini (IT, °1966) and Fabio Bortolani (IT, °1957)
//////
Cutlery, plastic, for Pandora Design.
www.pandoradesign.it

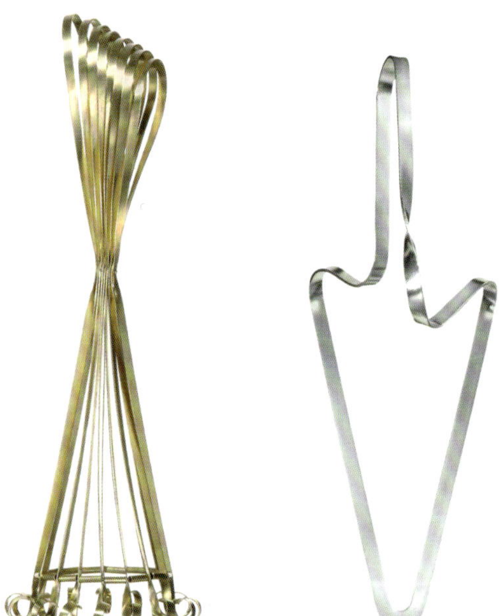

Albert & Louize | 2007
by Laurence Humier (BE, °1976)
//////
Whisk and cake knife, metal, for Miss Design. A reference to the first Belgian king and his wife.
www.missdesign.it

Estetico Quotidiano | 2006-2007
by Stefano Seletti (IT, °1970),
Miria Seletti (IT, °1966)
and Alessandro Zambelli (IT, °1974)
//////
Tableware, porcelain and glass, for Seletti.
When disposables become durables.
www.seletti.it

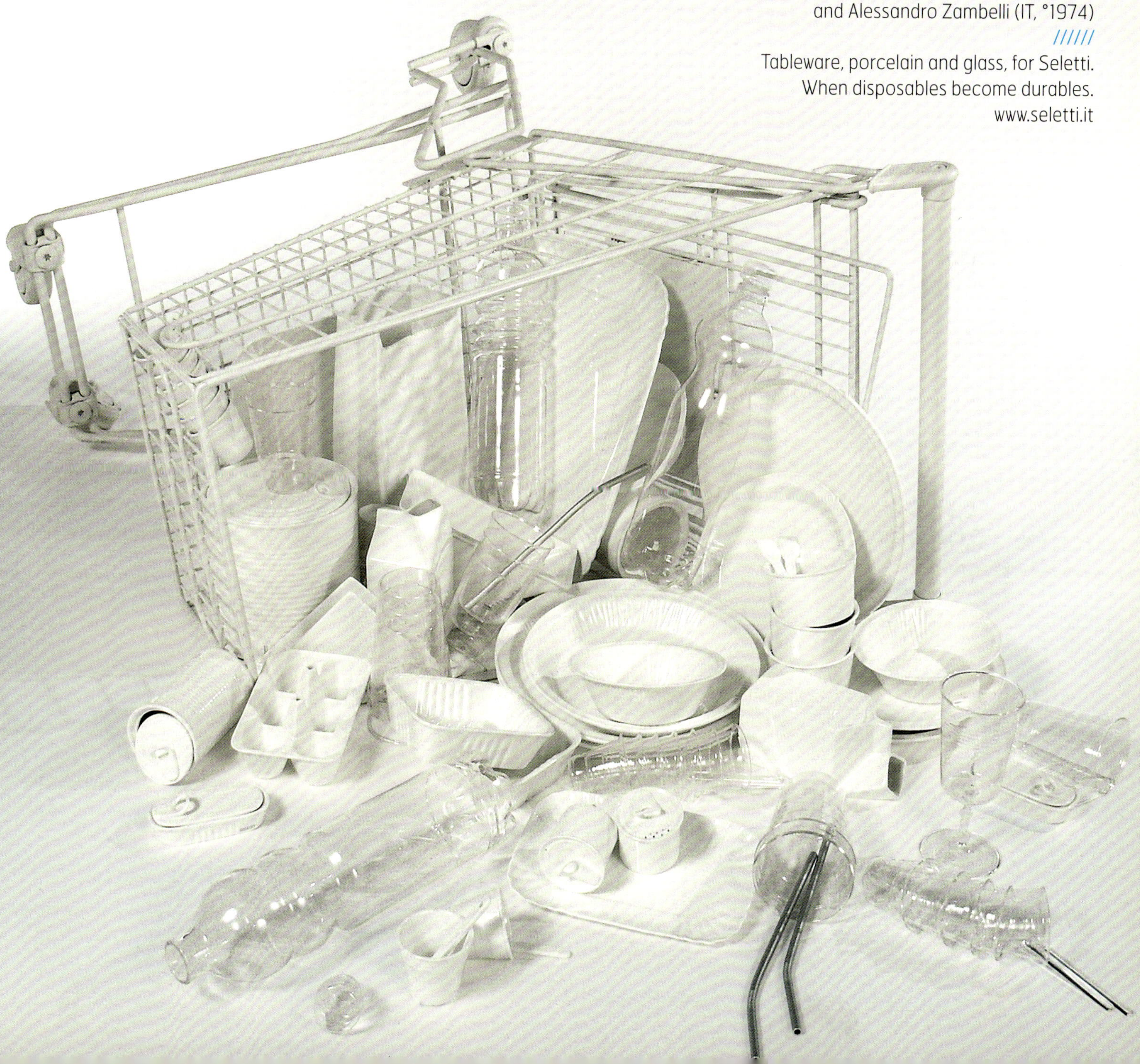

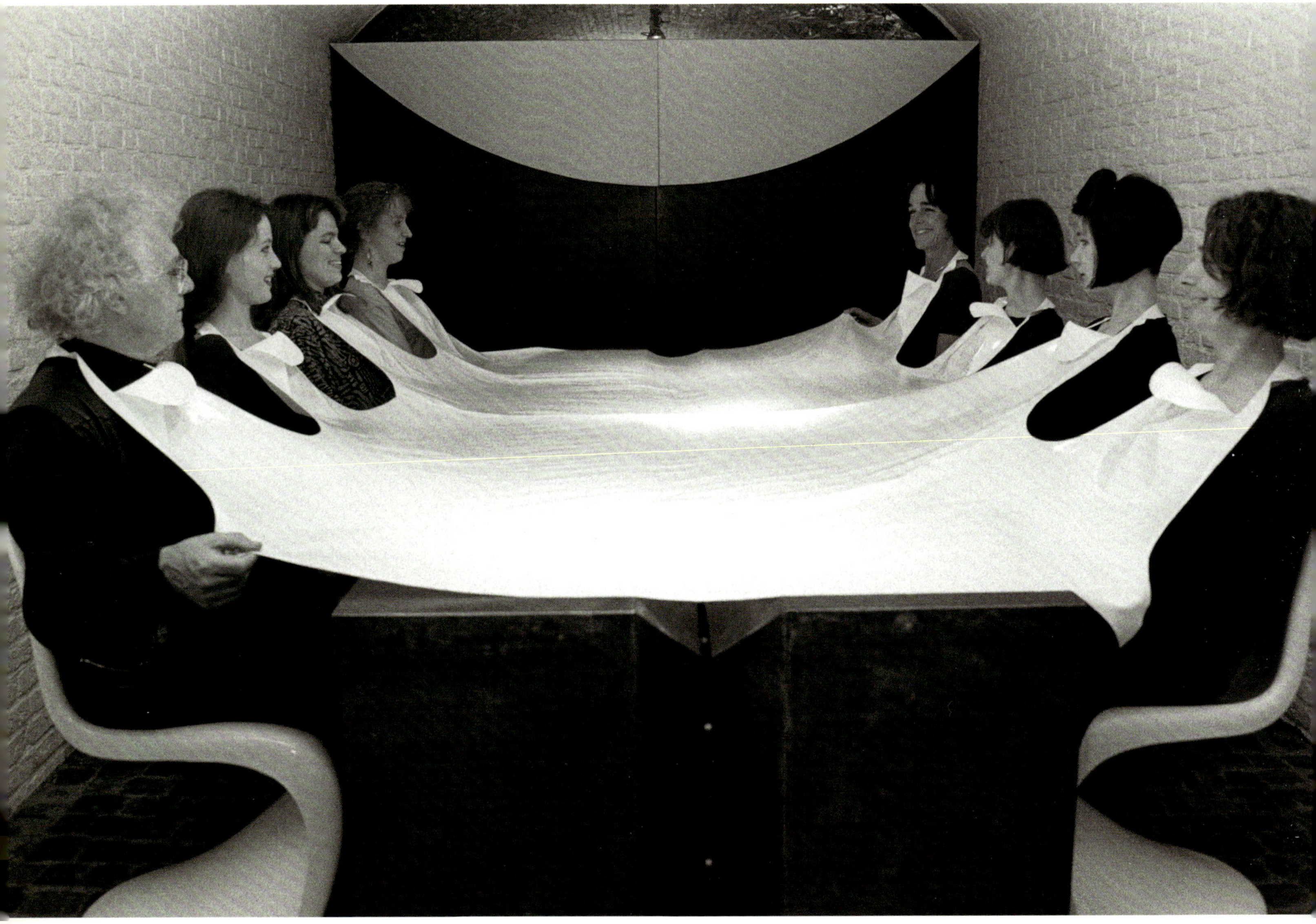

Tabletalk | 2003
by Anita Evenepoel (BE, °1945)
//////
Table-cloth, digitally printed cotton. Created for the installation 'Kunst op Kamers' in De Rijp, The Netherlands.

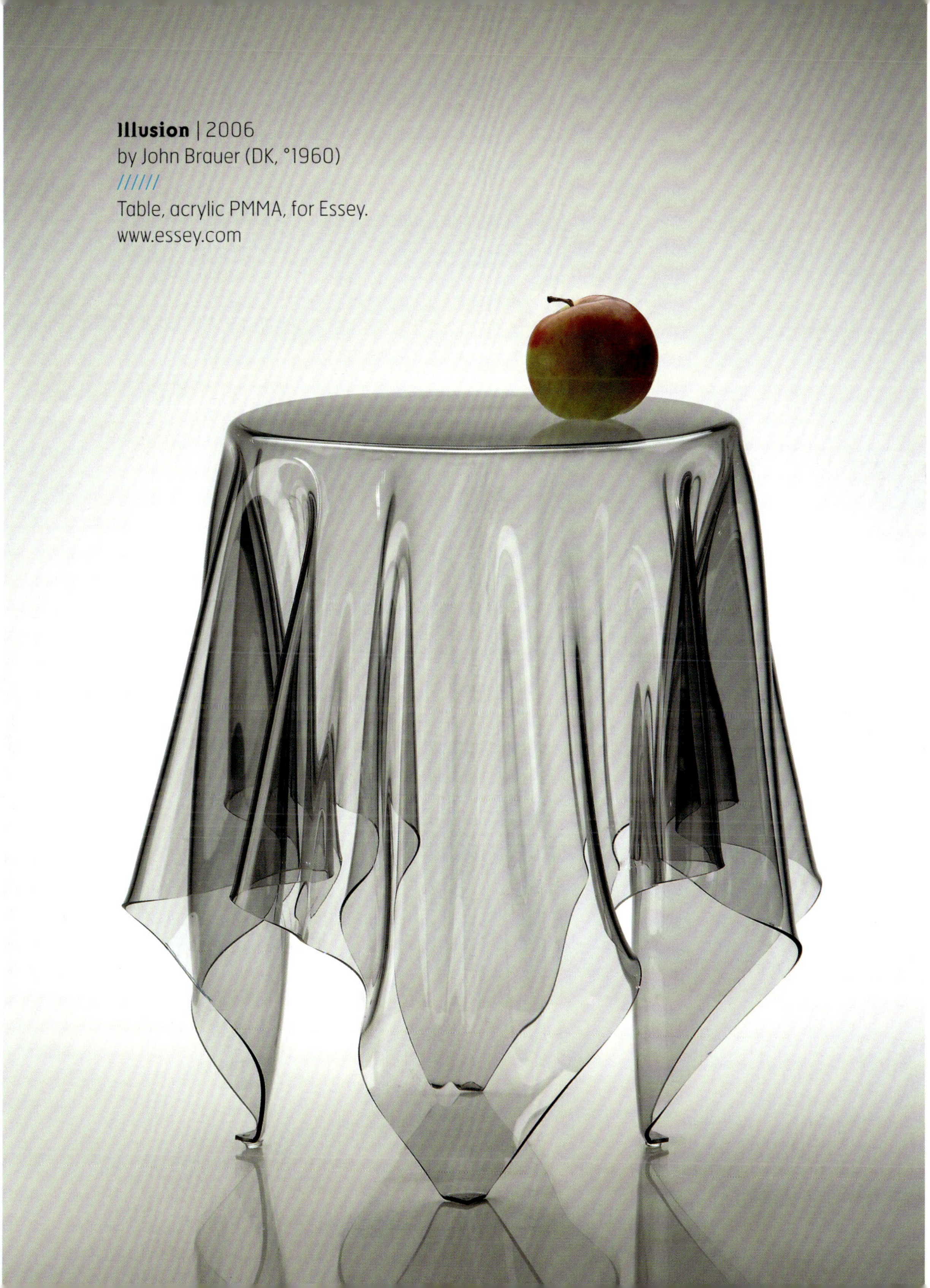

Illusion | 2006
by John Brauer (DK, °1960)
//////
Table, acrylic PMMA, for Essey.
www.essey.com

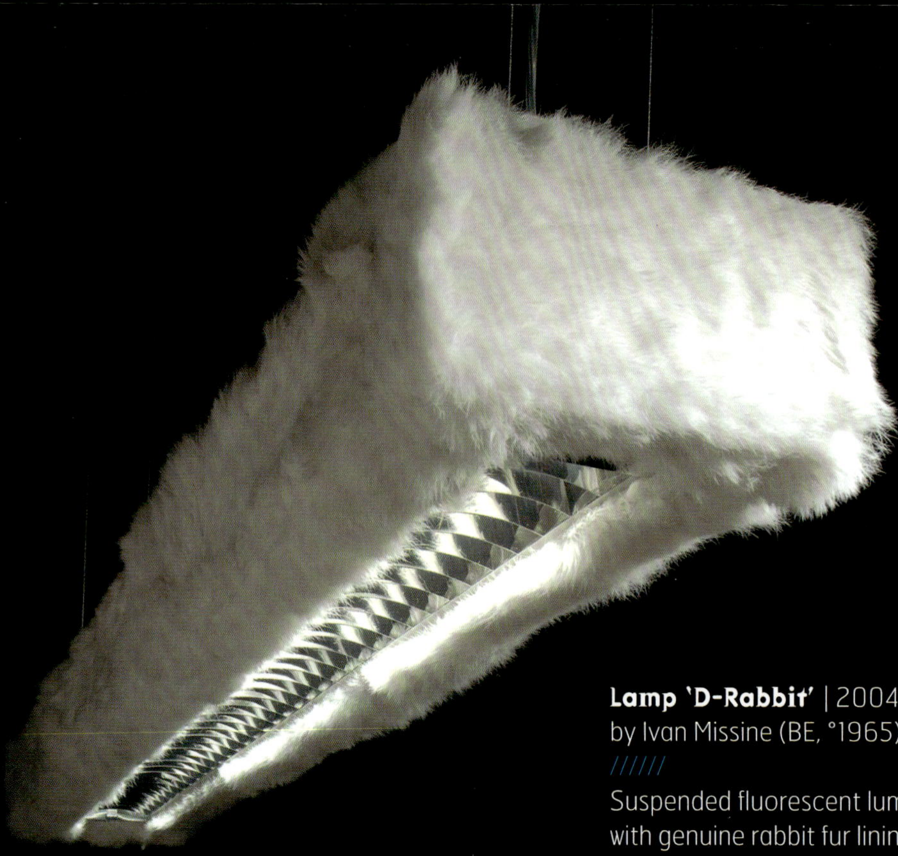

Lamp 'D-Rabbit' | 2004
by Ivan Missine (BE, °1965)
//////
Suspended fluorescent luminaire with genuine rabbit fur lining, concave louvre below and acrylic plexi diffuser above, for Dark. www.dark.be.

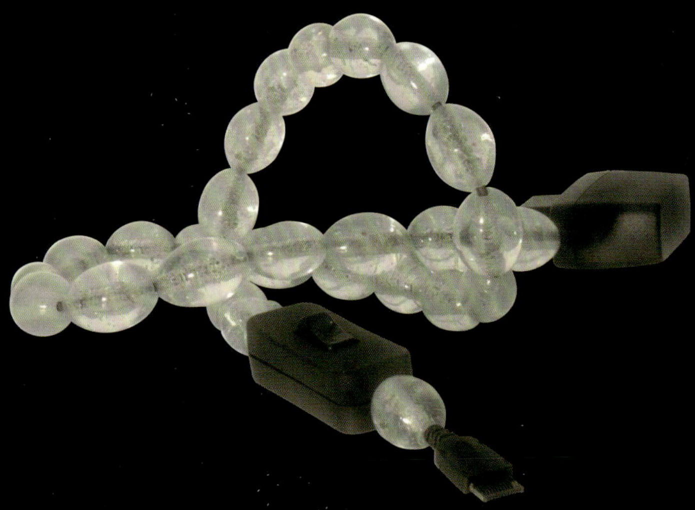

Cable Jewellery | 2005
by Bless (GE)
//////
Electronic connections, extensions adapters, multiple plugs, mobile phone chargers... and crystal stones, for FR66. Showing off your cables instead of hiding them. www.fr66.com

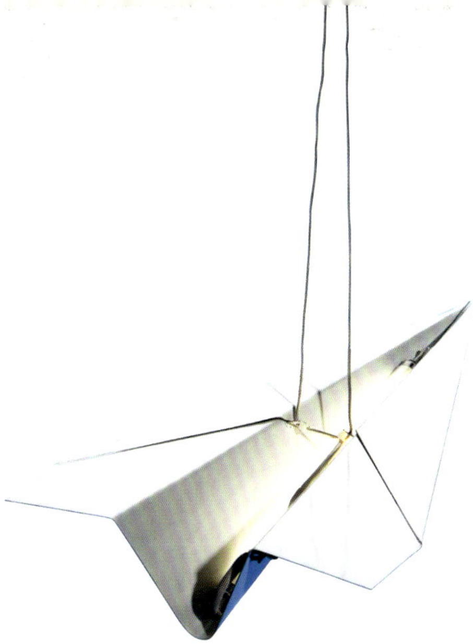

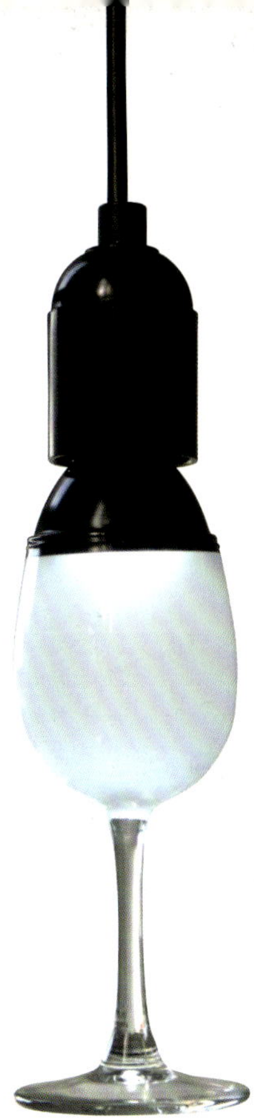

Aeroplane Light | 2006
by Malin Lundmark (SE, 1974)
//////
Lamp, altered and varnished sheets of aluminium, powder coated.
www.malinlundmark.com

Glass bulb | 2007
by Guido Ooms (NL, °1974) and Karin van Lieshout (NL, °1974)
//////
Pendant light, glass and led electronics, for Oooms.
www.oooms.nl

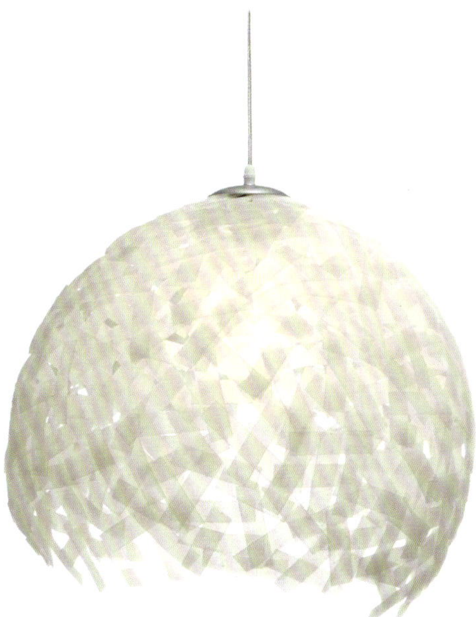

Face to Face | 2006
by Luis Eslava (ES, °1976)
//////
Pendant light, Velcro. An homage to a humble material usually hidden from view.
www.luiseslava.com

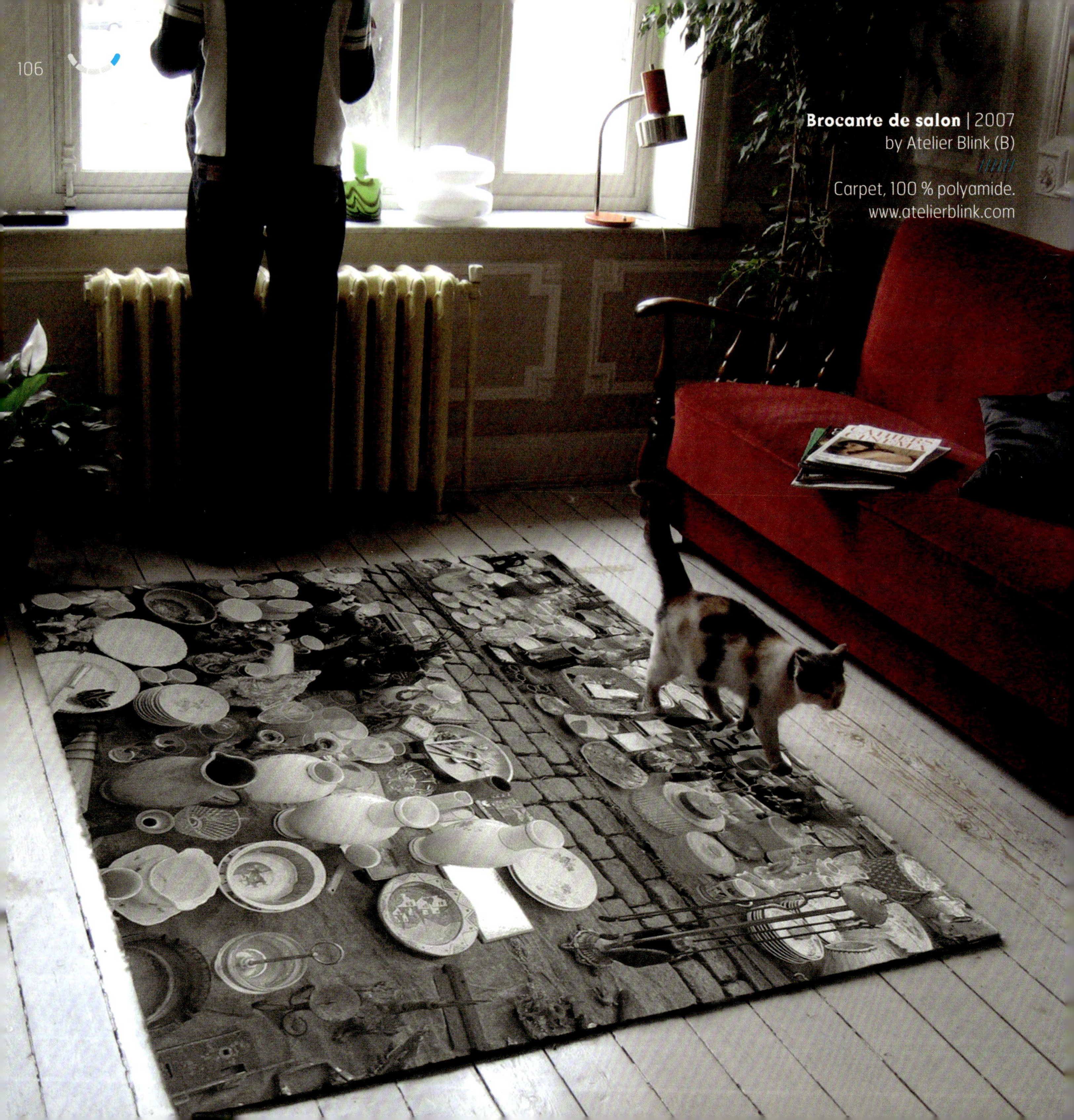

Brocante de salon | 2007
by Atelier Blink (B)

Carpet, 100 % polyamide.
www.atelierblink.com

Little smile and chaos

Not everyone is taken with smile inducing design as illustrated by certain designers in recent design history. Since 2000, the traditional Braun or Ulm design principles - good design is innovative, useful, aesthetic, sustainable, self-explanatory, honest, consistent in its details, environmentally friendly and not overbearing – have been eroded./////// For many years, minimalism, simplicity and purging of superfluous elements in design were celebrated. Design was technology and not applied art./////// There are still designers who continue to follow this tradition such as Jasper Morrison (°1959), Naoto Fukasawa (°1956), James Irvine (°1958), Alfredo Häberli (°1964) and Konstantin Grcic (°1965). However, they represent a minority. Their design is good, honest, restrained, not even attempting to put a smile on your face. They offer solid, not light-hearted objects. Innovative technology and applications are their focus points, not an emotional approach./////// But in the build-up to the 21st century, we have noticed a trend towards more decoration and baroque elements. Designers – mostly those with a long established reputation – who demand an increased ethic approach to product development, are confronted with the cynicism of the young generation. Contemporary designers/artists and creators of atmosphere have put the minimal and functional approach on ice for the time being. Their work and methods show that they work at breakneck speed to realise their ideas. Even if their new, spectacular modern kitsch is irritating, it is also surprising, creates a hint of chaos in the design world and, last but not least, it makes you smile./////// The abundance of products and especially the uncontrolled distribution of limited editions are creating a chaos in which there is little space for discussion./////// Today, more than ever, less is more. Less, because minimalism and the white look have not completely disappeared; and more, because the straight line has become more colorful, curved and

Glimlach en chaos

Niet iedereen is de smile genegen, zoals de jonge geschiedenis van de moderne vormgeving bewijst. Sinds de millenniumwisseling stellen we vast dat de traditionele Braun of Ulm designprincipes en -definities van de industriële vormgeving – goede vormgeving is vernieuwend, bruikbaar, esthetisch, duurzaam, zelfverklarend, eerlijk, consequent tot in de details, milieuvriendelijk en dringt zich niet op – aangetast worden./////// Jarenlang werden het minimalisme, de eenvoud en het wegzuiveren van elke overbodigheid in design, gehuldigd. Design als technologie en niet als toegepaste kunst. Vandaag werken designers als Jasper Morrison (°1959), Naoto Fukasawa (°1956), James Irvine (°1958), Alfredo Häberli (°1964) en Konstantin Grcic (°1965) verder in deze traditie, maar ze zijn in de minderheid. Hun design is goed, eerlijk, sober en duurzaam maar het *smile*-gehalte is meestal *limited*. Ze gaan voor degelijke, weliswaar goede vondsten, maar die doen de mondhoeken niet krullen. Hun interesse zit meer in de vernieuwde technologie en toepassingen en niet zozeer in de emotionele benadering./////// Maar de aanloop naar de eenentwintigste eeuw werd vooral gekenmerkt door een nieuwe belangstelling voor decoratie en barok./////// De ontwerpers, meestal gevestigde waarden, die vandaag een lans breken voor meer ethische overwegingen in de productontwikkeling, worden geconfronteerd met het cynisme van de nieuwe generatie. De minimale en functionele aanpak ligt bij de hedendaagse designers/kunstenaars, de artiesten/designers en de *creators of atmosphere, (tijdelijk) opgeborgen*. Het zijn mensen met snelle ideeën en instant realisaties. Hun nieuwe spectaculaire moderne kitsch kan op de zenuwen werken, maar zorgt wel voor verrassing, *smile* en een beetje chaos in het klassieke designlandschap. De overvloed van het aanbod en vooral de ruime verspreiding van *limited editions* zorgt voor een chaos waarin het debat nauwelijks hoorbaar is./////// *Less* is vandaag meer dan ooit *more*. Less omdat de minimalistische golf en het wit nog niet helemaal zijn weggeëbd en more omdat de rechte lijn vandaag veel rondingen, kleur en humor verdraagt. Het heeft met korte termijntrends te maken, maar ook met de zin voor humor, kwinkslag, dubbelgebruik en surrealisme die vandaag een onderliggend trekje is in de ontwerpen van jonge designers./////// Vandaag maken vele ontwerpers voorwerpen met een toegepaste waarde, omdat de ideale wekker en stoel al lang bestaan. En die toegevoegde waarde is niet noodzakelijk een smiley, het kan ook lelijkheid zijn, of agressie. Zolang het maar om een emotionele benadering gaat. Veel ontwerpers, laten zich liever 'creator' noemen, niet om de nieuwe vondst, maar wel om de nieuwe verpakking.. En in die verpakking durven ze wel eens de draak te steken met het minimalisme. Want ook in die verpakking willen ze uniek zijn en het verschil maken.///////En laat humor, zelfrelativering en surrealisme nu het middel bij uitstek zijn om het verschil te maken.

humorous. The reason being that it is a fad but also because the work of young designers is characterized by a sense of humor, witticism, ambiguity and surrealism. Nowadays, many designers create objects with an applied value, seeing that the ideal alarm clock or chair cannot be improved upon. The added value is not necessarily something funny; it can also be ugly or aggressive – as long as it evokes some kind of reaction. Many designers prefer to be called 'creators', not because of their new approach but rather for the new way of packaging their creations. In a way, their approach is innovative. They dare to humor minimalism in the way they present their work, because they want to be unique and make a difference./////// Humor, surrealism and the ability to put things in perspective are the means to make a difference.

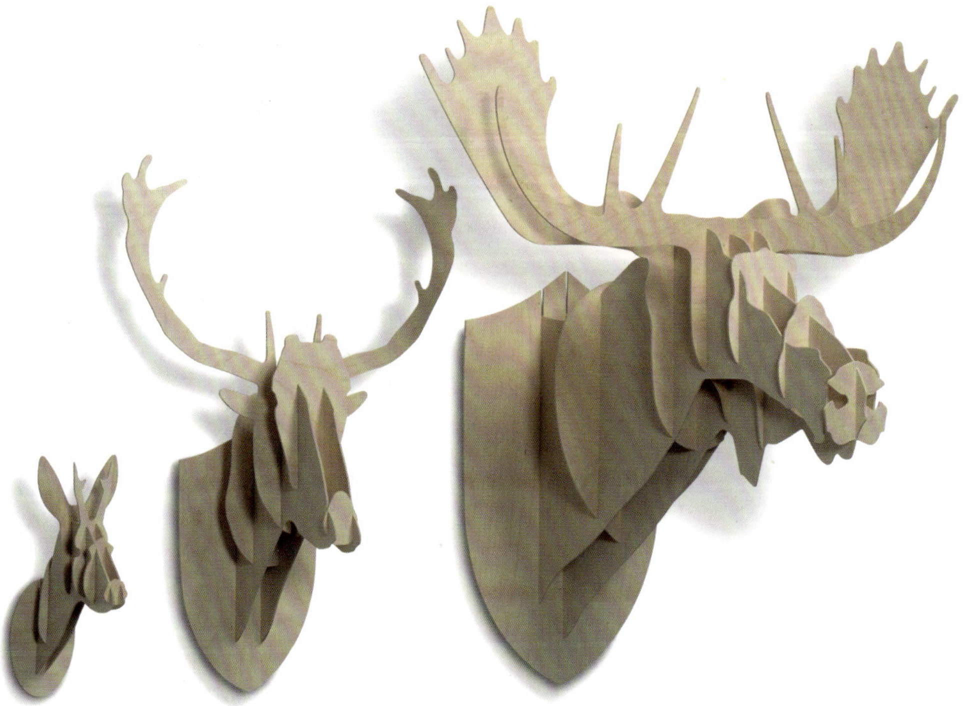

'Roedeer', 'Deer' and 'Moose' | 2004
by Big Game (CH)
//////
Ornament, beech triplex,
for Vlaemsch ( ).
www.vlaemsch.be

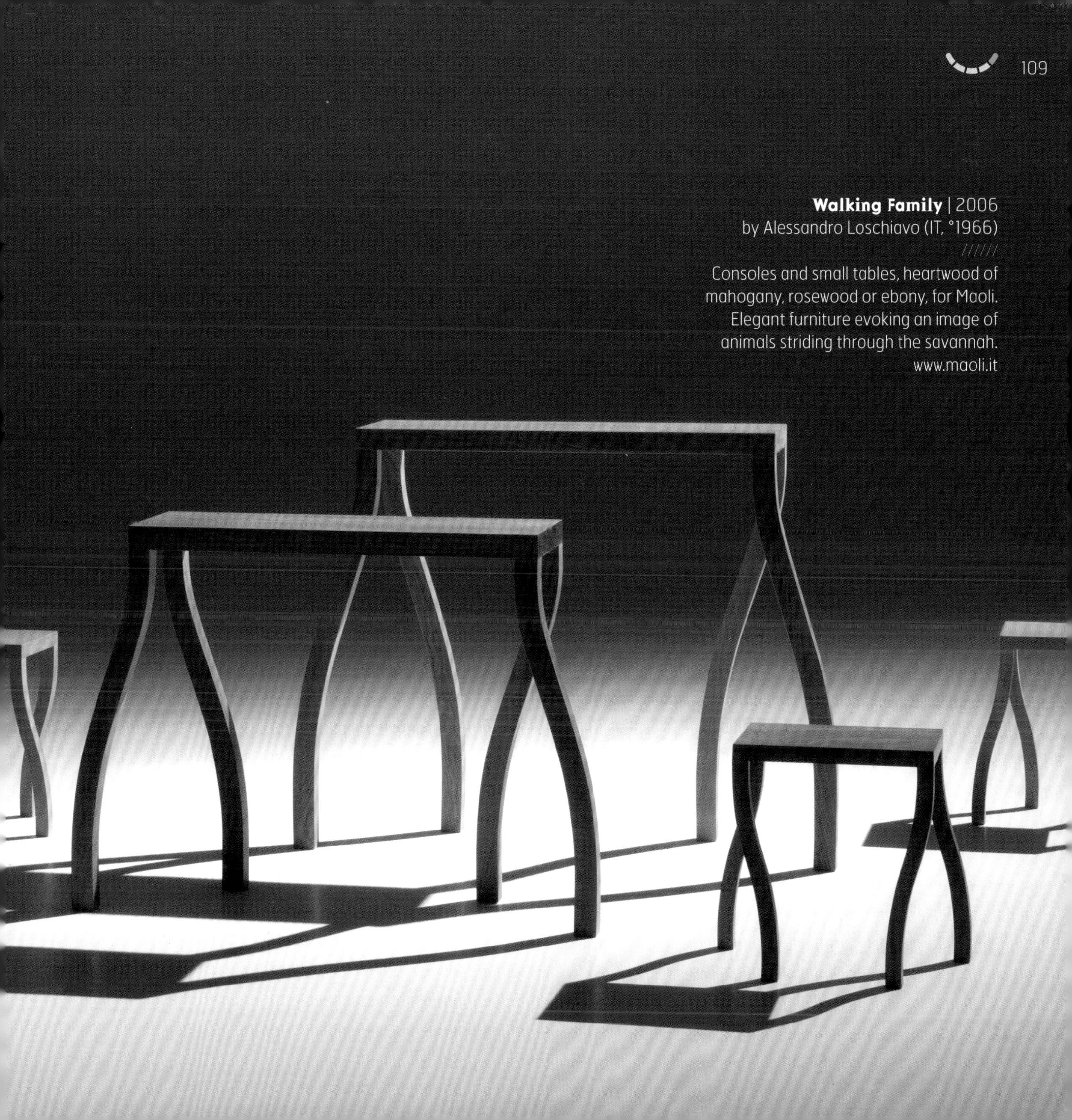

Walking Family | 2006
by Alessandro Loschiavo (IT, °1966)
//////
Consoles and small tables, heartwood of mahogany, rosewood or ebony, for Maoli. Elegant furniture evoking an image of animals striding through the savannah.
www.maoli.it

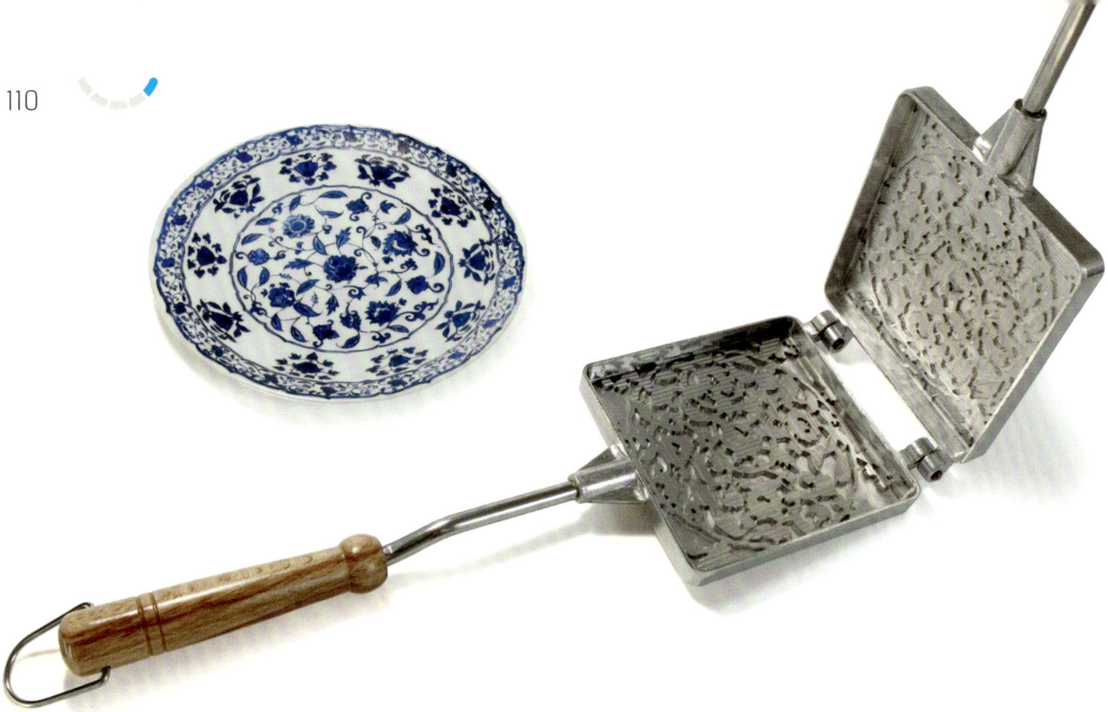

Table Manners | 2005
by Kuniko Maeda (JP, °1976)
and Mario Minale (IT-GE, °1973)
//////
A toasting fork made of coated aluminium, that leaves a Delfts porcelain pattern on your sandwich, for Minale Maeda.
www.minale-maeda.com.

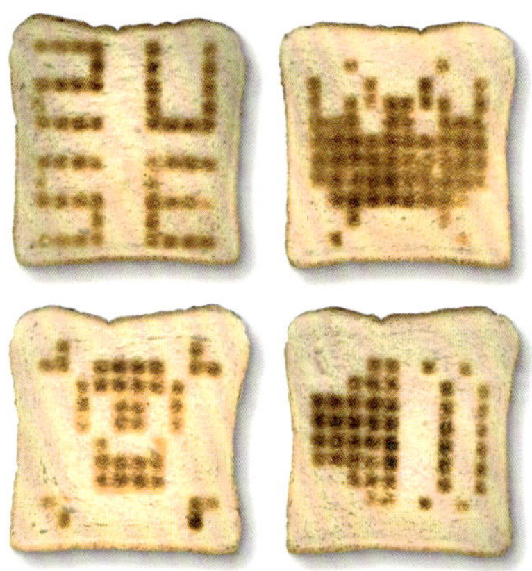

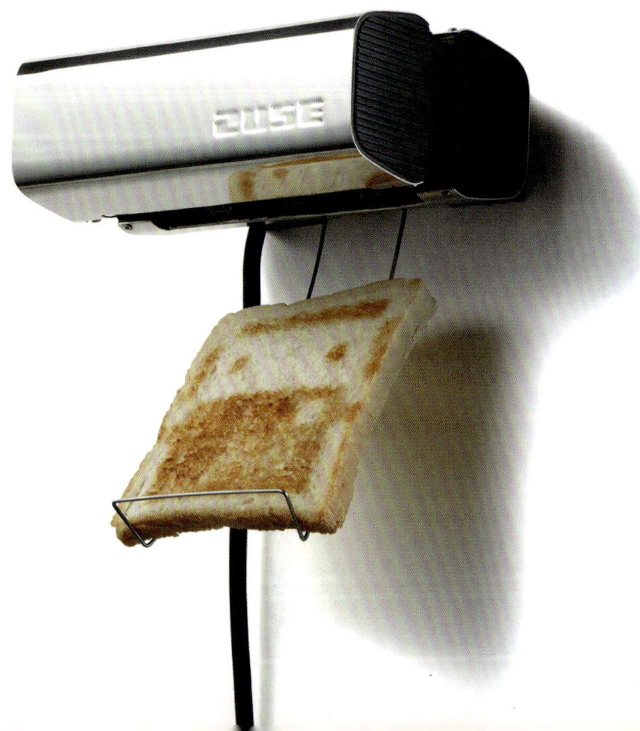

Zuse | 2006
by Jakob Illera (AT, °1974)
//////
Toaster, aluminium and plastic, for Inseq Design. A toasting device that transforms toast into a canvas.
www.inseq.net

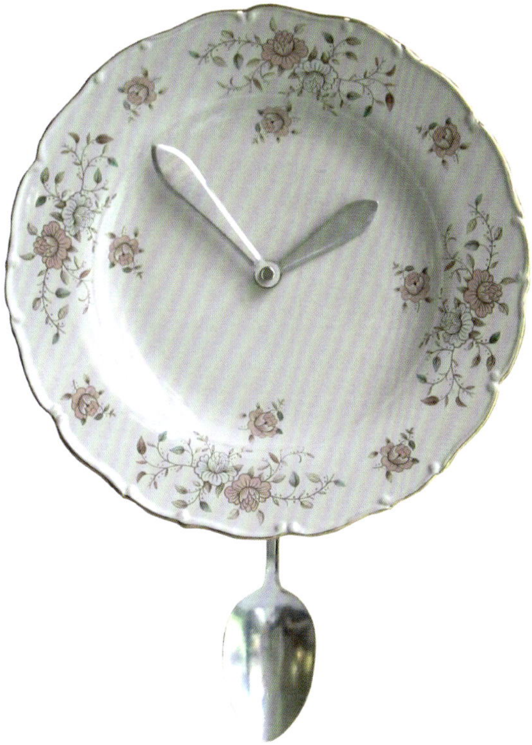

KitschenClock | 2006
by Chris Koens (NL, °1966)
//////
A clock made of ceramics and aluminium, for Invotis Orange. www.invotisorange.com.

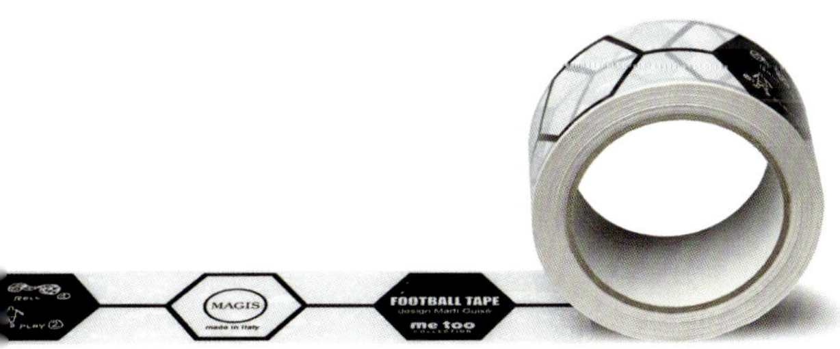

Football Tape | 2004
by Marti Guixé (ES, 1964)
//////
Adhesive tape of acrylic polypropylene, to make paper footballs, for Magis. www.magismetoo.com.

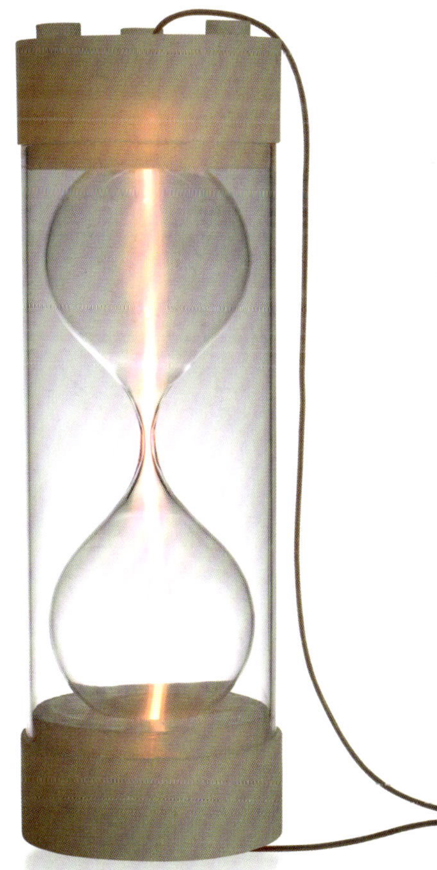

Rush hour | 2006
by Rolf Sachs (CH-GE, °1955)
//////
Table light, borosilicate glass, neon gas and silicone rubber. www.rolfsachs.com.

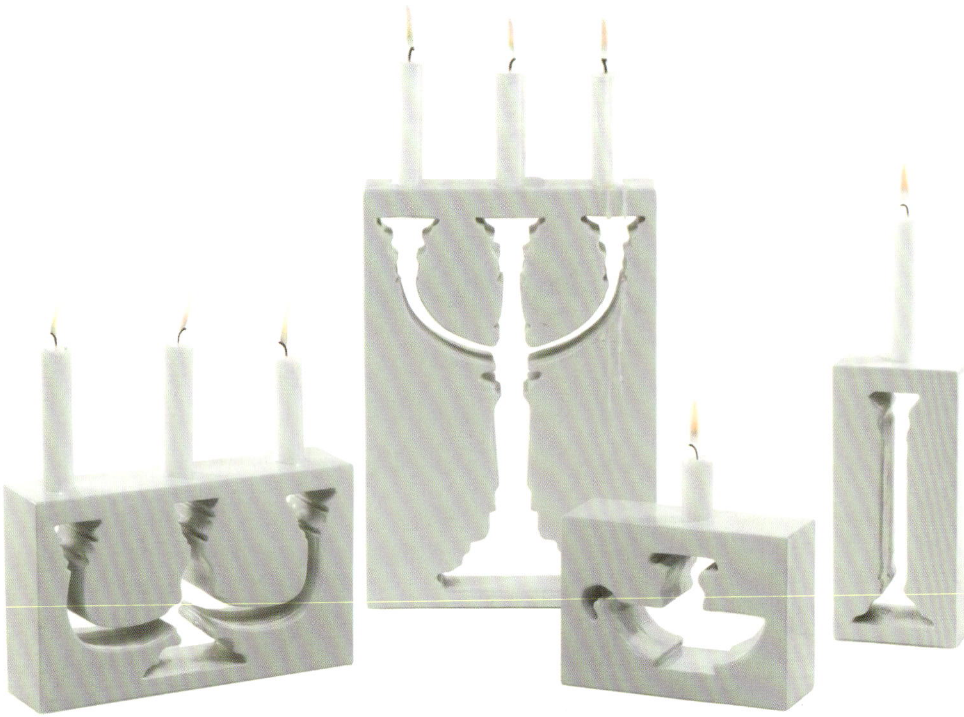

Chandelier | 2006
by Laura Strasser (GE, °1981)
and Milia Seyppel (GE, °1982)
//////
Candleholder, ceramic,
for Frenchknicker.
www.frenchknicker.de

Romeo and Julia | 2006
by Pauli (GE, °1974) and
Pankow (PT, °1968)
//////
Candles, wax with a small metal
plate at the baroque style base to
extinguish the flame, for Authentics.
www.authentics.de

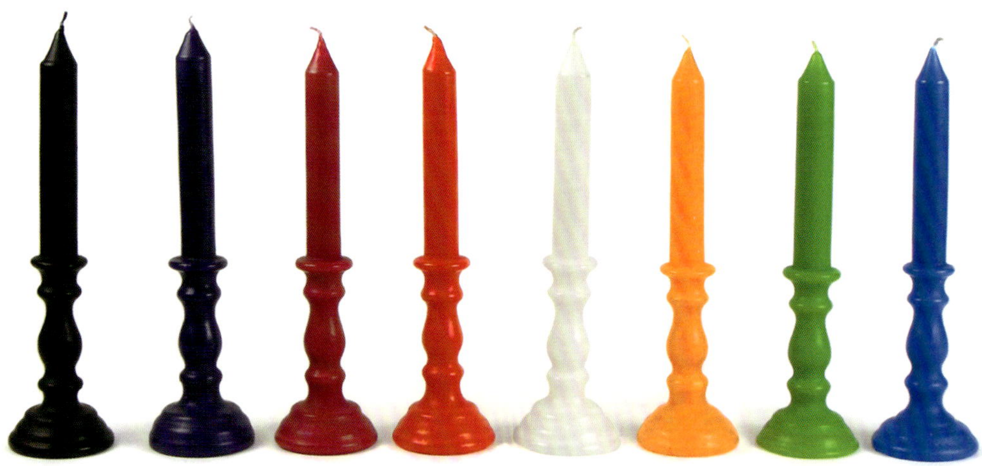

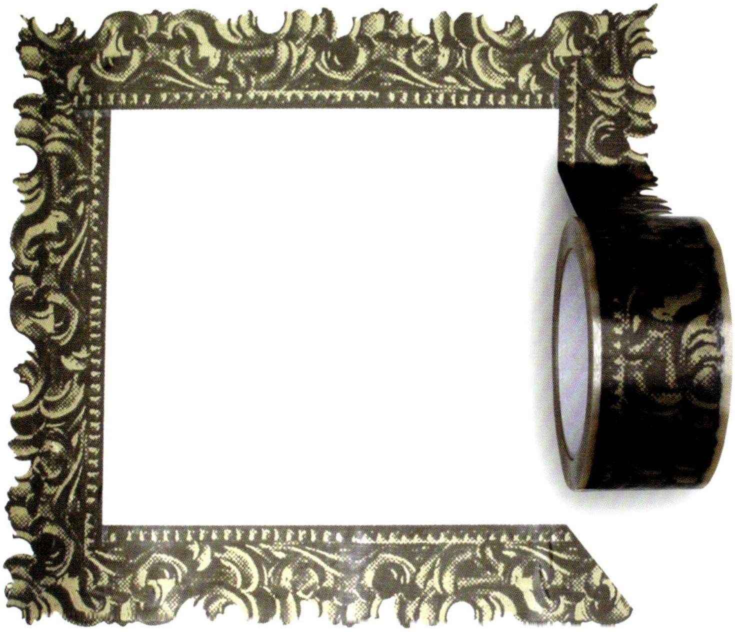

Do Frame | 2000
by Marti Guixé (SP, °1964)
//////
Adhesive tape with golden frame pattern, edited by do and presented in the exhipit do + droog design = do create. This tape enables you to rapidly set up a personal museum.
www.droogdesign.nl

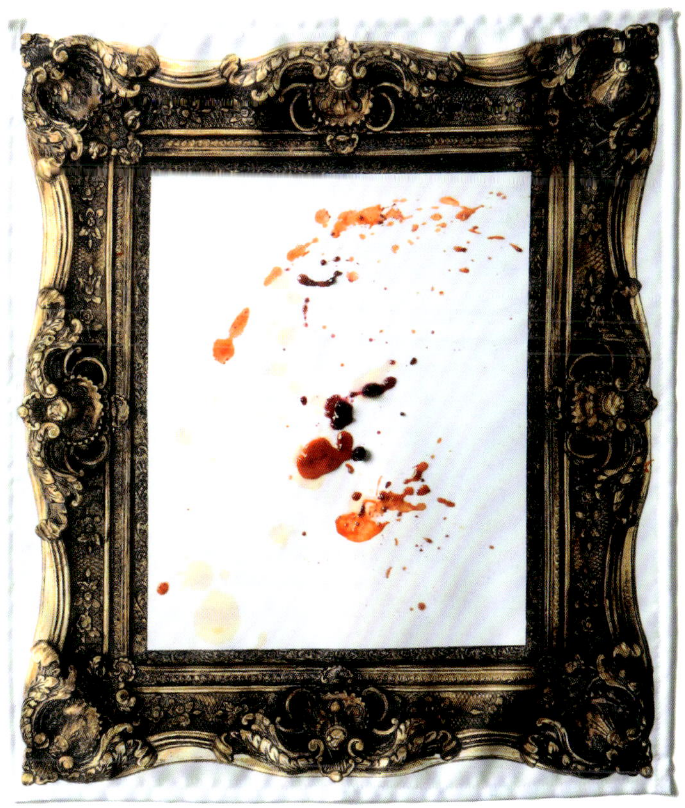

Frame | 2007
by Kouichi Okamoto (Japan, °1970)
//////
Napkin, cotton, for Kyouei Design. Your personal canvas during diner.
www.kyouei-ltd.co.jp

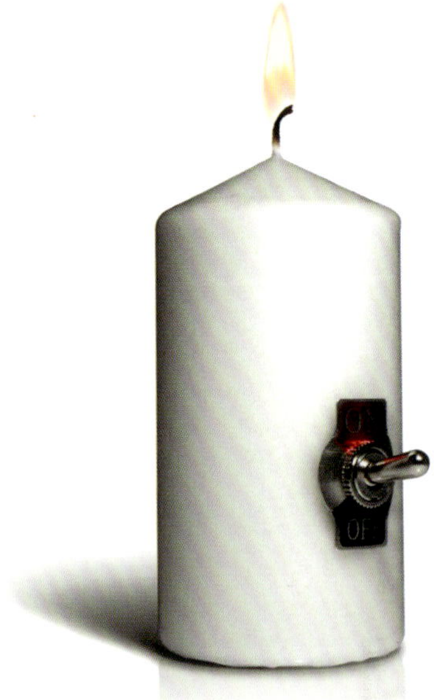

Scherze | 2007
by Ding3000 (GE)
//////
Candle with switch,
for Corpus Delicti.
www.corpus-delicti.de

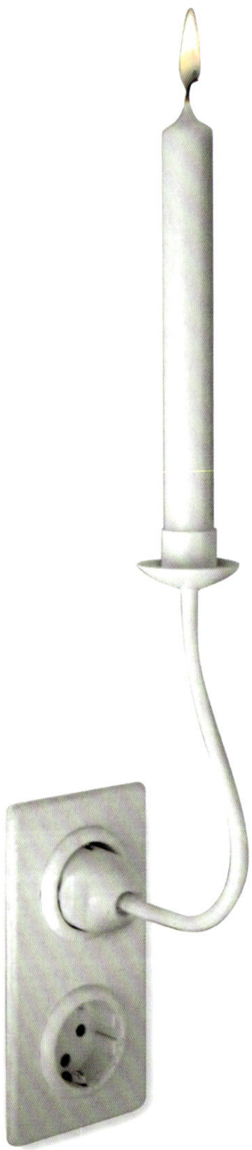

Kerzenhaltding | 2004
by Ding3000 (GE)
//////
Candleholder, metal and plastic,
for Sompex.
www.sompex.de

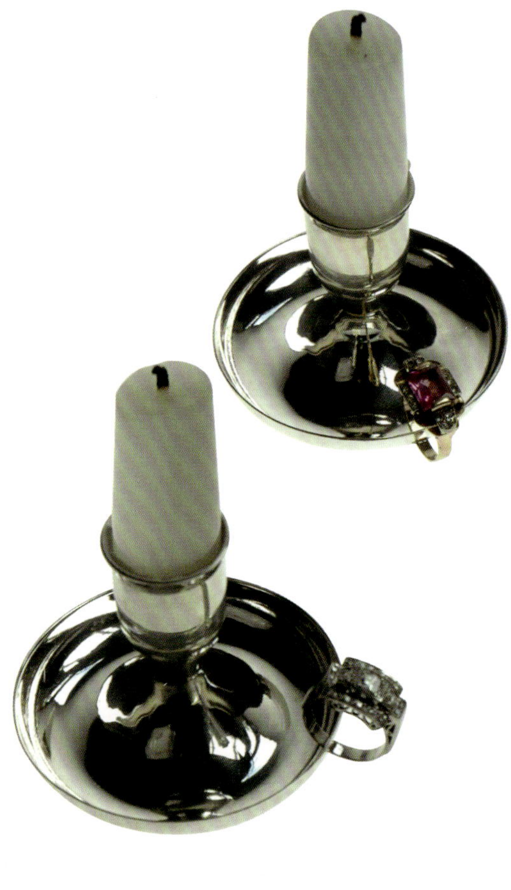

Hot | 2006
by Lachaert and D'Hanis (BE)
//////
Silver candleholder. A candle-
holder you can wear like a ring.
www.lachaert.com

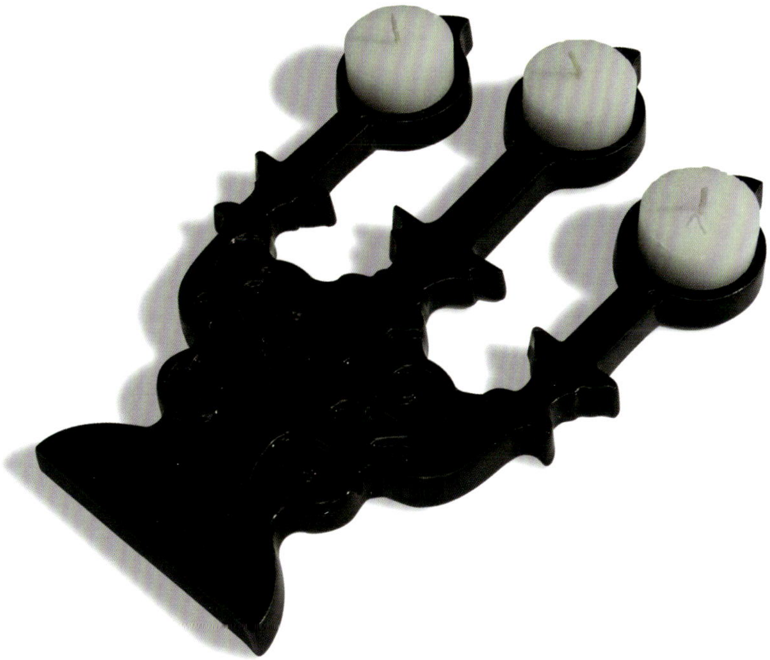

Candlestick 'Shadow | 2006
by Pierre Gilles Fourquié (FR, °1979)
//////
Candleholder, black glazed stoneware, for Industreal.
www.industreal.it

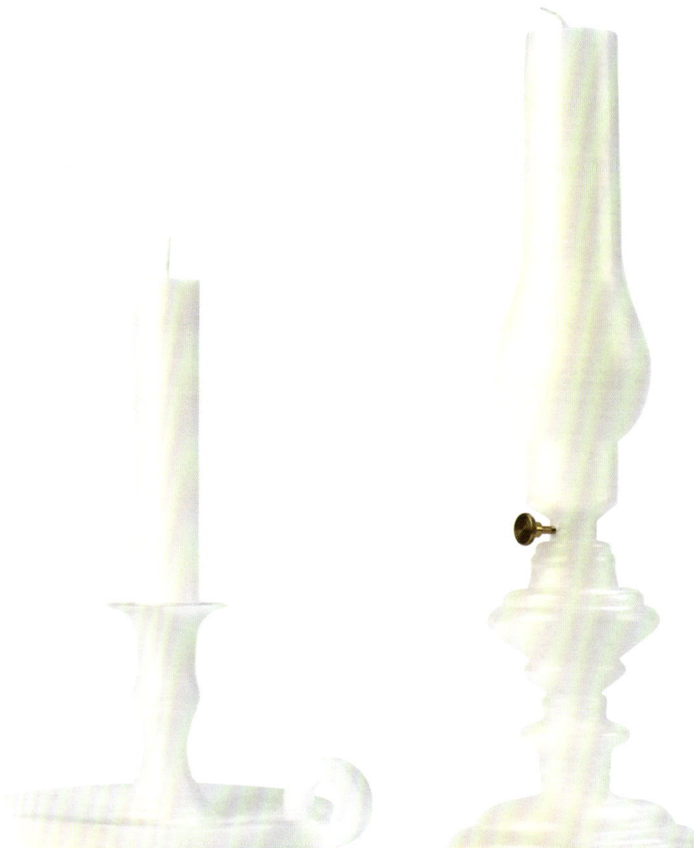

Öl-Kerze | 2005
by Sandra Tan (GE, °1980) and Johannes Schiebe (GE, °1976)
//////
Candles, wax, for Taschide.
www.taschide.com

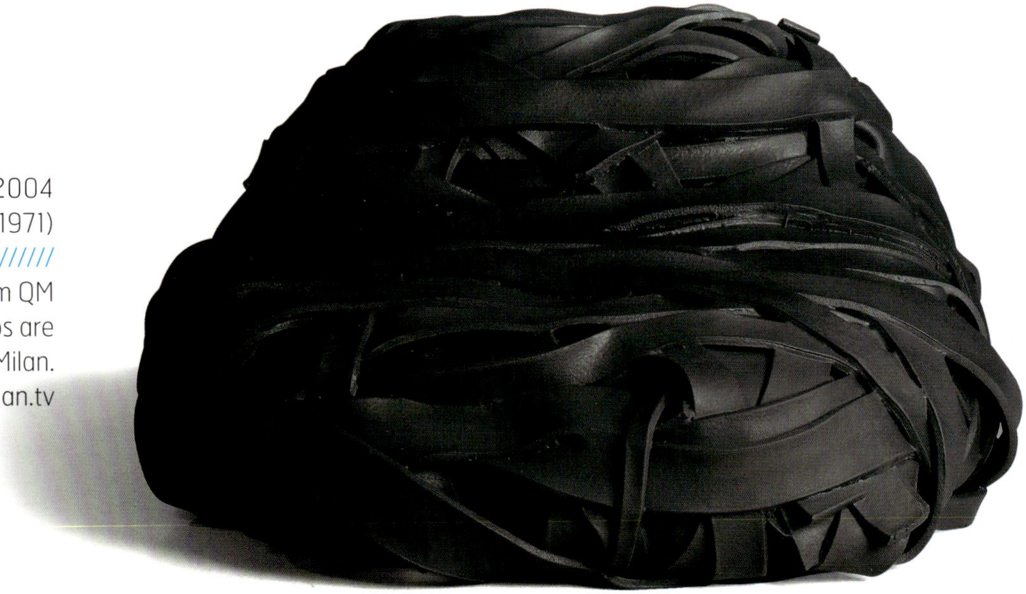

Tag'liatelli' | 2004
by Arne Quinze (BE, °1971)
//////
Chair, a hidden core made from QM Foam, over which plastic strips are draped, for Quinze & Milan.
www.quinzeandmilan.tv

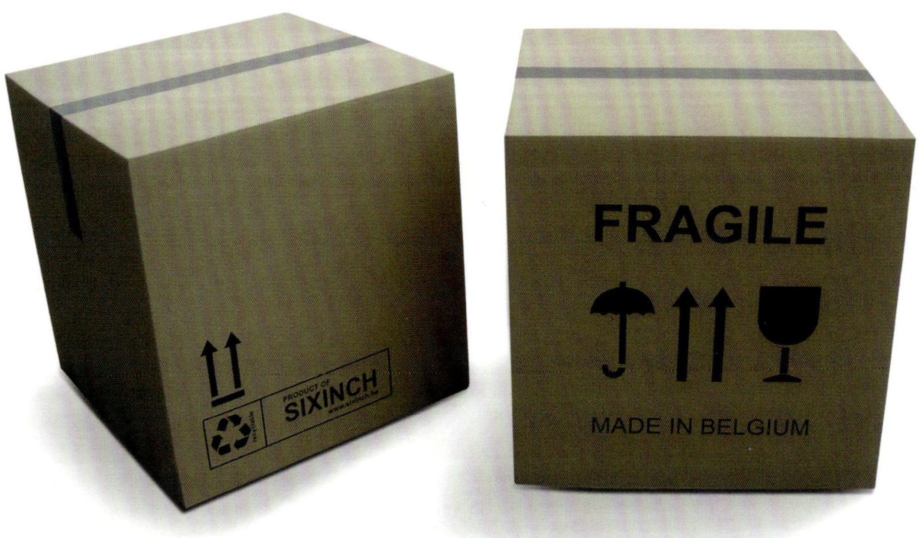

Box | 2005
by Pieter Jamart (BE, °1979)
//////
Stool, foam with a polyurethane coating, for Sixinch.
www.sixinch.be

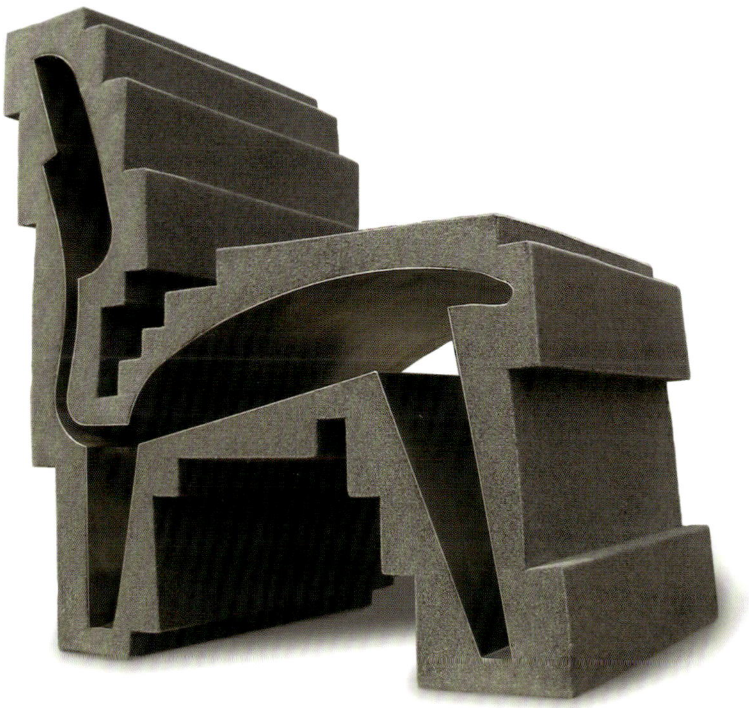

Lo-Res Chair | 2000
by Guido Ooms (NL, °1974)
//////
A chair made of steel, foam and flock, for Ooooms.
www.ooooms.nl

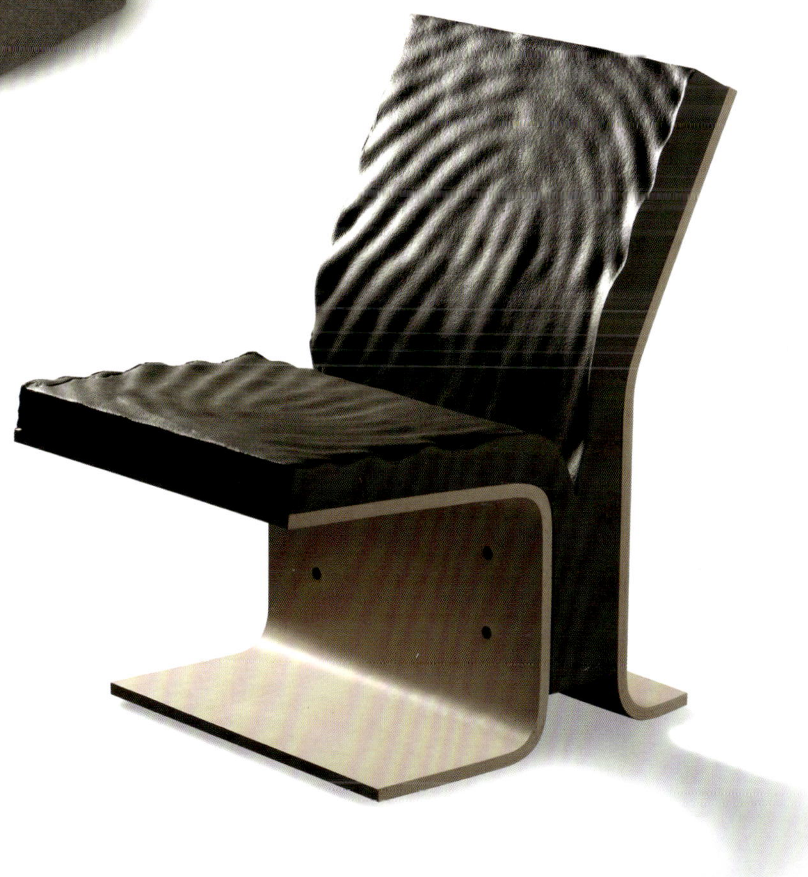

Fingerspitzegestühl | 2006
by Peter De Meyer (BE, °1979)
//////
Chair, multiplex, foam and aluminium, for Sixinch.
www.sixinch.be

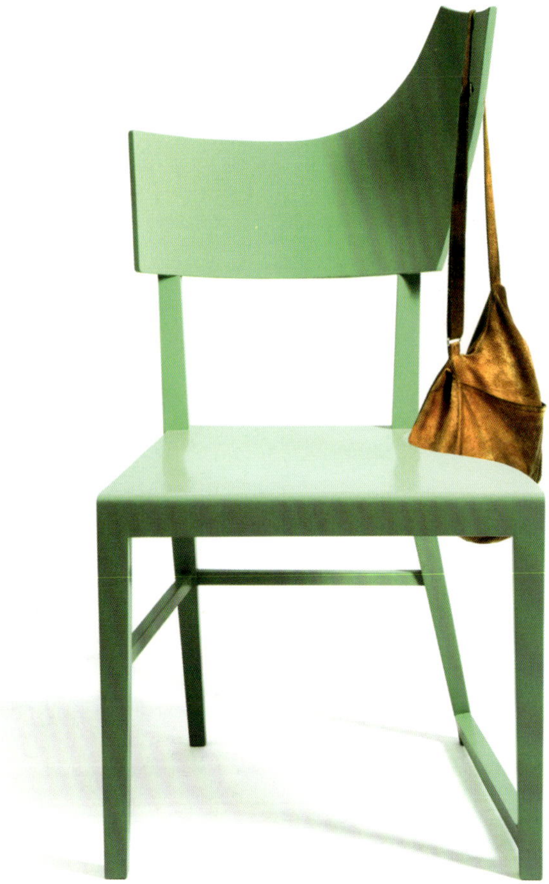

Falb Chair | 2004
by Hans Moritsch (AT, °1970),
Katharina Bruckner (AT, °1977) and
Herbert Klamminger (AT, °1972)
//////
Chair, wood, for BKM. A chair that offers space for personal things.
www.bkm-format.com

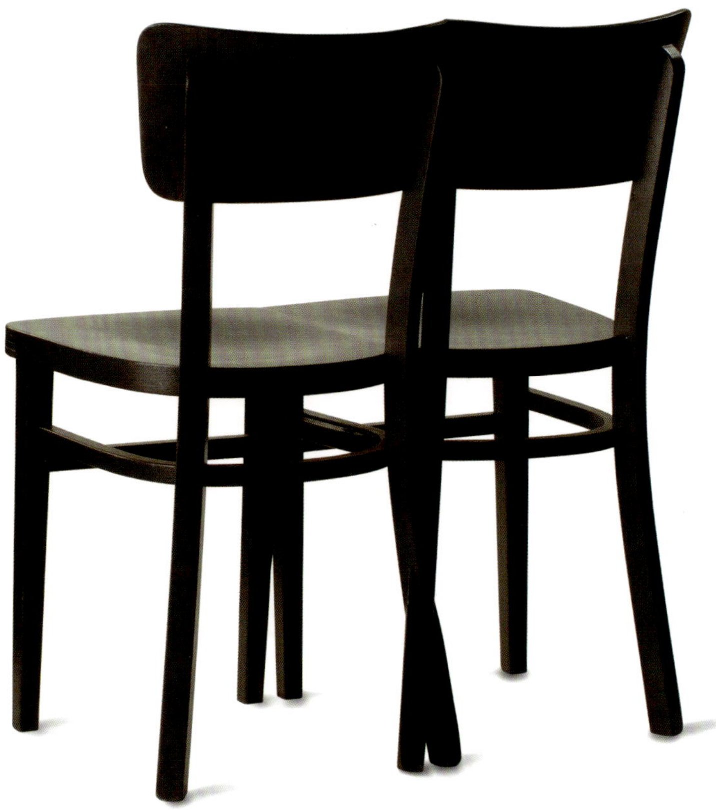

Crossed Legs | 2002
by Lachaert & d'Hanis (BE)
//////
Chair, wood.
www.lachaert.com

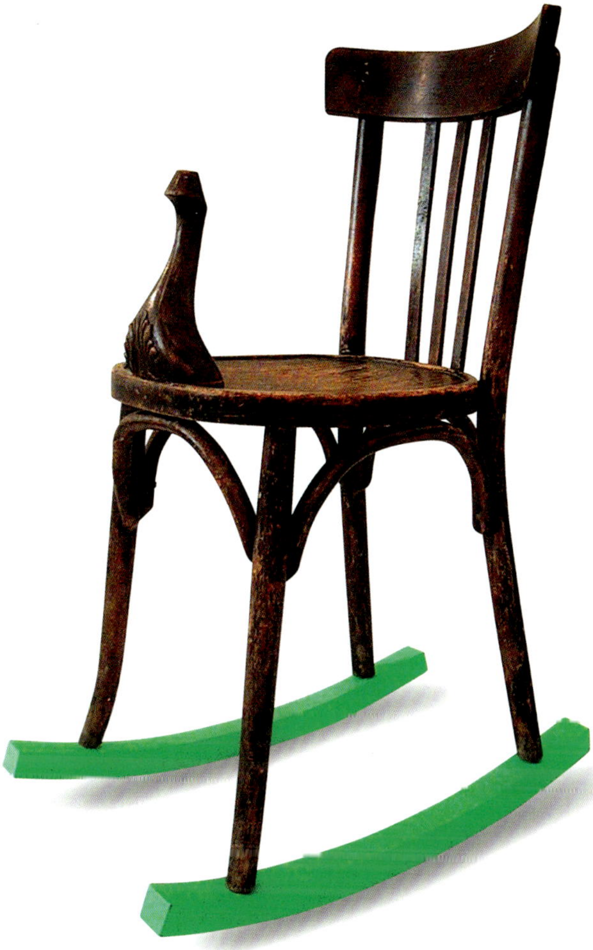

Réanim | 2003
by 5.5 designers (FR)
//////
With fluorescent coloured accessories, abandoned objects are 'reanimated'.
www.cinqcinqdesigners.com.

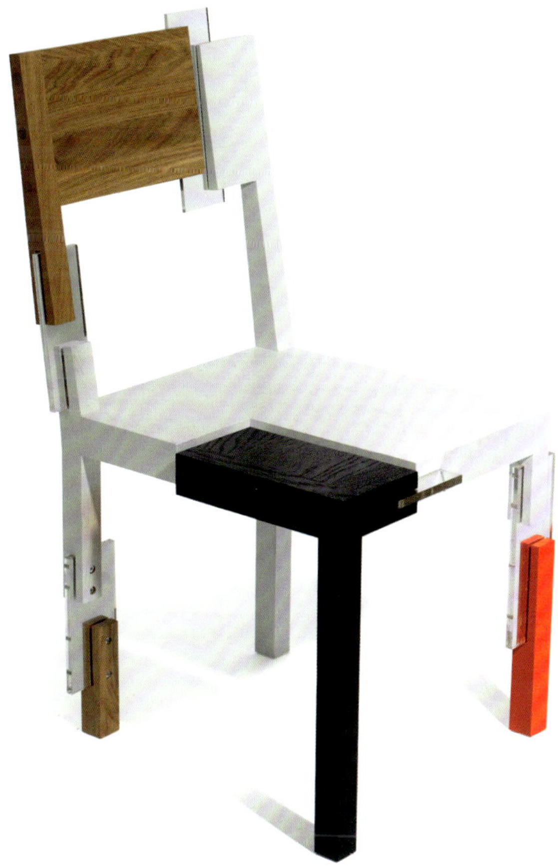

Copy and Paste | 2007
by Sigurdur Gustafsson (SE, °1962)
//////
Chairs made of oak wood and polycarbonate plates, for Källemo.
www.kallemo.se

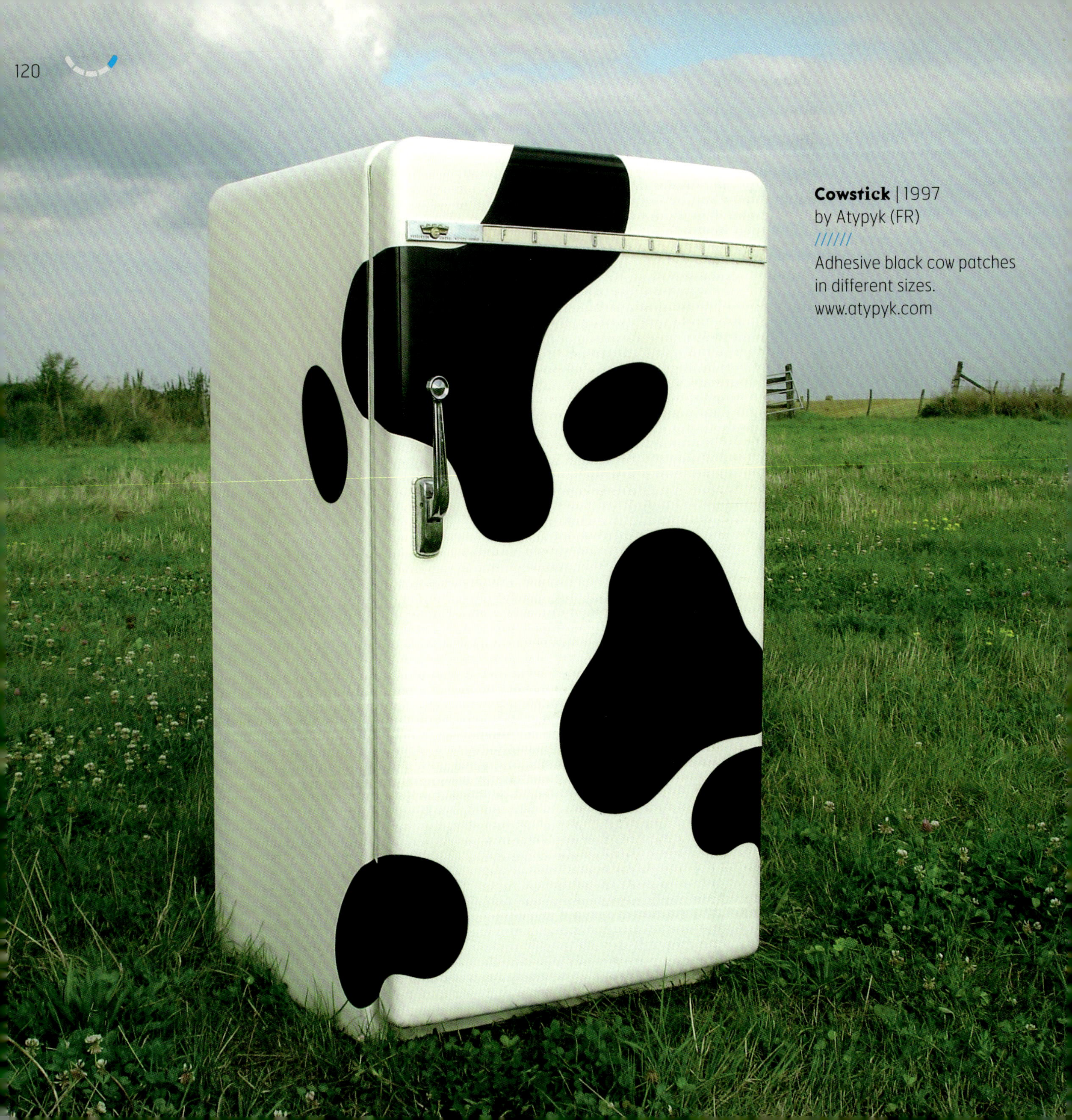

Cowstick | 1997
by Atypyk (FR)
//////
Adhesive black cow patches
in different sizes.
www.atypyk.com

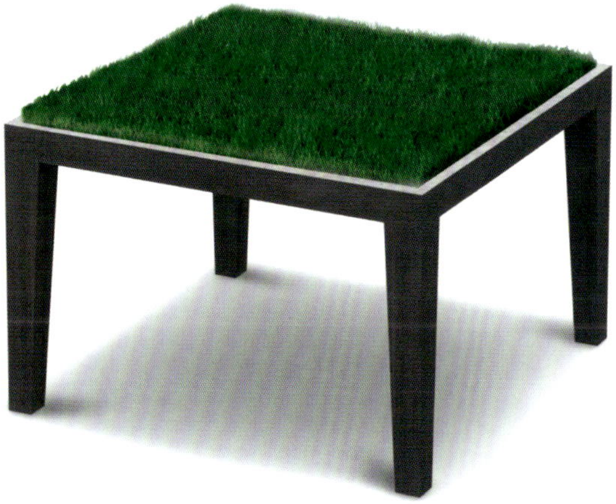

Furniture to garden | 2006
by 5.5 Designers (FR)
//////
Table, high performance concrete, grass.
www.cinqcinqdesigners.com

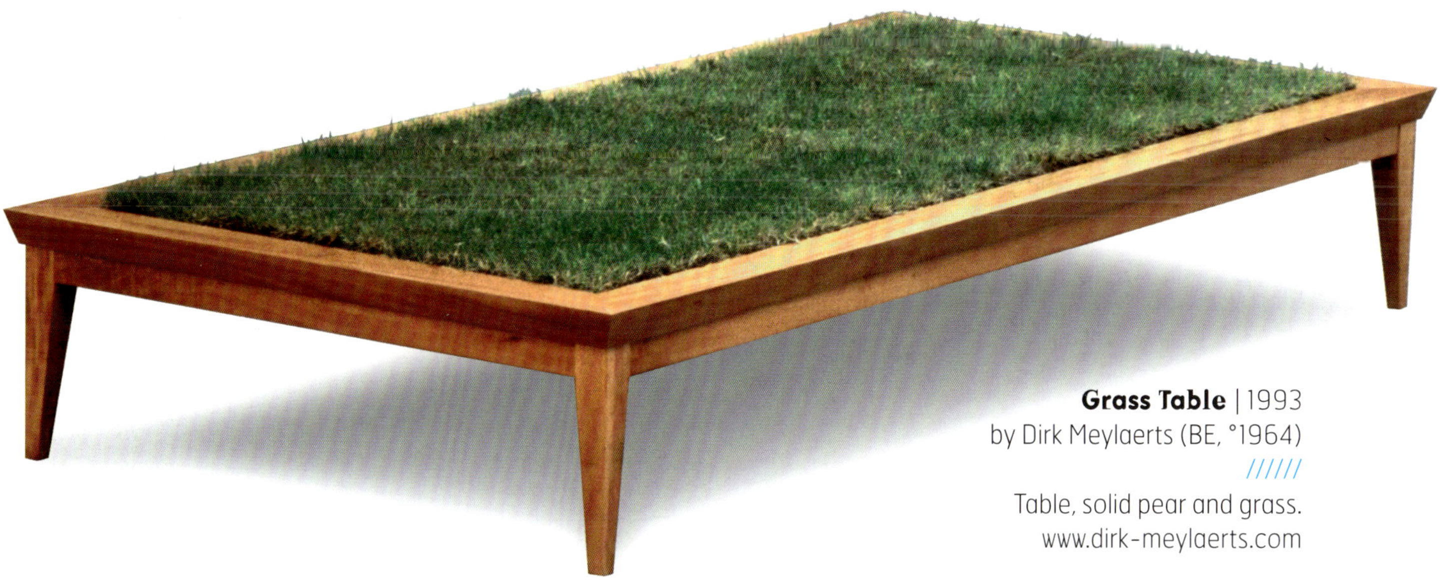

Grass Table | 1993
by Dirk Meylaerts (BE, °1964)
//////
Table, solid pear and grass.
www.dirk-meylaerts.com

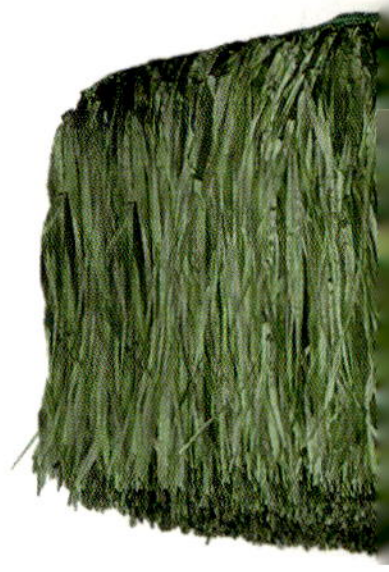

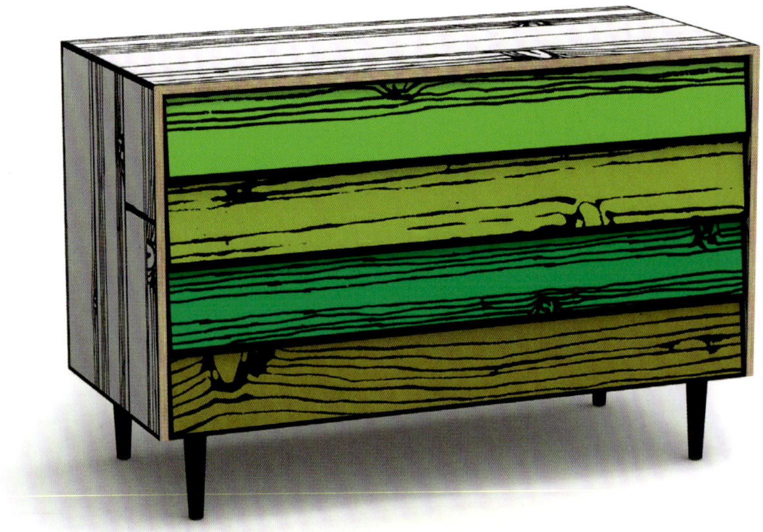

Wrongwoods | 2007
by Richard Woods (GB, °1966) and Sebastian Wrong (GB, °1971)
//////
A chest of drawers made of printed laminate, with a cartoon graphic surface, for Established and Sons.
www.establishedandsons.com

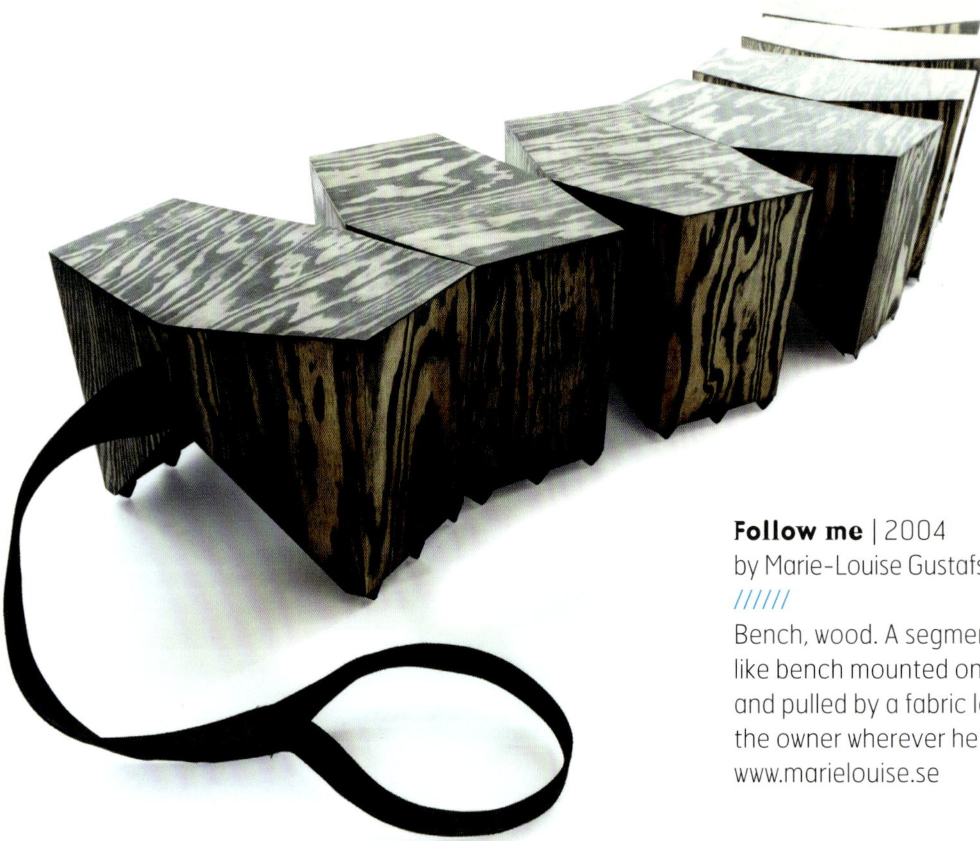

Follow me | 2004
by Marie-Louise Gustafsson (SE, °1967)
//////
Bench, wood. A segmented, centipede-like bench mounted on tiny wheels and pulled by a fabric lead that follows the owner wherever he takes it.
www.marielouise.se

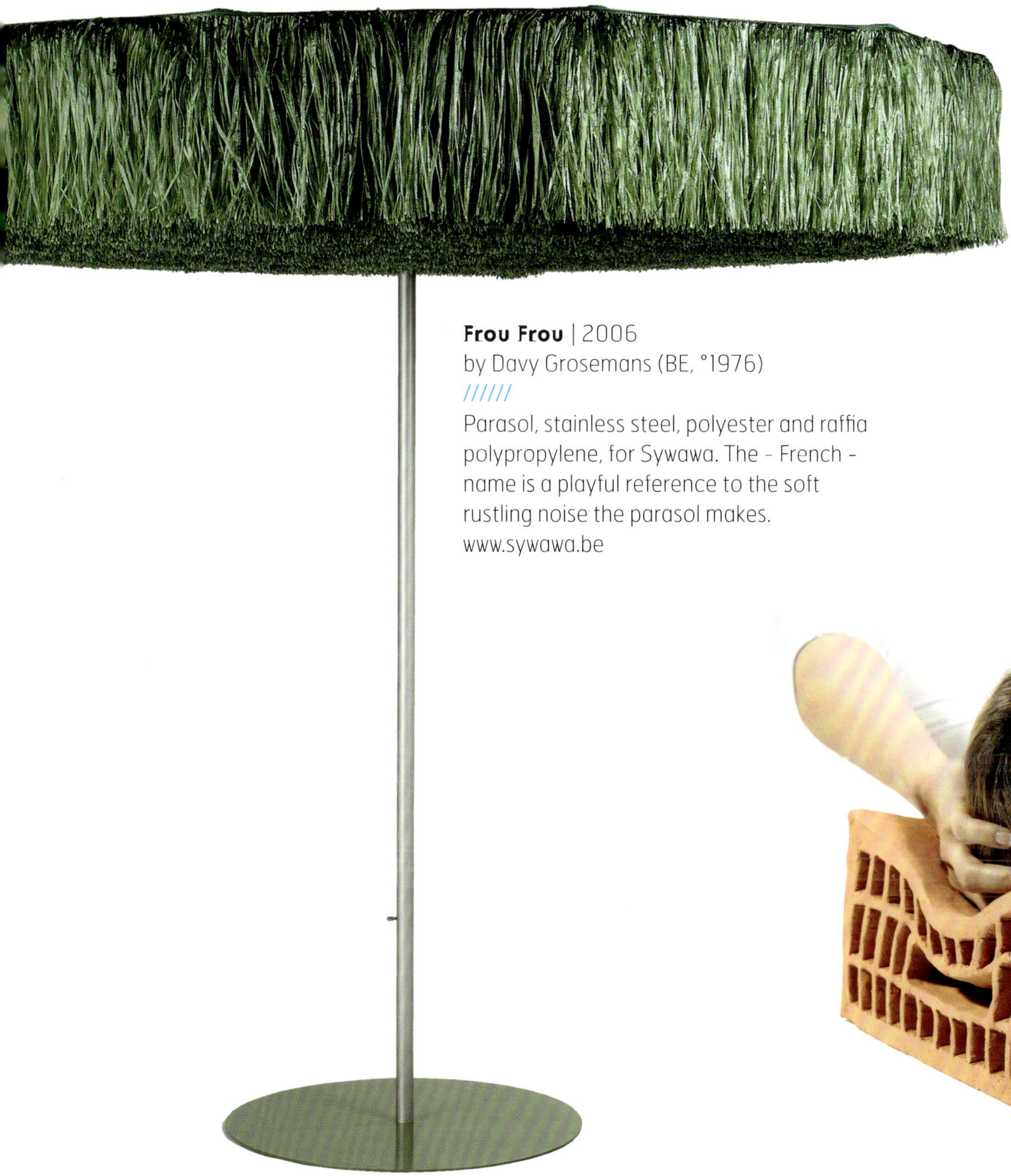

Frou Frou | 2006
by Davy Grosemans (BE, °1976)
//////
Parasol, stainless steel, polyester and raffia polypropylene, for Sywawa. The - French - name is a playful reference to the soft rustling noise the parasol makes.
www.sywawa.be

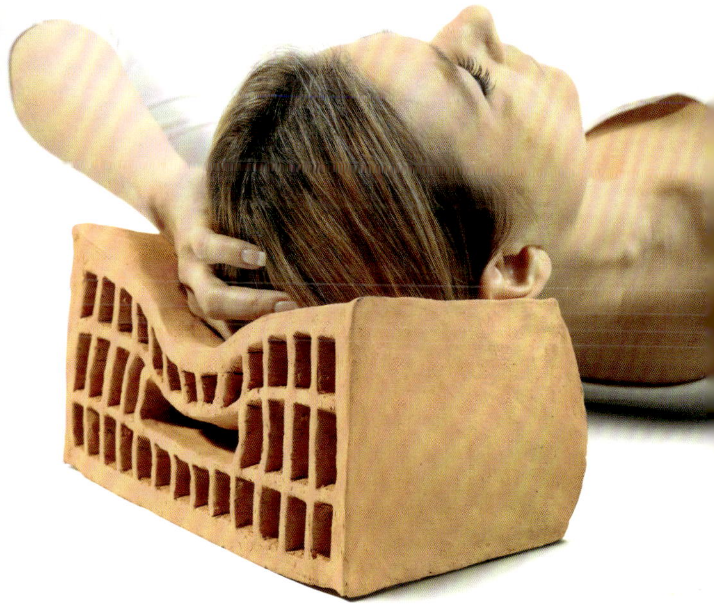

Soft Brick
(Bricks for Domoterra) | 2007
by StauffacherBenz (CH)
//////
fired clay.
www.stauffacherbenz.ch

Diva | 2004
by Benoit & Rachel Convers (FR)
//////
Wall console, high pressure laminate, for Ibride.
www.ibride.fr

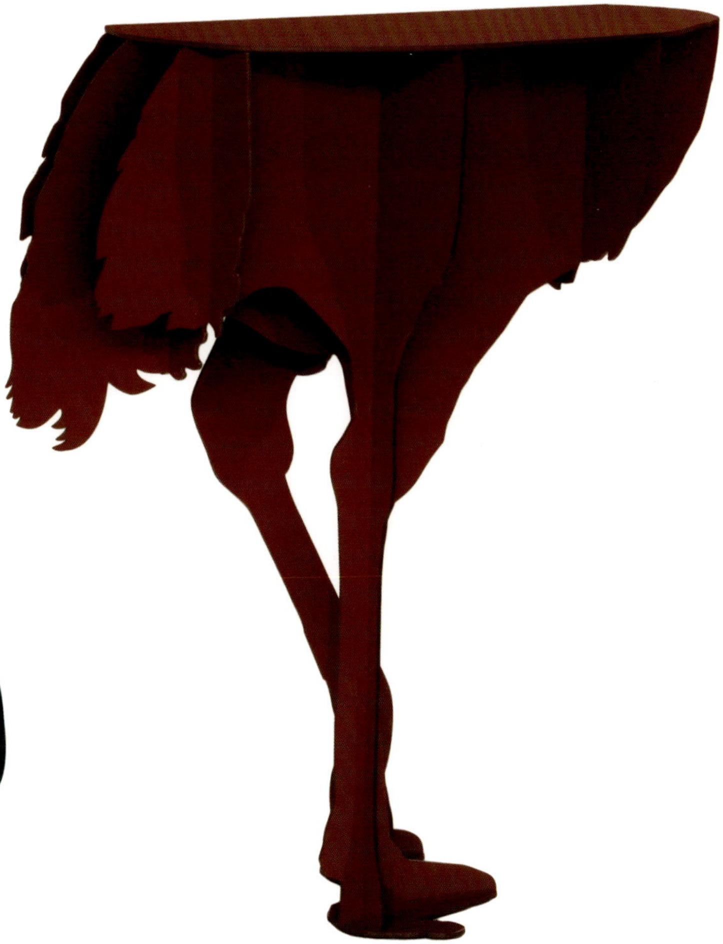

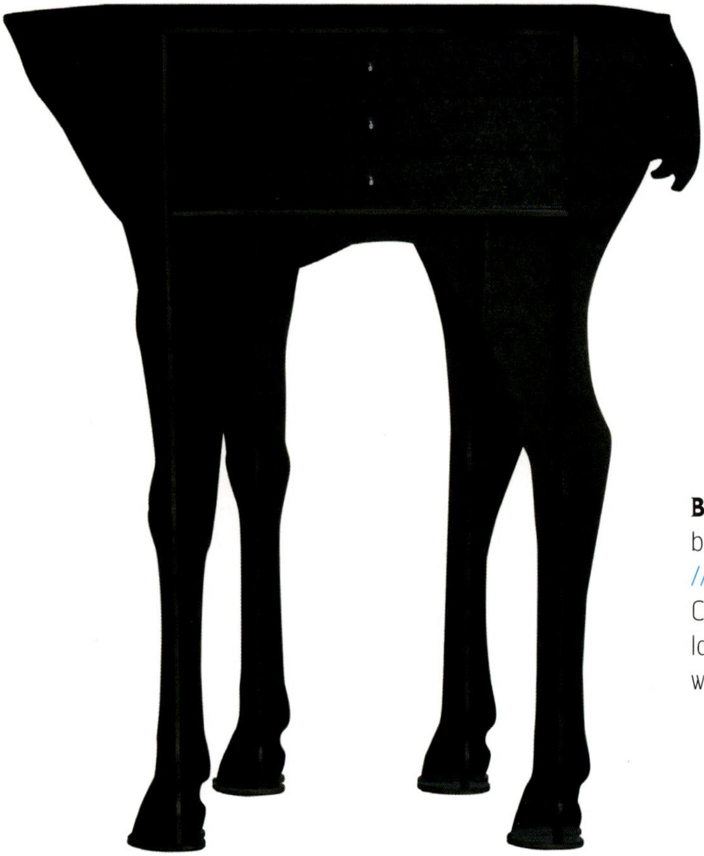

Bambi | 2005
by Benoit & Rachel Convers (FR)
//////
Chest of drawers, high pressure laminate, for Ibride.
www.ibride.fr

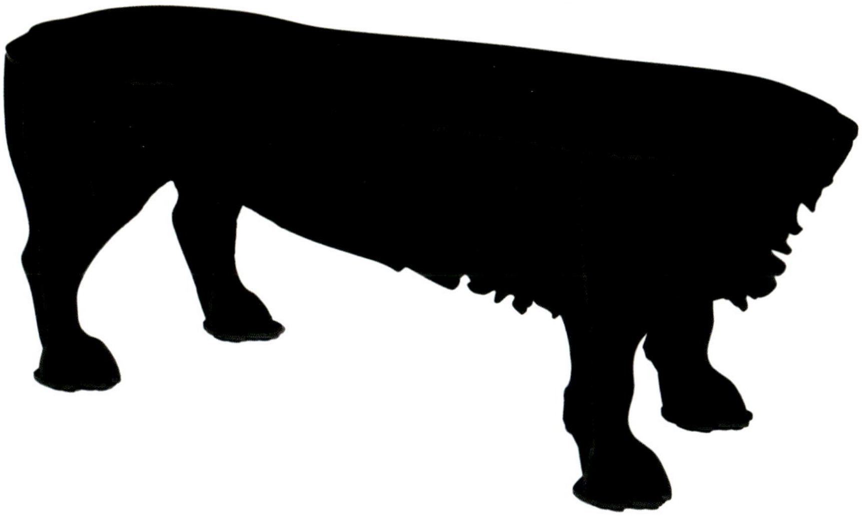

Zelda | 2006
by Benoit & Rachel Convers (FR)
//////
Low table, high pressure laminate, for Ibride.
www.ibride.fr

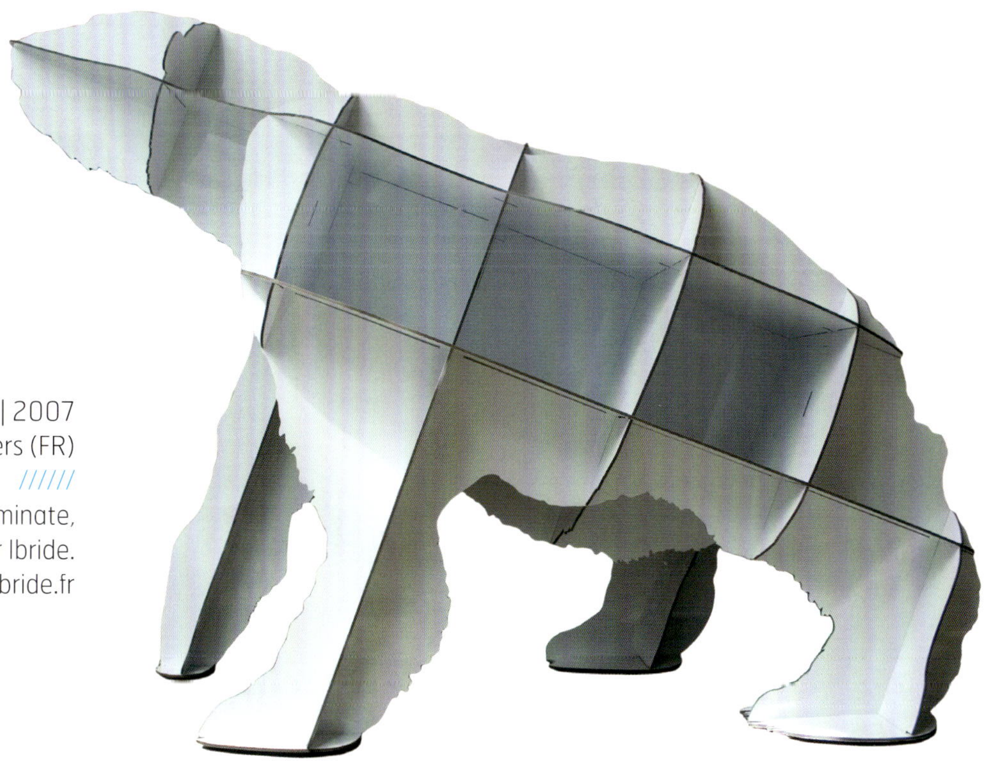

Ours Polaire | 2007
by Benoit & Rachel Convers (FR)
//////
Étagère, high pressure laminate, for Ibride.
www.ibride.fr

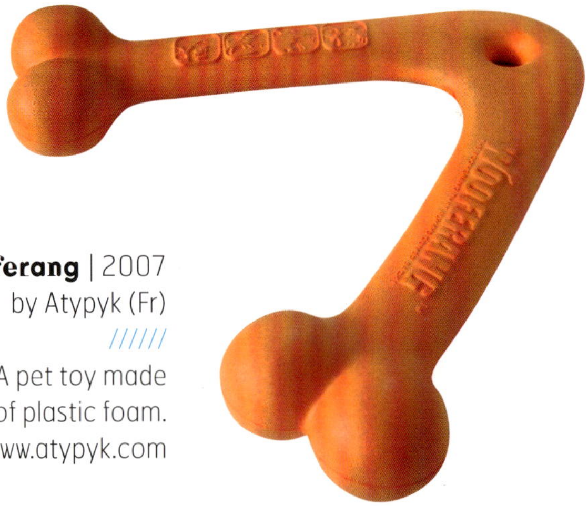

Wooferang | 2007
by Atypyk (Fr)
//////
A pet toy made
of plastic foam.
www.atypyk.com

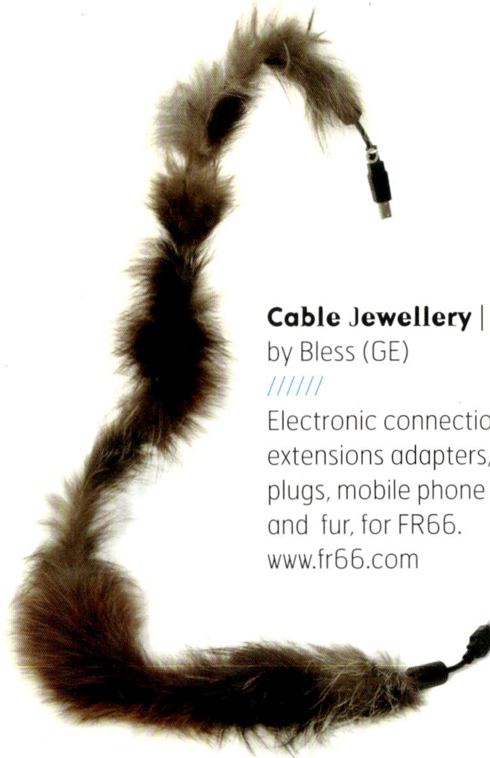

Cable Jewellery | 2005
by Bless (GE)
//////
Electronic connections,
extensions adapters, multiple
plugs, mobile phone chargers...
and fur, for FR66.
www.fr66.com

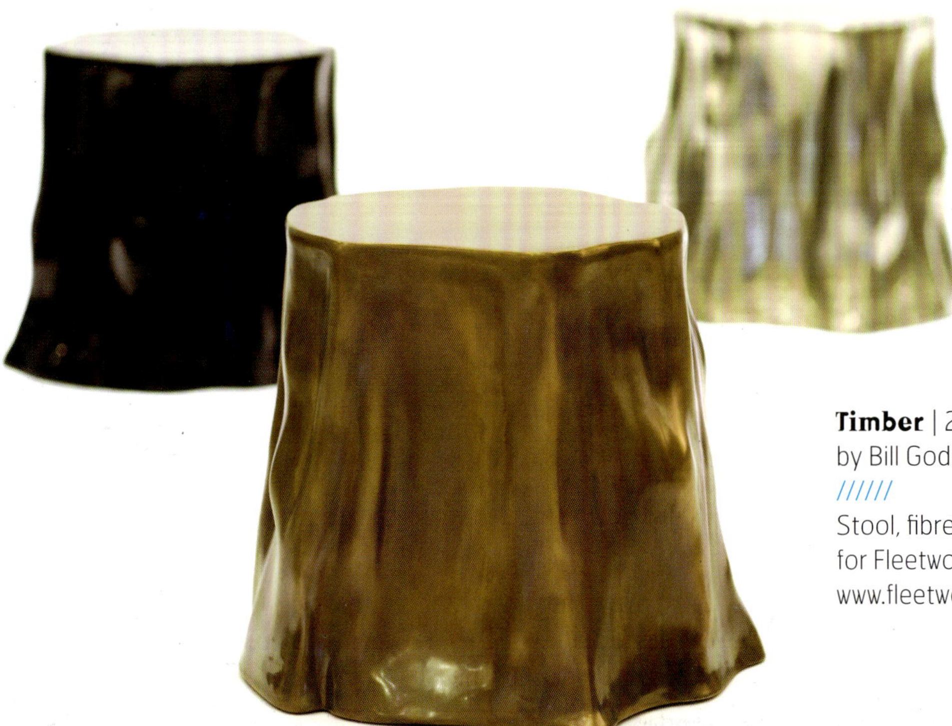

Timber | 2007
by Bill Goddu (°1954)
//////
Stool, fibreglass with a gel coat,
for Fleetwood Fixtures.
www.fleetwoodfurnishings.com

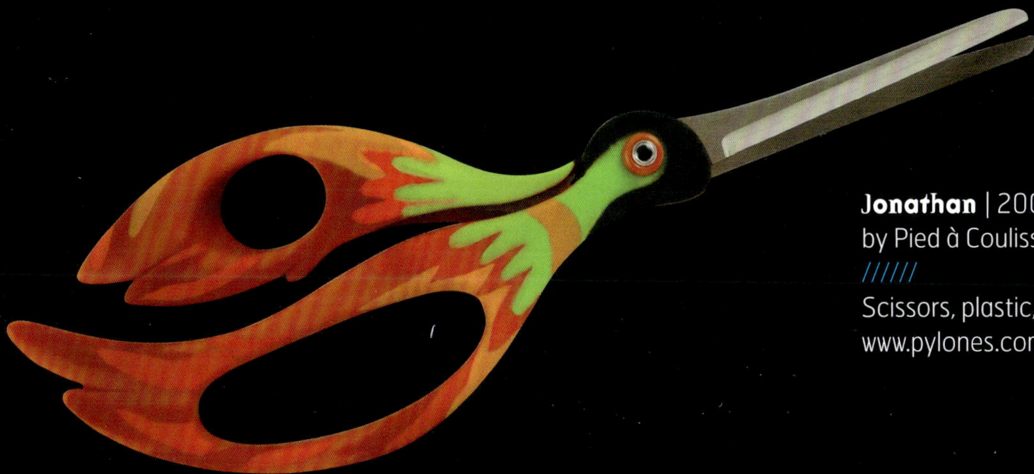

Jonathan | 2006
by Pied à Coulisse (FR)
//////
Scissors, plastic, metal, for Pylônes.
www.pylones.com

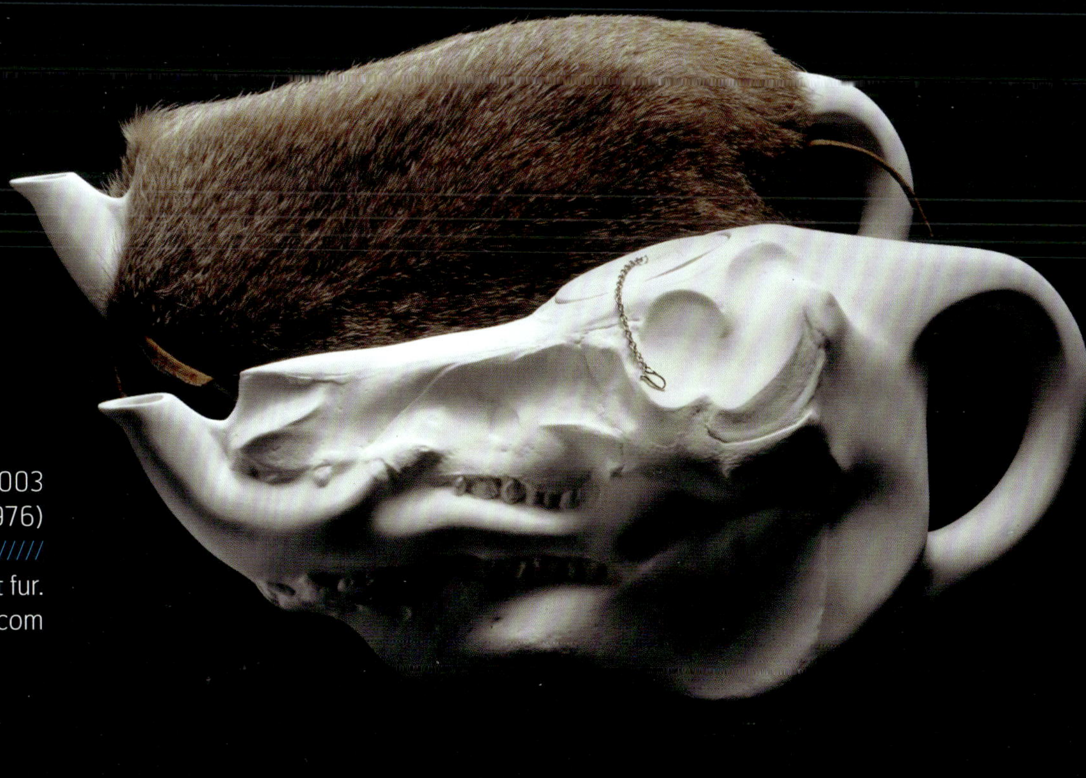

High Tea Pots | 2003
by Wieki Somers (NL, °1976)
//////
Teapot, porcelain, rat fur.
www.wiekisomers.com

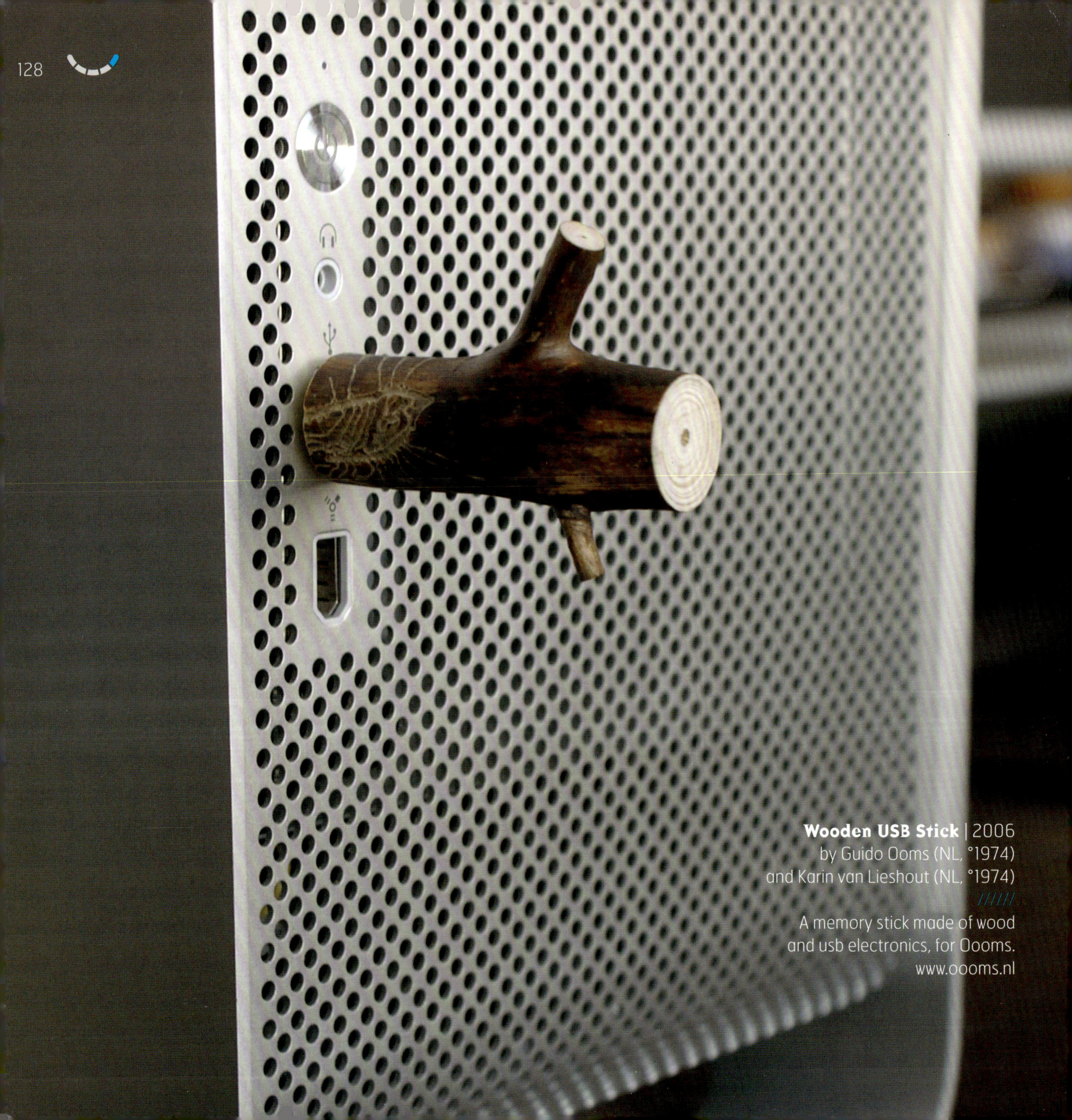

Wooden USB Stick | 2006
by Guido Ooms (NL, °1974)
and Karin van Lieshout (NL, °1974)

A memory stick made of wood
and usb electronics, for Oooms.
www.ooooms.nl

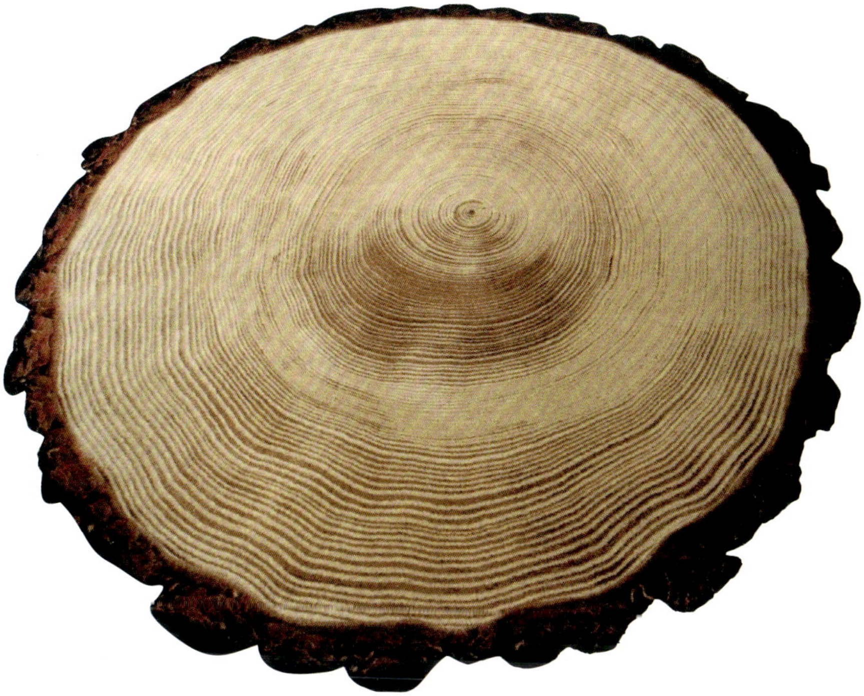

Woody Wood | 2005
by Yvette Laduk (NL, °1971)
//////
Carpet, plastic fibre with a burnt edge, for YL Design.
www.yldesign.nl

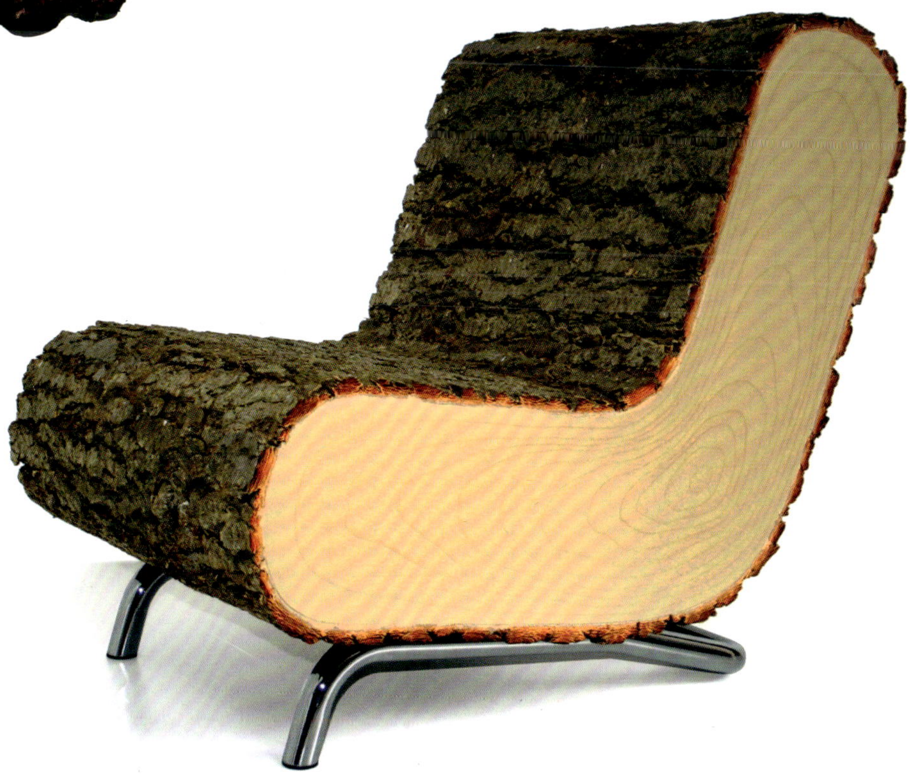

Nature V2.01 | 2005
by Jung Boyoung (KR, °1978) and Emmanuel Wolfs (BE, °1977)
//////
A plywood structure covered with original tree bark, for Draw me a Sheep.
www.drawmeasheep.com

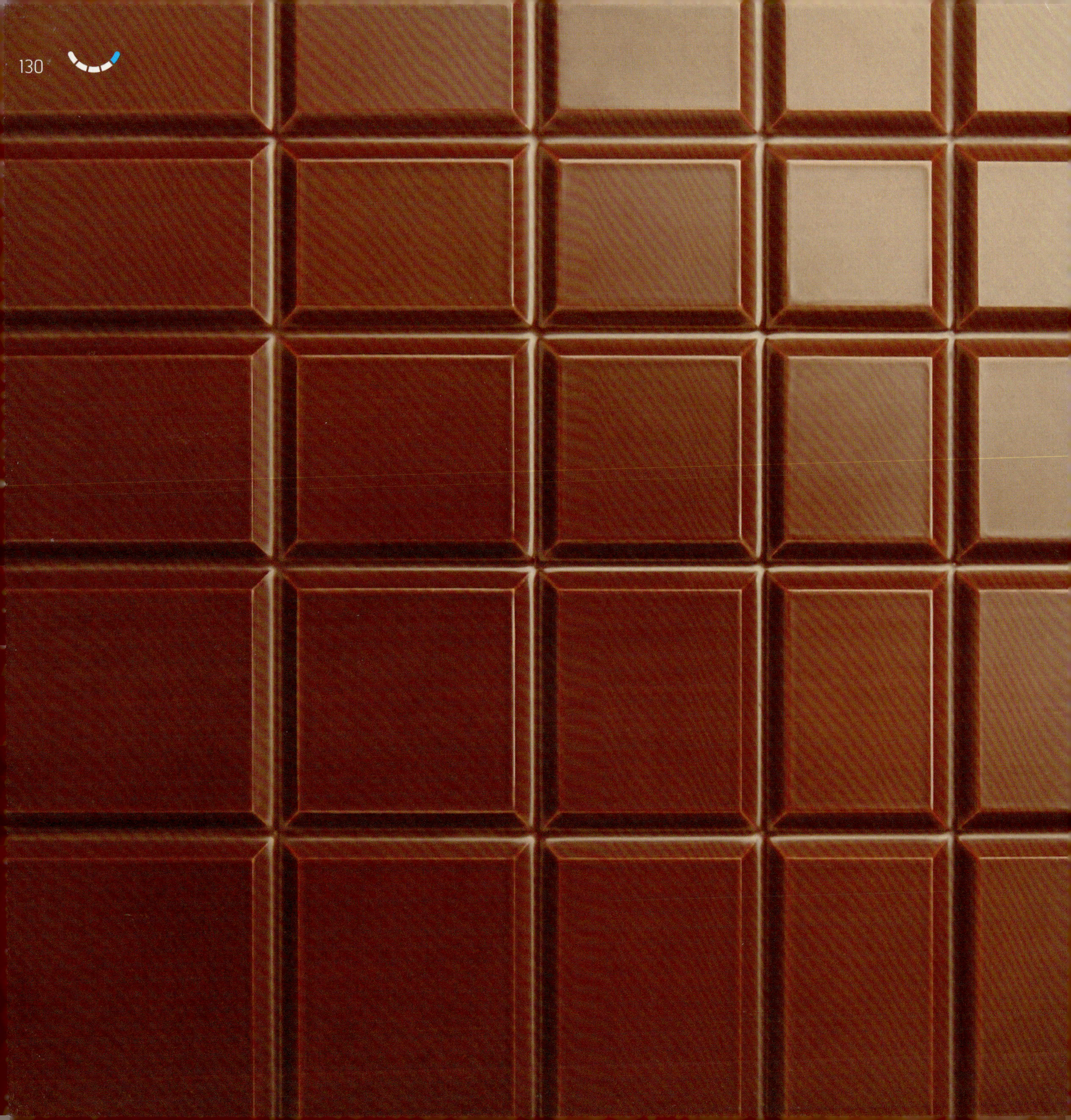

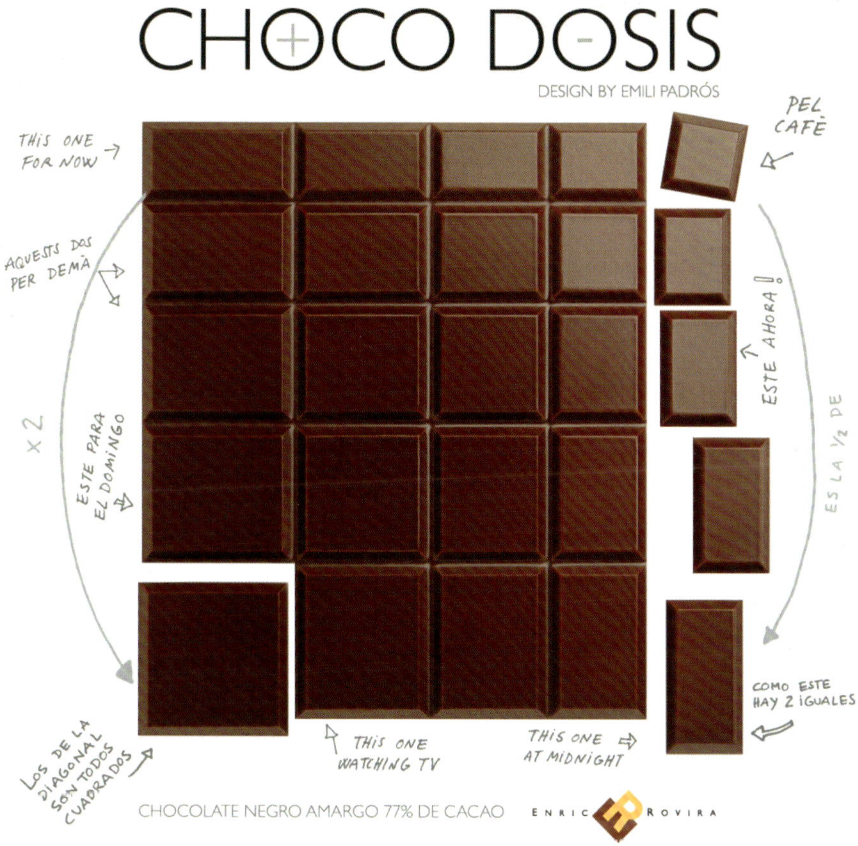

Chocodosis | 2004
by Emili Padros (ES, °1969)
//////
77% cacao, for Enric Rovira Chocolatero. A chocolate bar with a geometric pattern that will fit big eaters and slimmers.
www.enricrovira.com

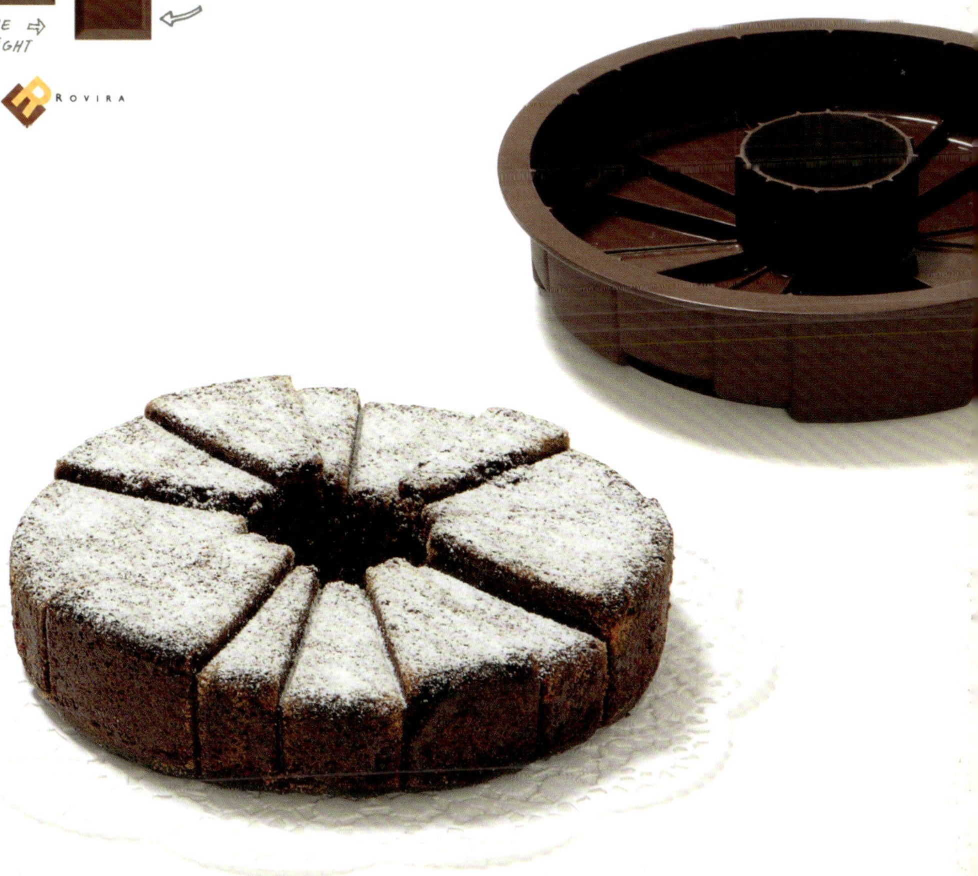

S-XL Cake | 2007
by Ding3000 (GE)
//////
Baking dish, silicone, for Konstantin Slawinsky.
www.konstantinslawinski.de

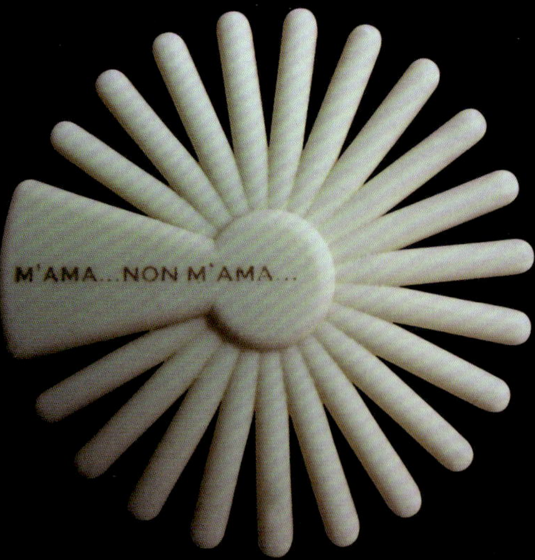

M'ama... non m'ama | 2004
by m3h Design (ES)
//////
Chocolate.
www.azzimonti-pigem.com

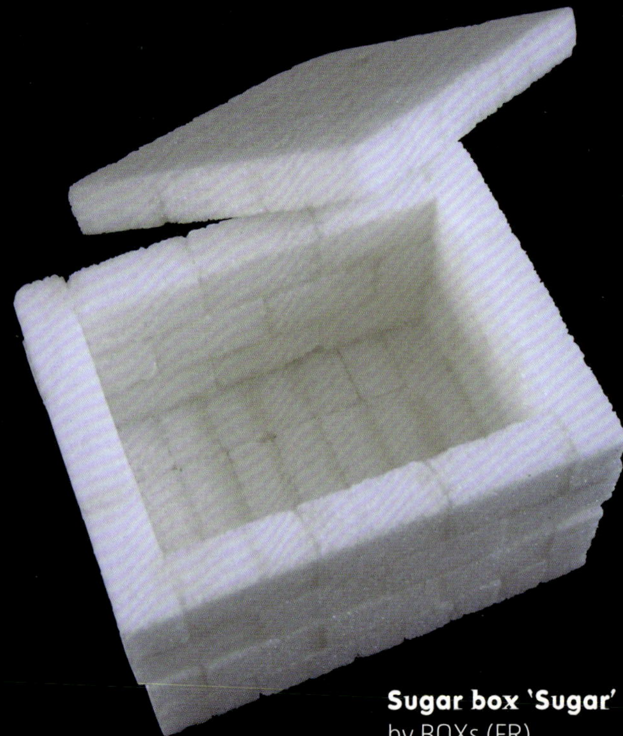

Sugar box 'Sugar' | 2006
by BOXs (FR)
//////
Sugar cubes.
www.boxs.fr

Made in Switzerland | 2005
by Christiane Högner (GE, °1974)
//////
White chocolate.
www.christianehoegner.com

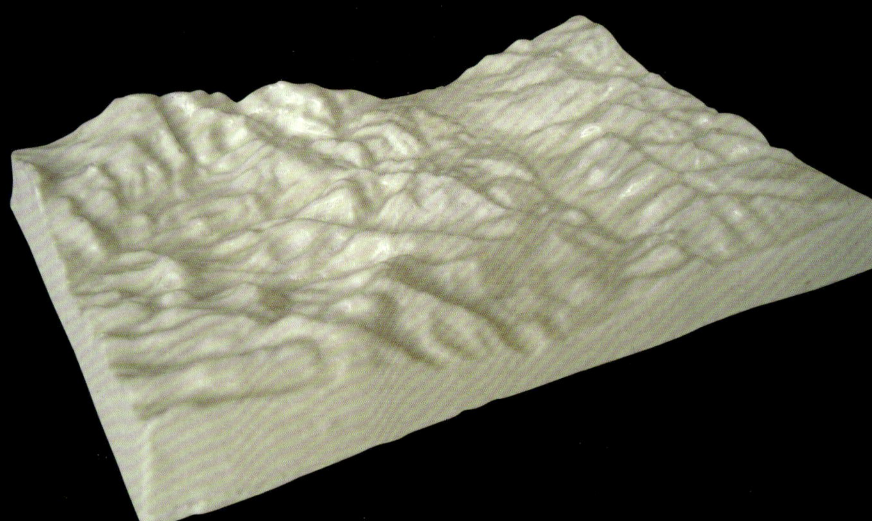

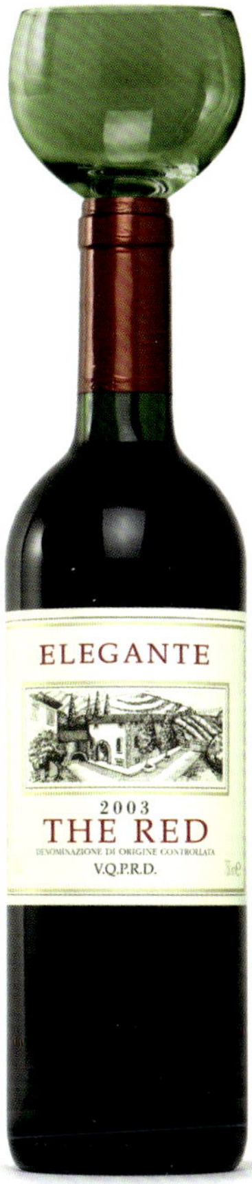

Wineglass | 2005
by Meriç Kara (TK, °1977)
//////
Wineglass, glass, a personal object made for Fabrica.
www.fabrica.it.

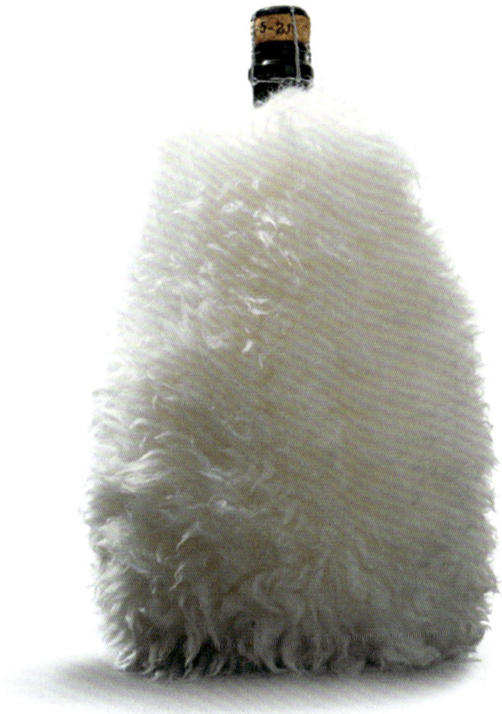

Dollypop | 2005
by Dirk Wynants (BE, °1964)
//////
Wine cooler, sheepskin, for Extremis.
www.extremis.be

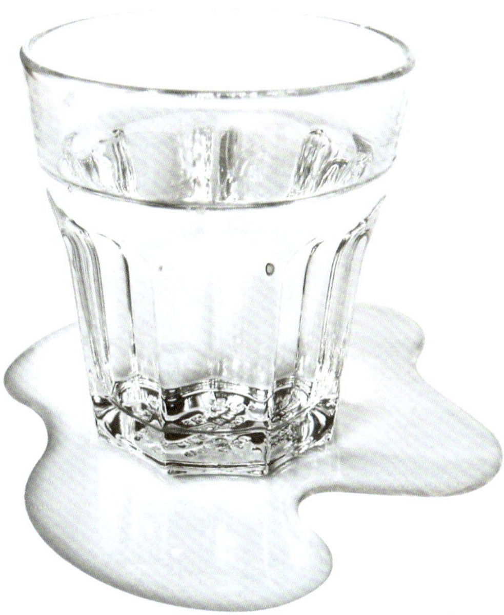

Clumsy | 2004
by Atypyk (FR)
//////
Coaster, transparent plastic.
www.atypyk.com

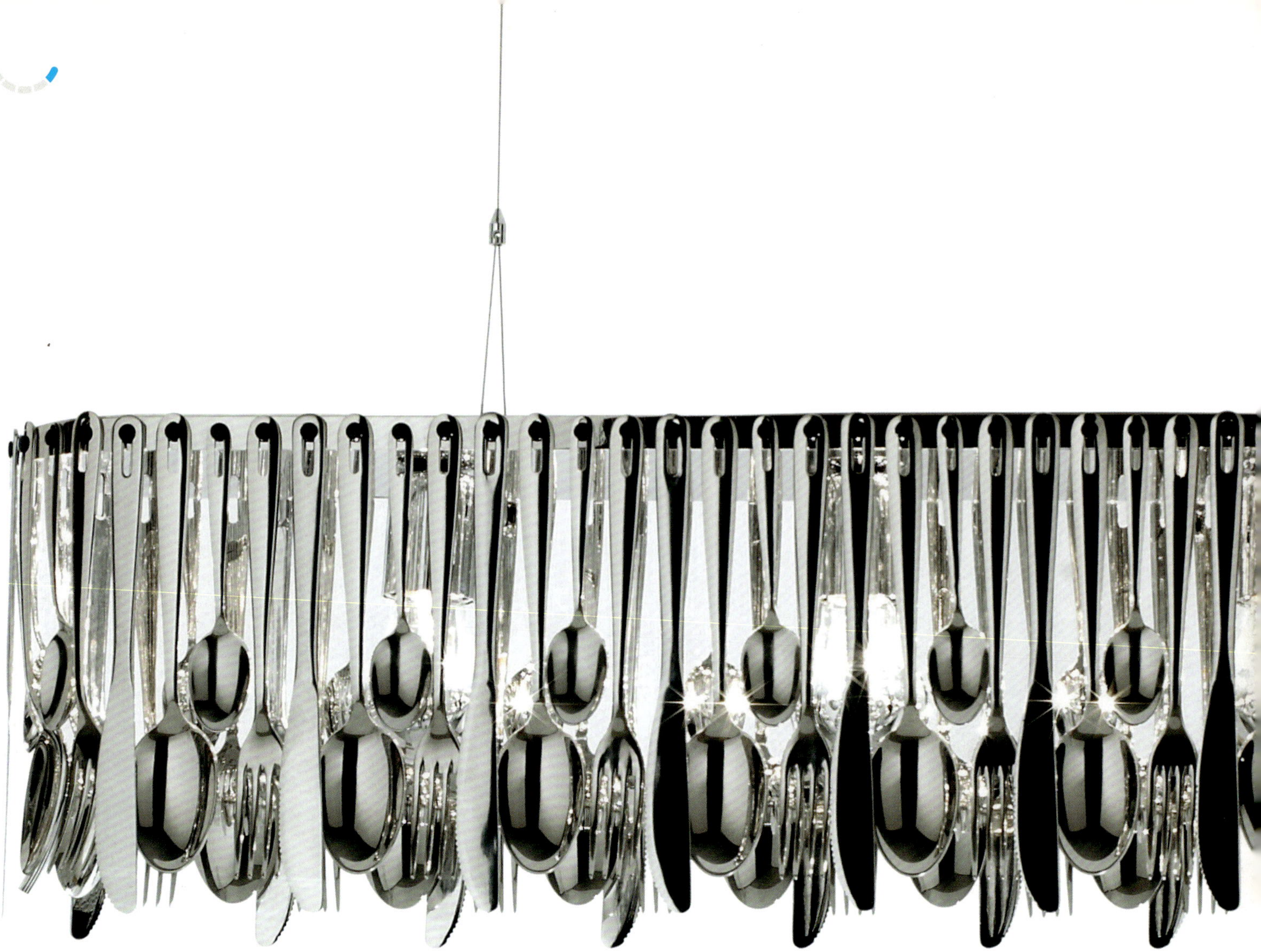

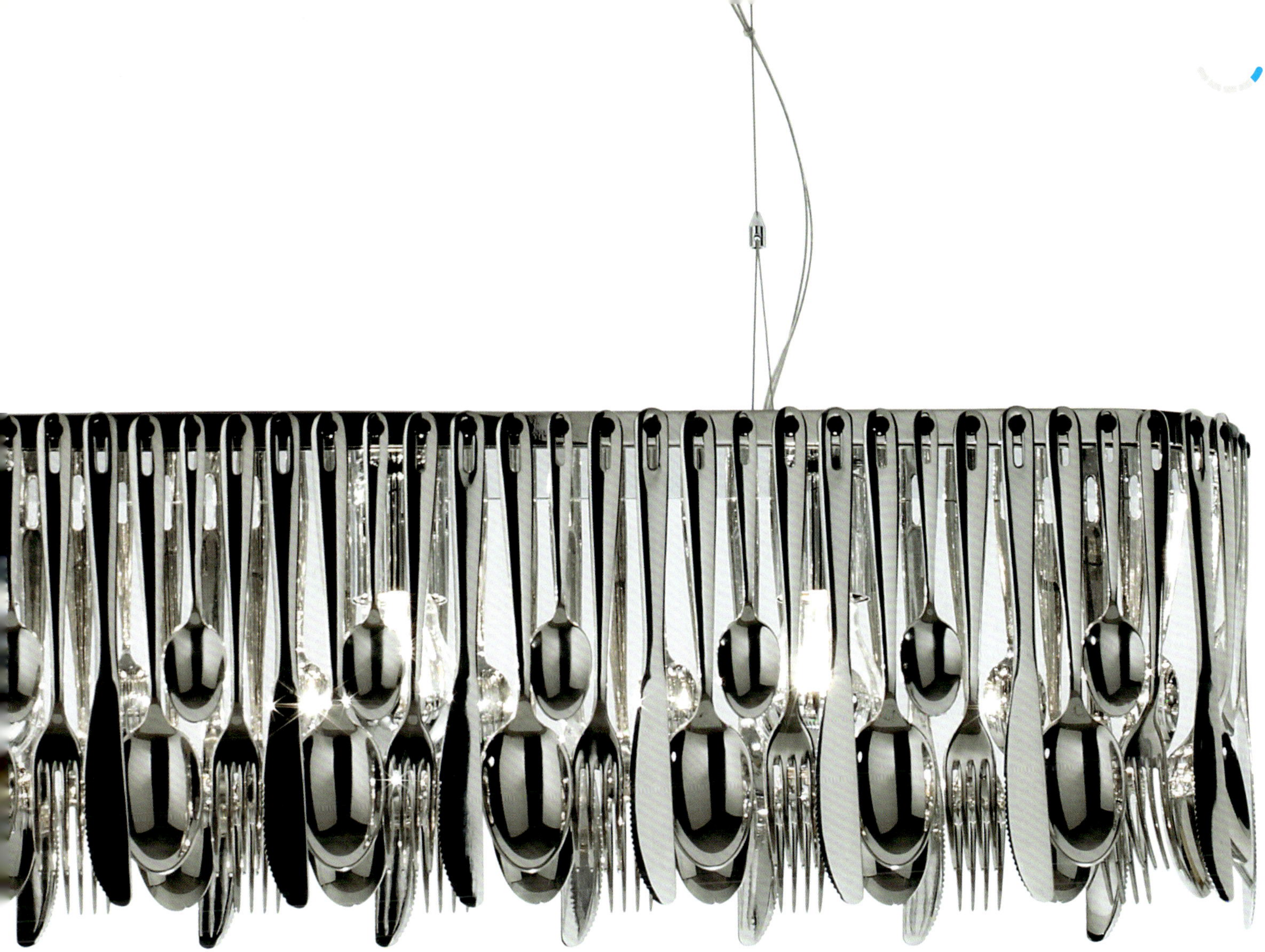

Hungry | 2007
by Ali Siahvoshi (IR, °1959)

//////

Chandelier, stainless steel cutlery and silver crowned bulb, for Fabbian.
www.fabbian.com

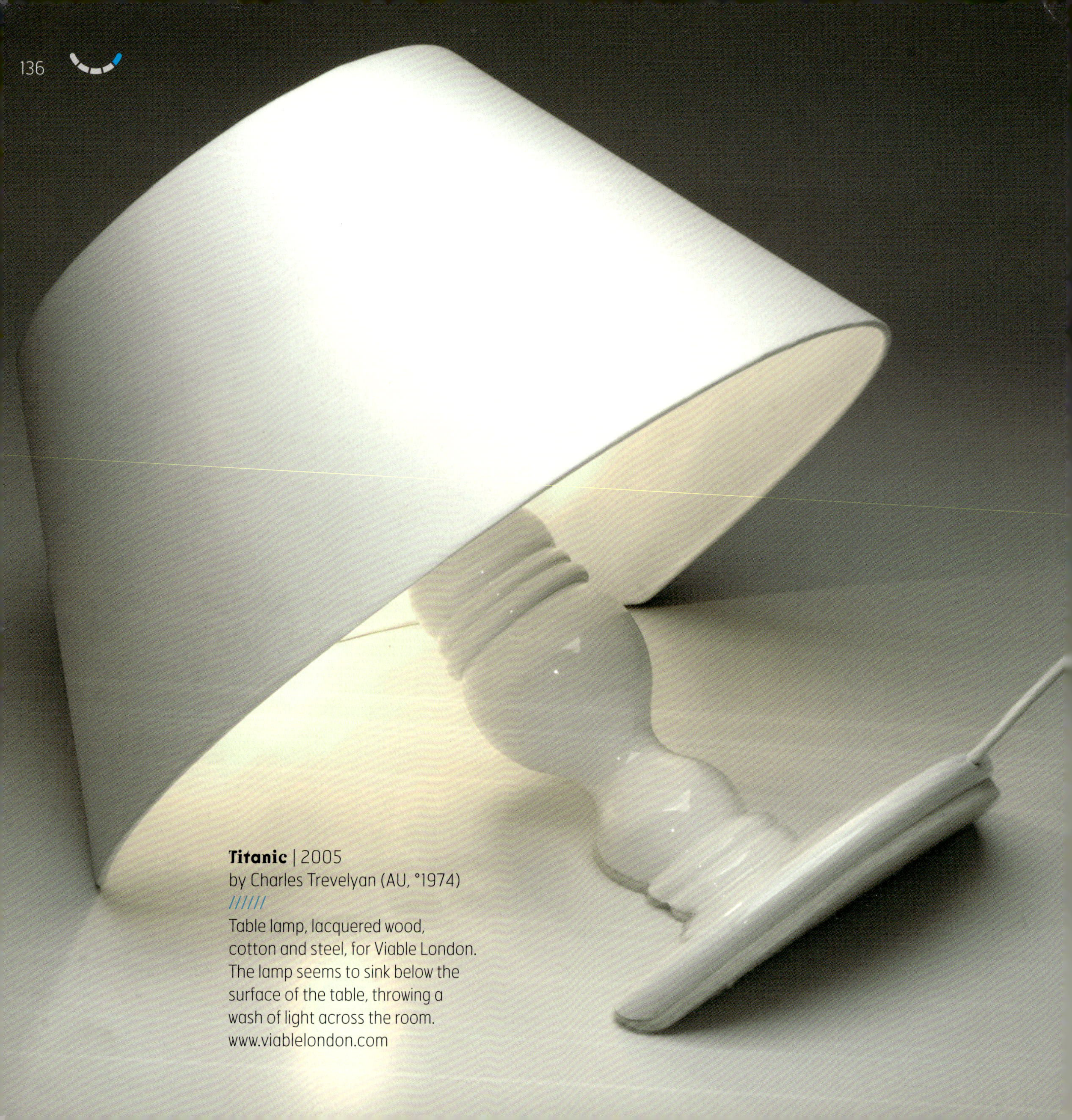

Titanic | 2005
by Charles Trevelyan (AU, °1974)
//////
Table lamp, lacquered wood, cotton and steel, for Viable London. The lamp seems to sink below the surface of the table, throwing a wash of light across the room.
www.viablelondon.com

Tide Lamp | 2007
by Stuart Haygarth (GB, °1966)
//////
Light fixture, clear plastic refuse.
www.stuarthaygarth.com

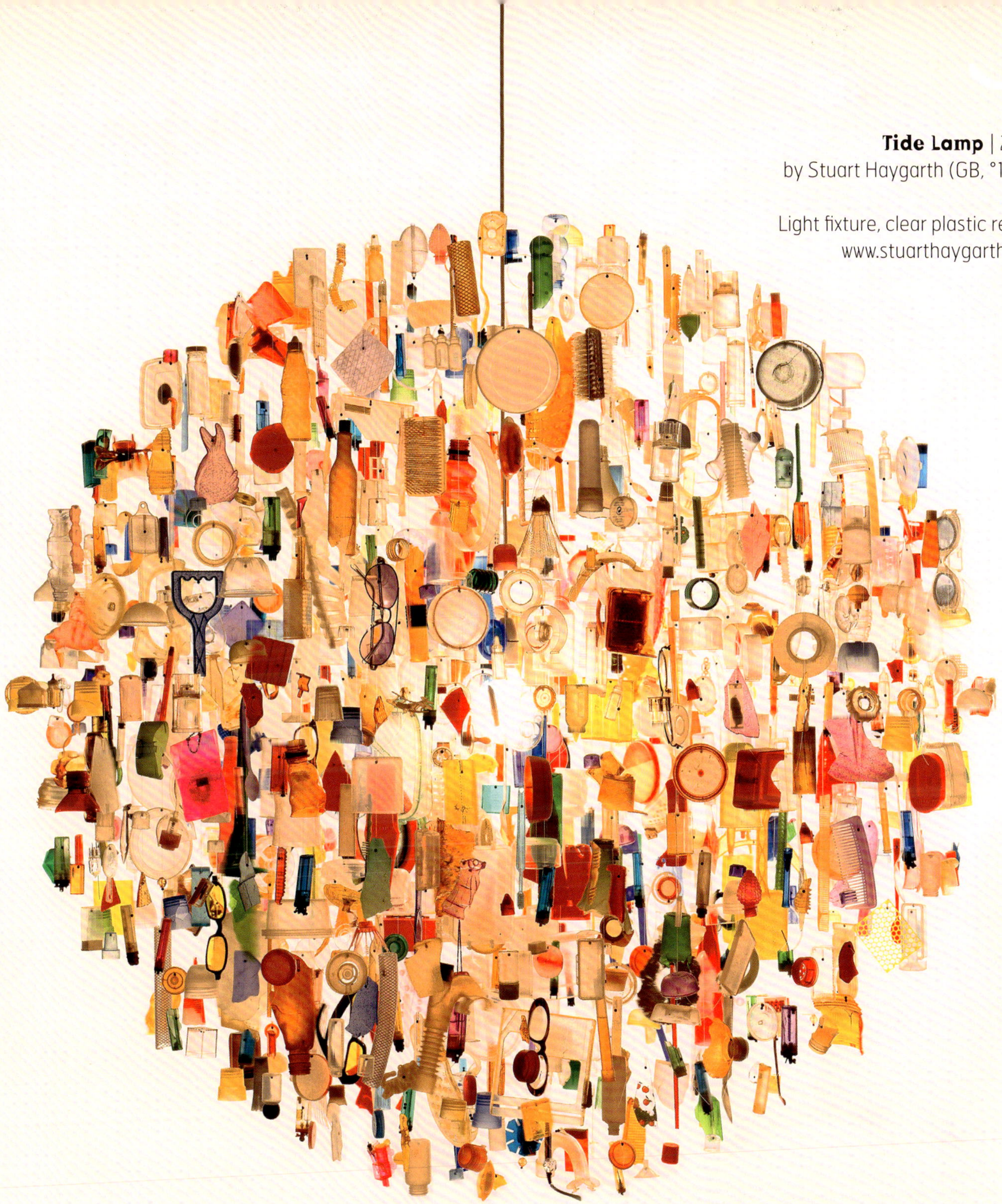

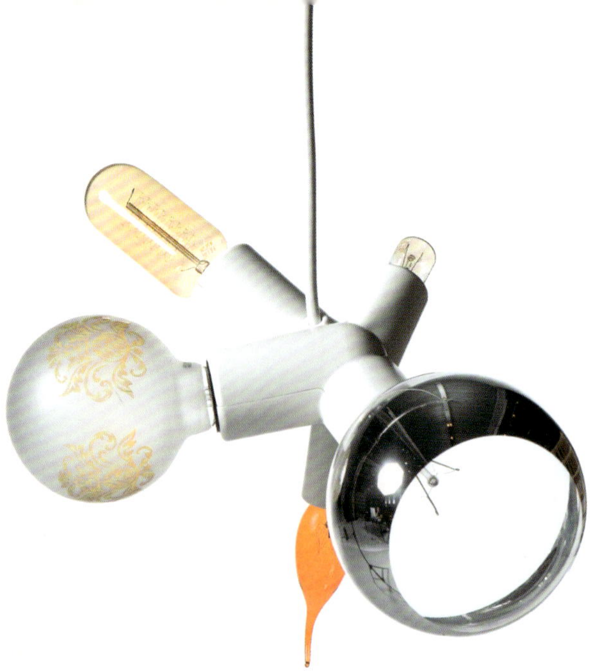

Cluster Lamp | 2004
by Joel Degermark (SE, °1973)
//////
Lamp, polybutylene terephthalate, for Moooi. A lamp with sockets for different bulbs, which can be mixed and matched to create several atmospheres.
www.moooi.nl

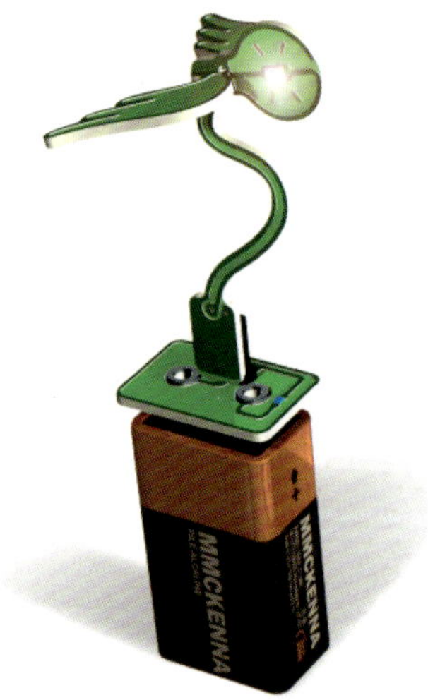

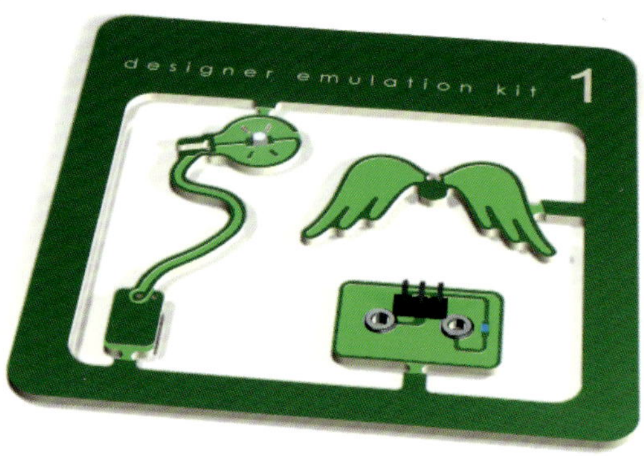

Designer Emulation Kit |
2005-2007
by Mark Mckenna (US, °1979)
//////
Battery-powered, miniature toy lamp made of PCB bonds. An humorous homage to some of the finest lighting designs of our time.
www.mmckenna.com

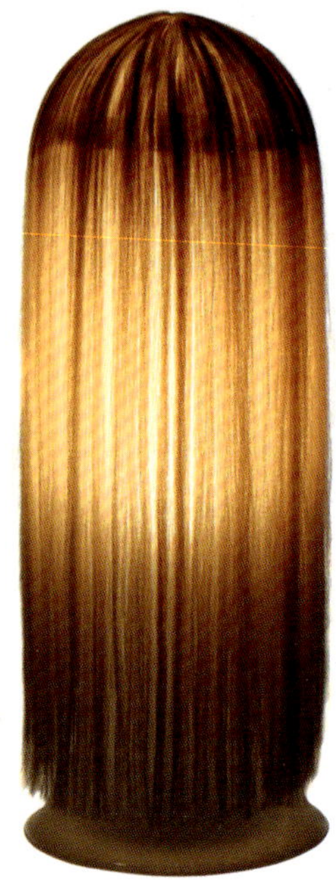

Elisa | 2004
by Rolf Sachs (CH-GE, °1955)
//////
Wig lamp, borosilicate blown glass, hair. Hand knotted blond hair wig, shading a blown glass wig stand.
www.rolfsachs.com

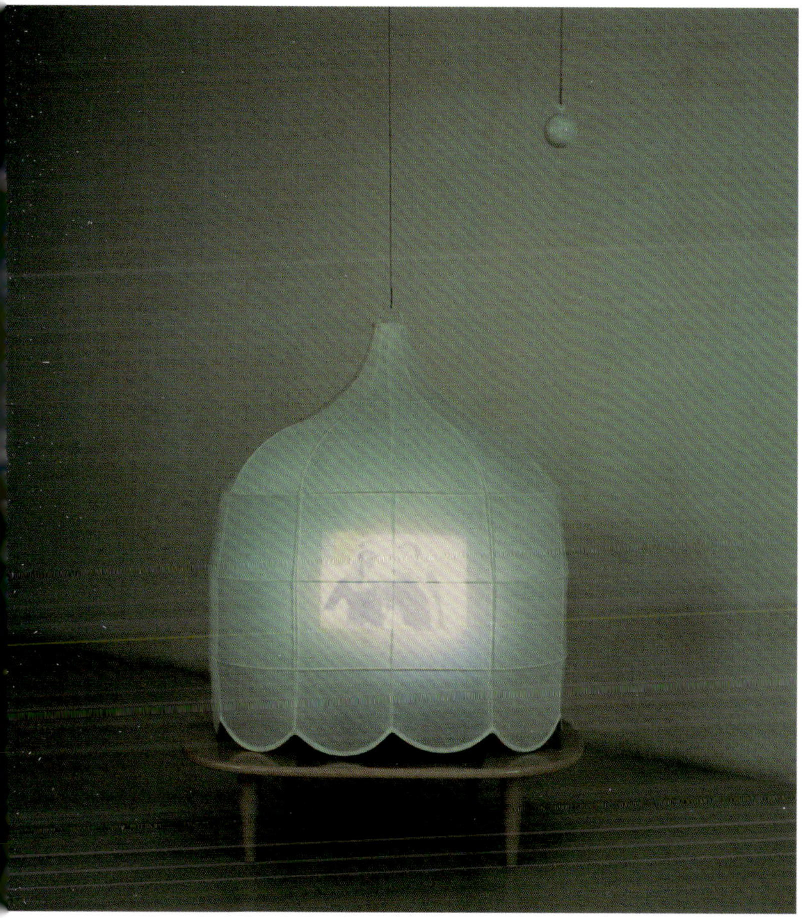

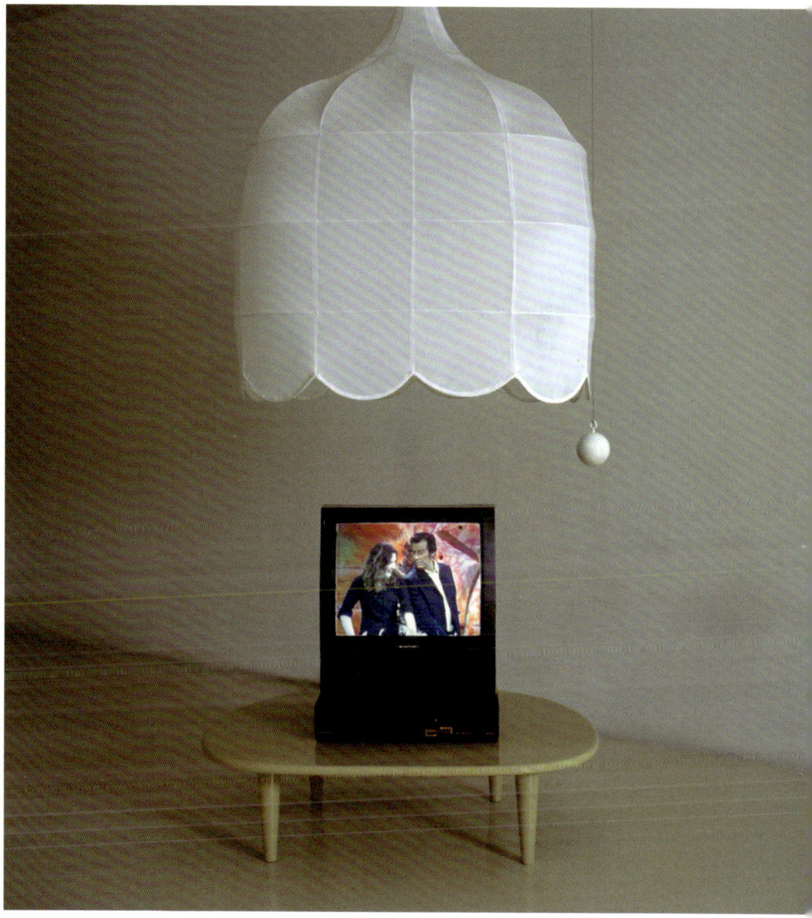

Télélumine | 2004
by Florence Doléac (FR, °1968)
//////
Lampshade for a television put on mute, copper structure and a cover of lycra, limited edition of 30 pieces for Galerie Aline Vidal.
www.doleac.net

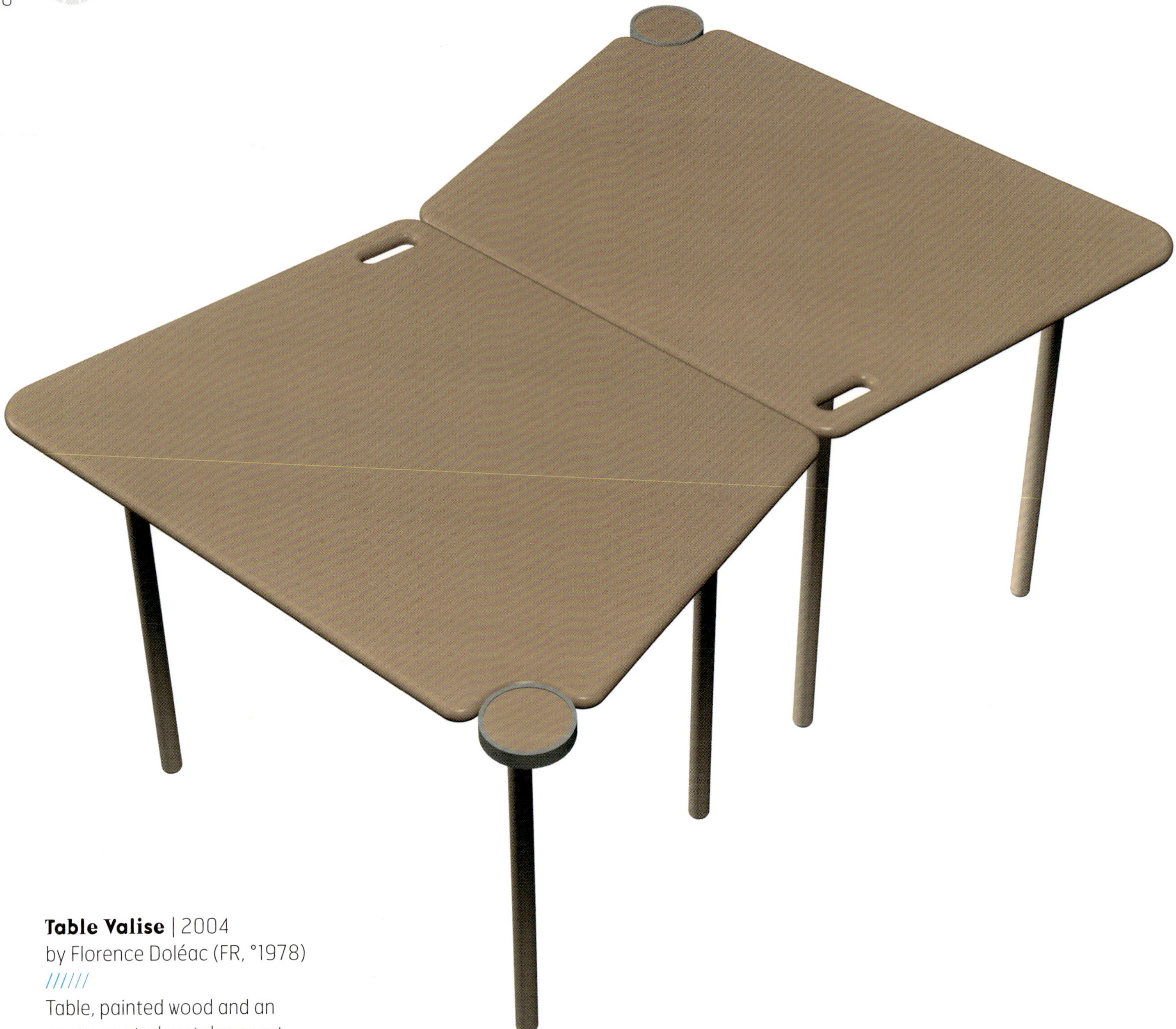

Table Valise | 2004
by Florence Doléac (FR, °1978)
//////
Table, painted wood and an epoxy coated metal support, limited edition of 6 pieces, for Galerie Aline Vidal.
www.doleac.net

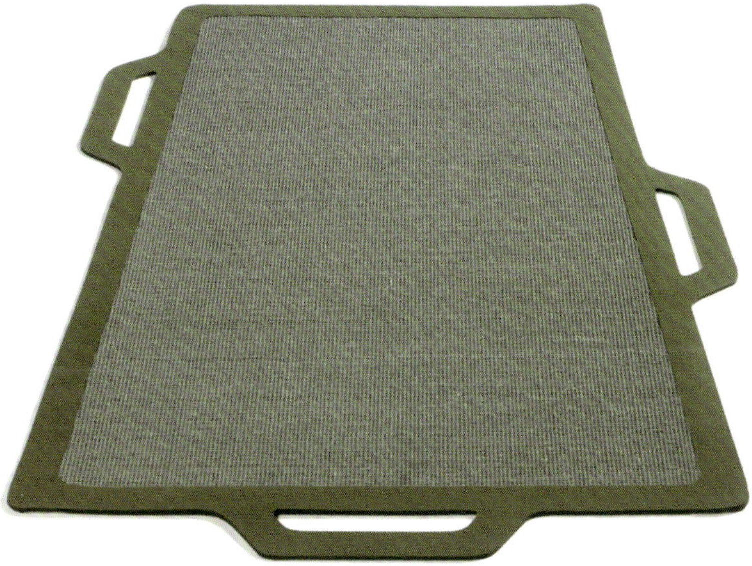

Tapis Nomade | 2006
by ECAL/Lisa Ochsenbein (CH, °1984)
//////
Carpet with handles, felt and sisal.
www.ecal.ch and www.ruckstuhl.com

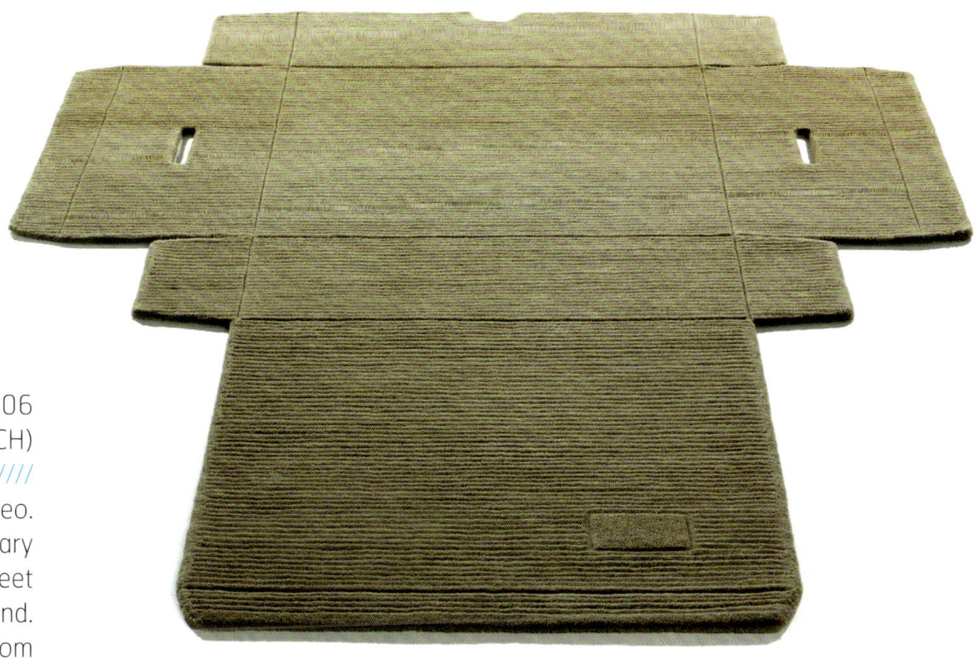

Flatpack | 2006
by Big Game (CH)
//////
Carpet, hand-tufted wool, for Galerie Kreo. A design referring to the most rudimentary way of protecting a floor: a sheet of cardboard on the ground.
www.galeriekreo.com

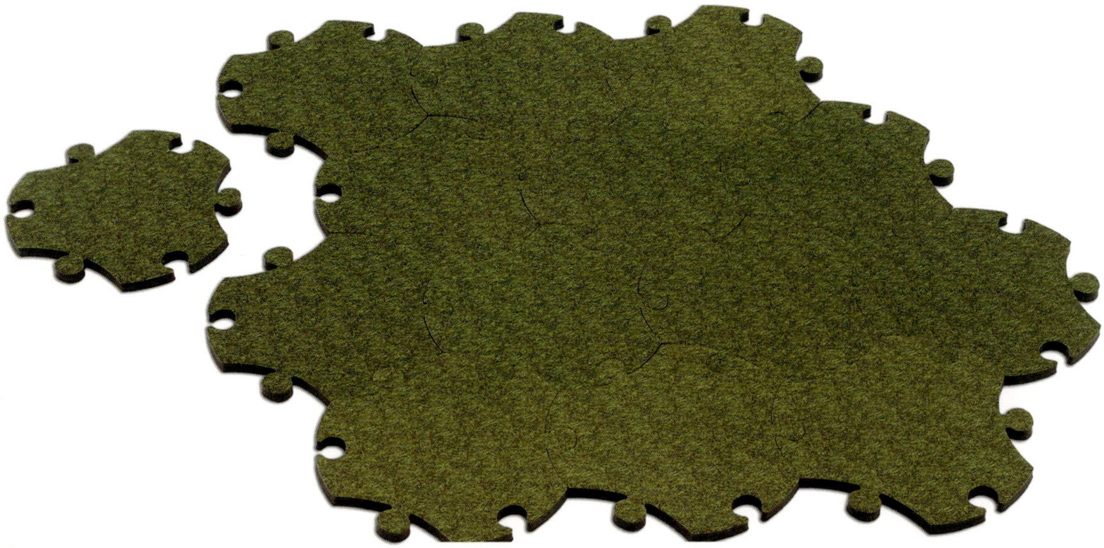

Puzzle Carpet | 2005
by Satyendra Pakhalé (IN, °1967)
//////
A carpet of soft expanded polyethylene coupled with polyester fabric, for Magis.
www.magismetoo.com

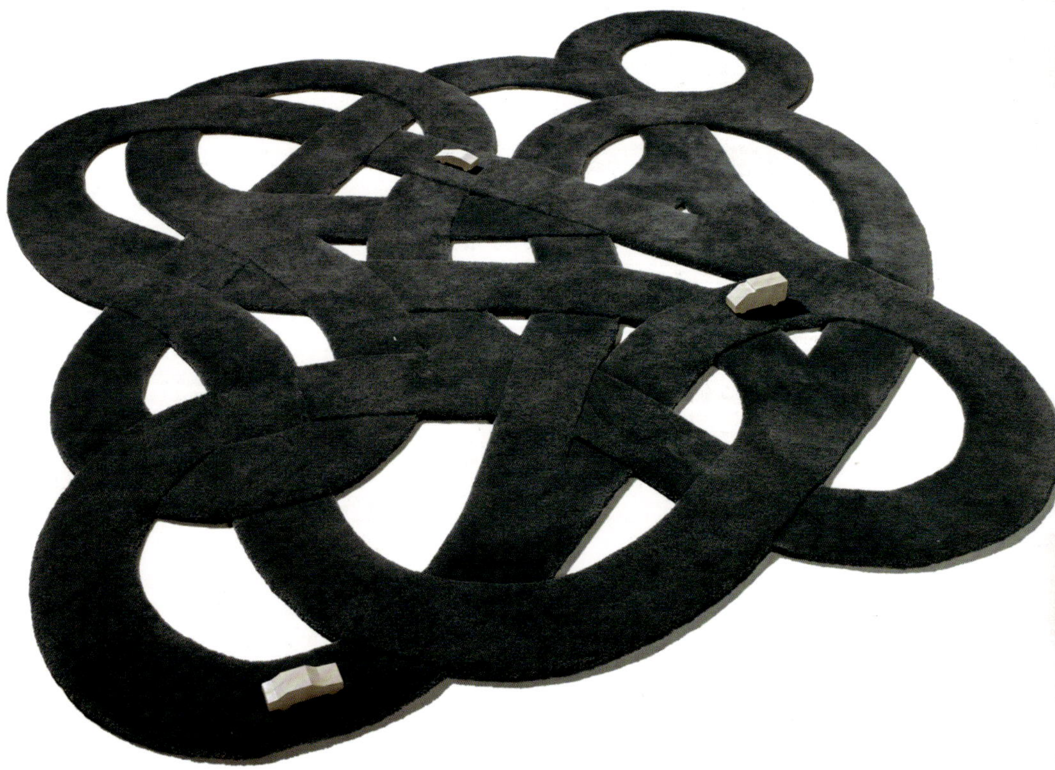

Miles | 2007
by Big Game (CH)
//////
Carpet, hand-tufted virgin wool. Inspired by children's gestures, this rug – that comes with three wooden cars – becomes an infinite freeway interchange.
www.big-game.ch

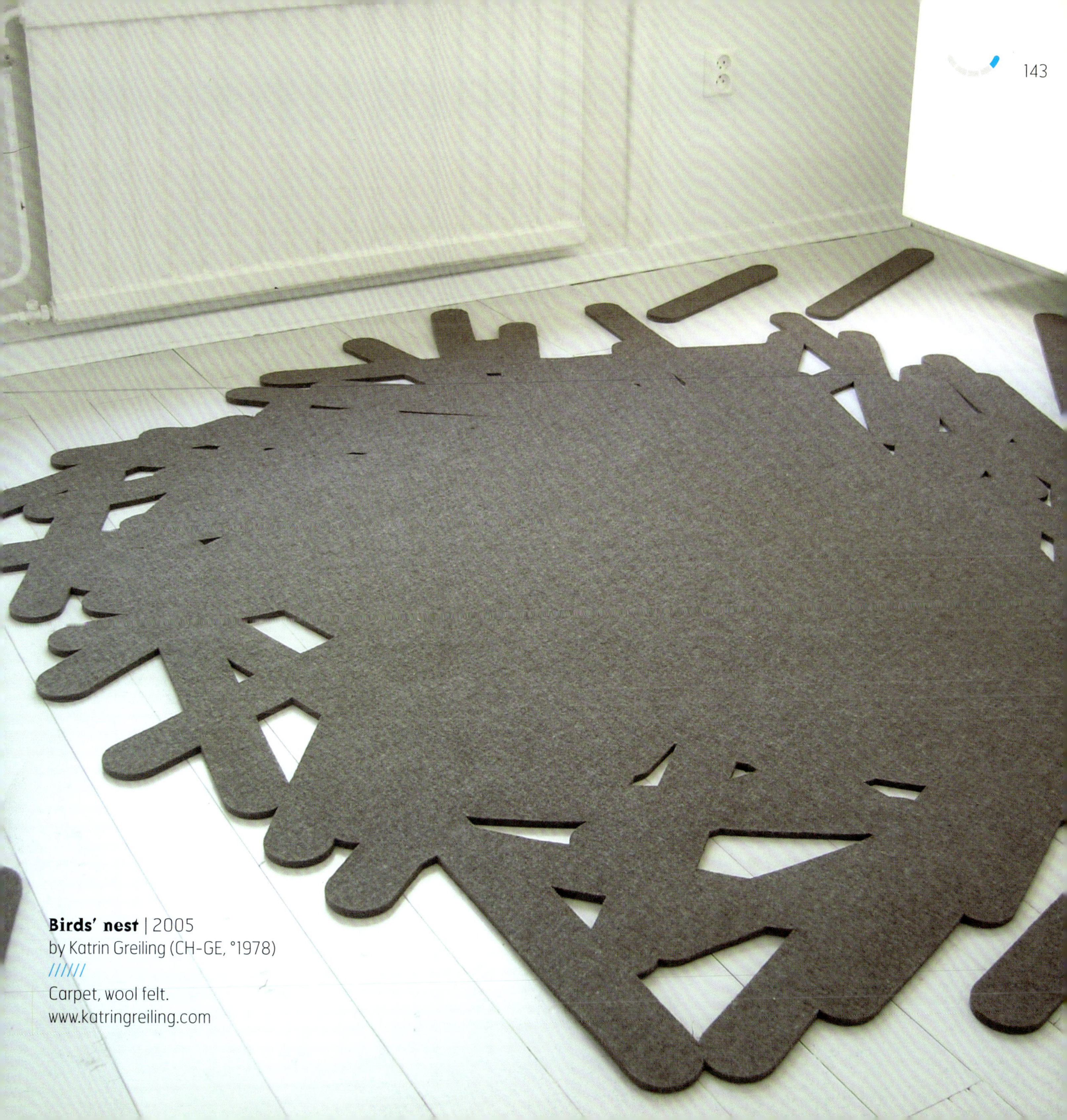

Birds' nest | 2005
by Katrin Greiling (CH-GE, °1978)
//////
Carpet, wool felt.
www.katringreiling.com

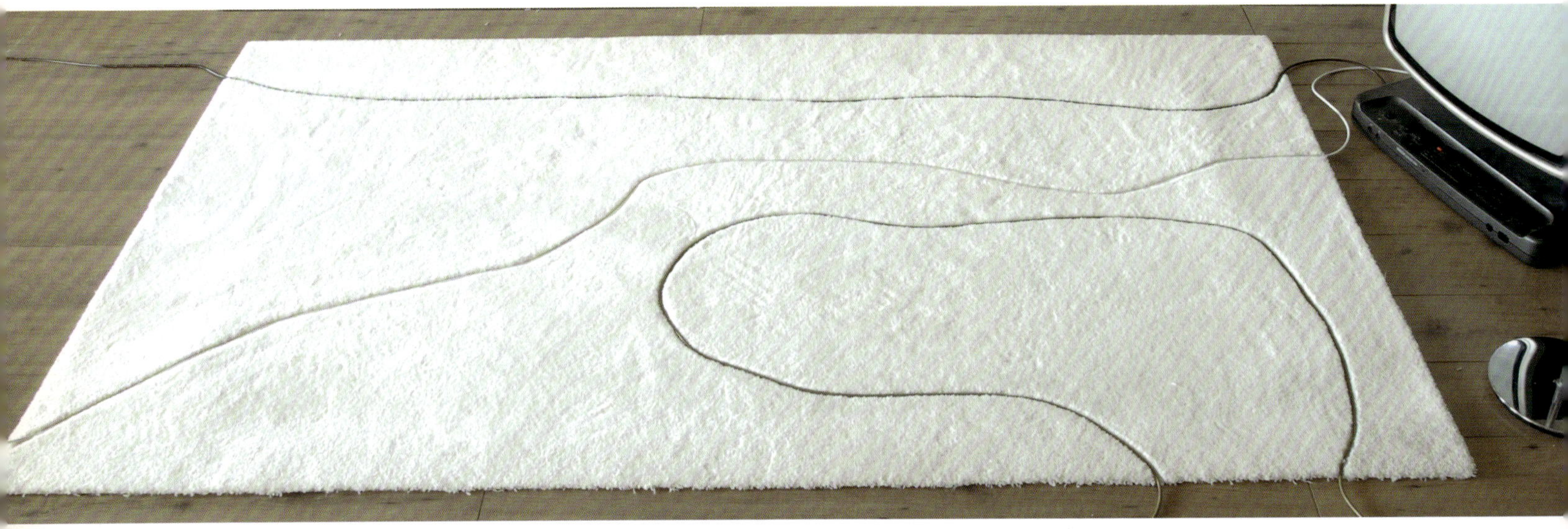

Cable Carpet | 2006
by Britta Boehne (GE, 1978)
//////
Carpet with silicon attachment for cables.
www.brittaboehne.com

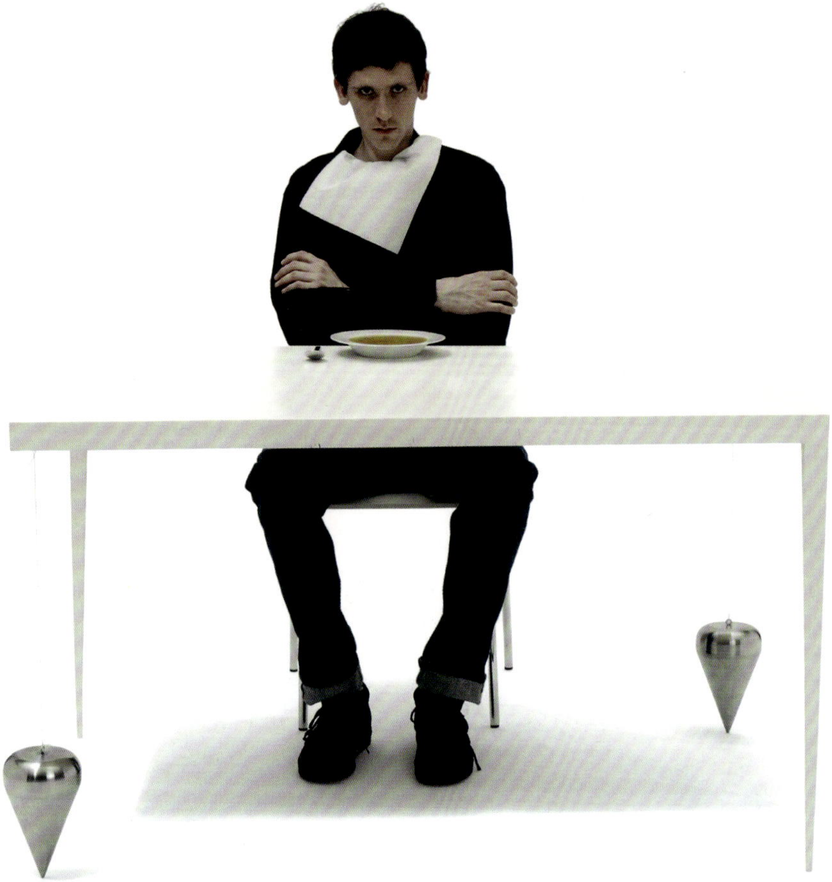

Suppenkasper | 2007
by Nina Farsen (GE, °1980) and Isabel Schöllhammer (GE, °1979)
//////
Table, plywood and steel, with two missing legs compensated by weights that are fixed in the appropriate places. 'Suppenkasper' is German for fusspot.
www.ninafarsen.de

Kick It | 2006
by Kai Ertel (GE, °1971) and
Matthias Furch (GE, °1973)/Planzwei
//////
Shoe sideboard, chainsawed oak and
nylon bristles, for Magazin. To kick
your shoes where they belong.
www.magazin.com

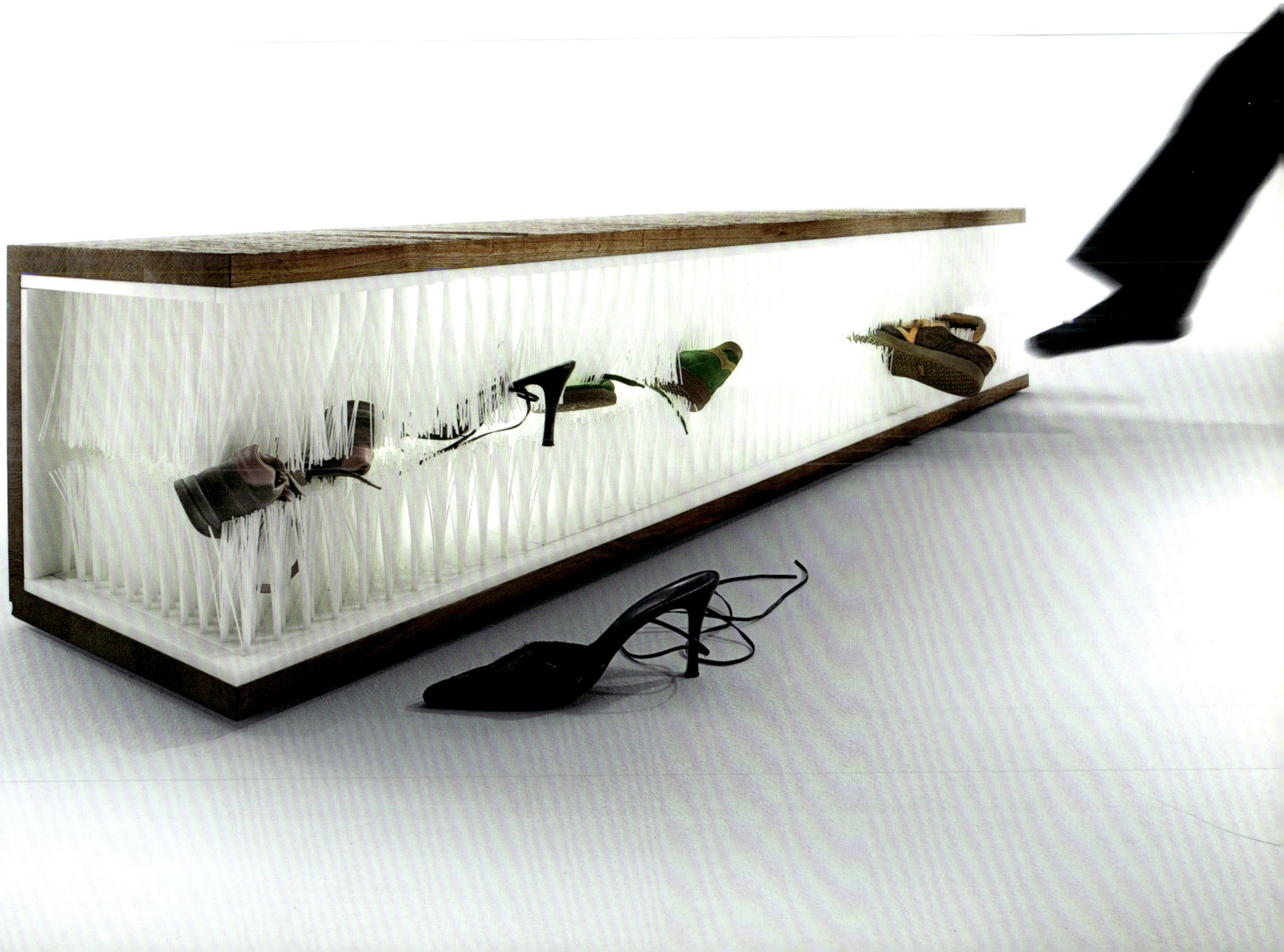

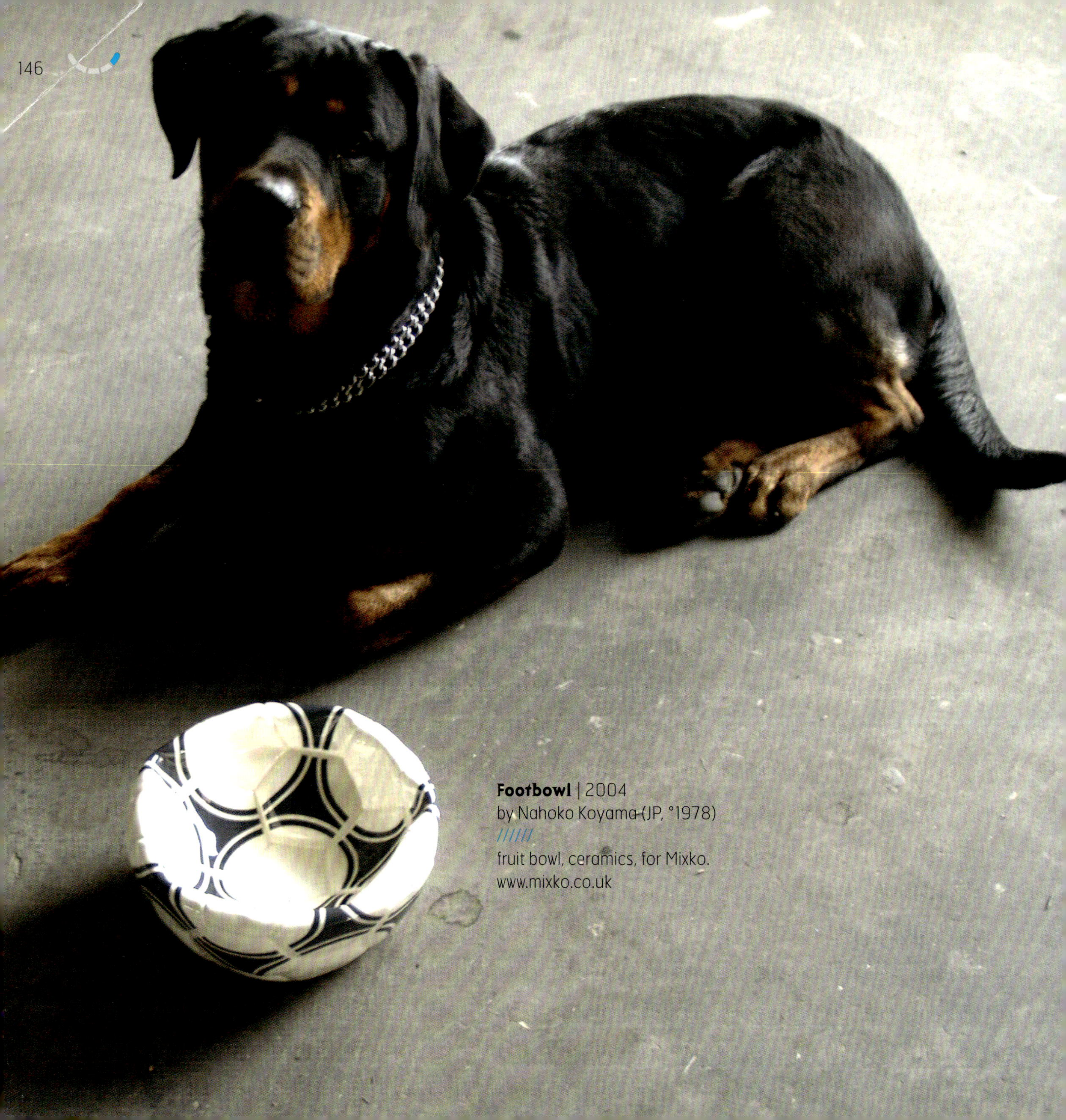

Footbowl | 2004
by Nahoko Koyama (JP, °1978)
//////
fruit bowl, ceramics, for Mixko.
www.mixko.co.uk

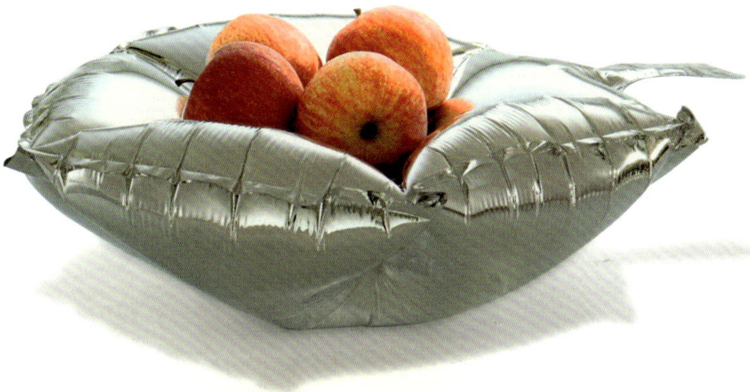

Hollowware | 2007
by Kim Buck (DK, °1957)
//////
Inflatable fruit bowl, metallic plastic foil, for Danish Crafts. The term hollowware is normally used for silver objects.
www.danishcrafts.dk

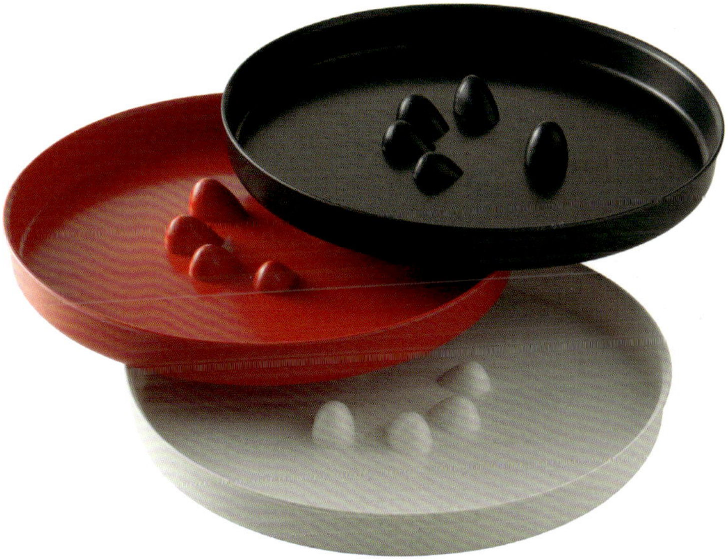

Drink Tray | 2004
by Martino d'Esposito (IT-CH, °1976)
//////
Tray, cast polypropylene, for Ligne Roset. For butterfingers.
www.ligneroset.fr

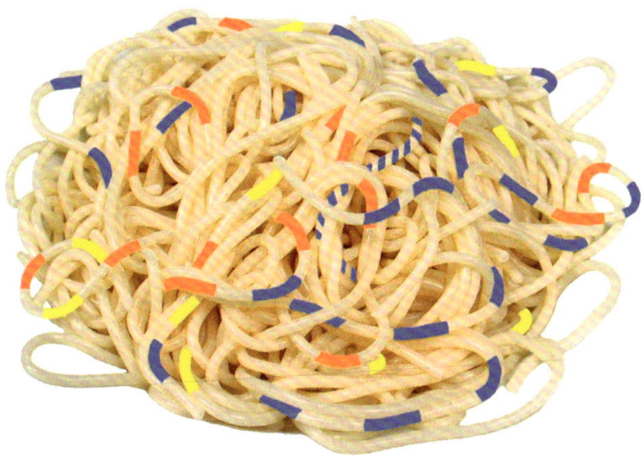

Mikado for Experts | 2002
by StauffacherBenz (CH)
//////
Pasta.
www.stauffacherbenz.ch

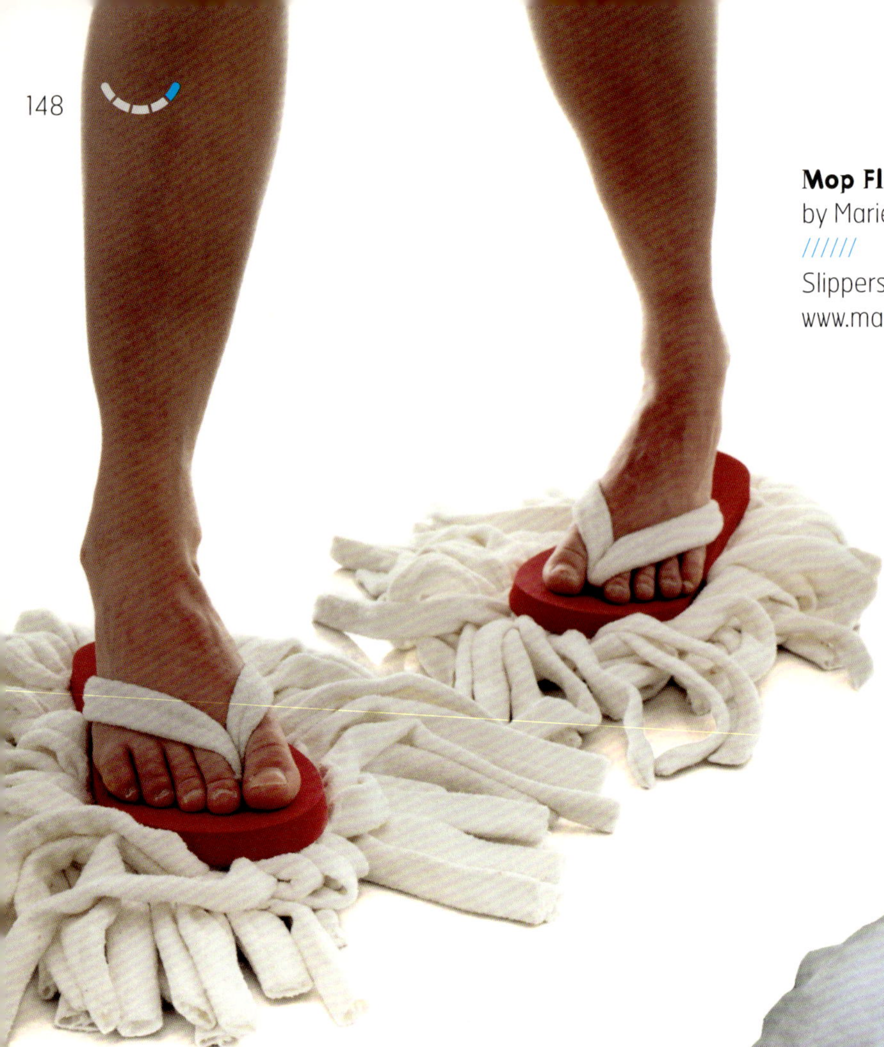

Mop Flip Flop | 2002
by Marie-louise Gustafsson (SE, °1967)
//////
Slippers with cotton scouring cloth.
www.marielouise.se

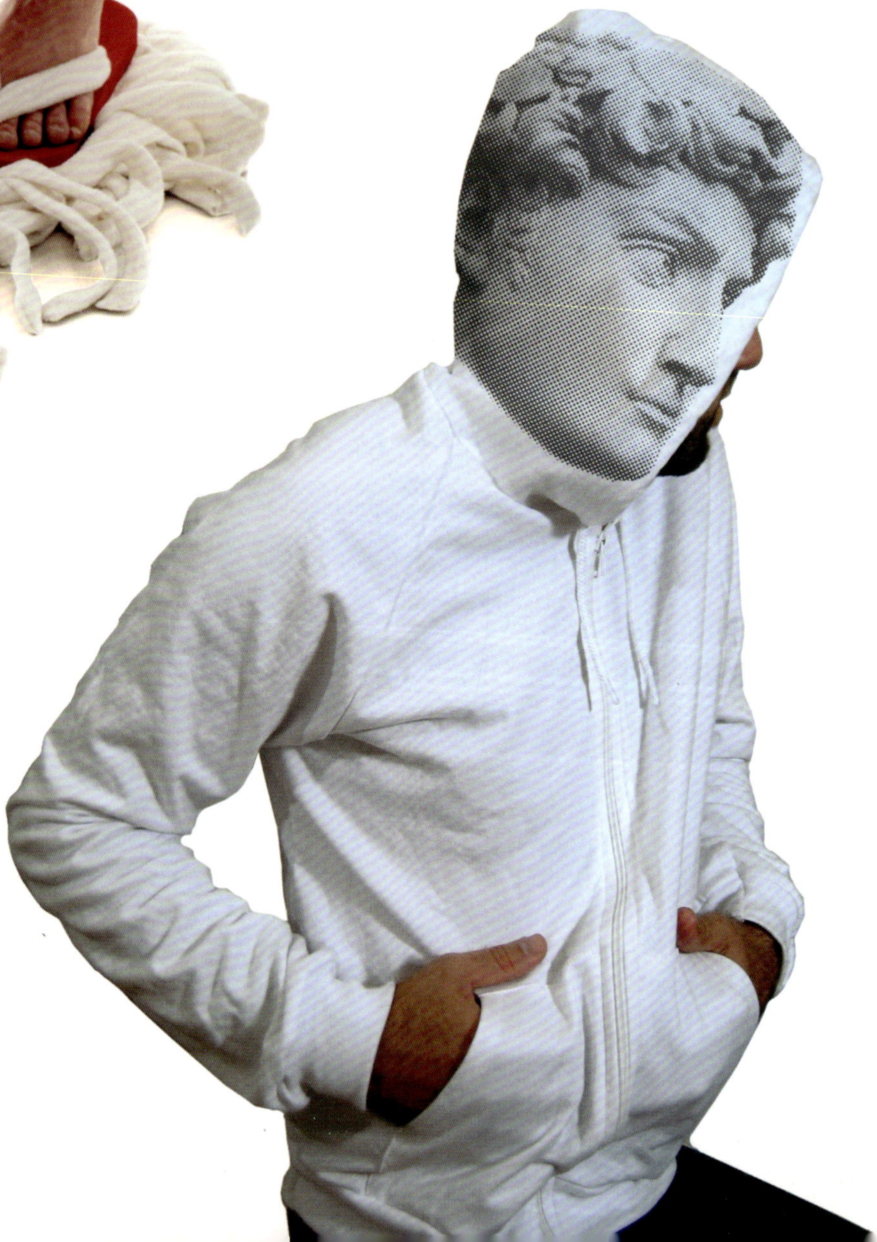

David | 2007
by Clinton Van Gemert (US, °1980)
//////
Hooded sweatshirt with a hand-printed face, for Headhoods.
www.headhoods.com

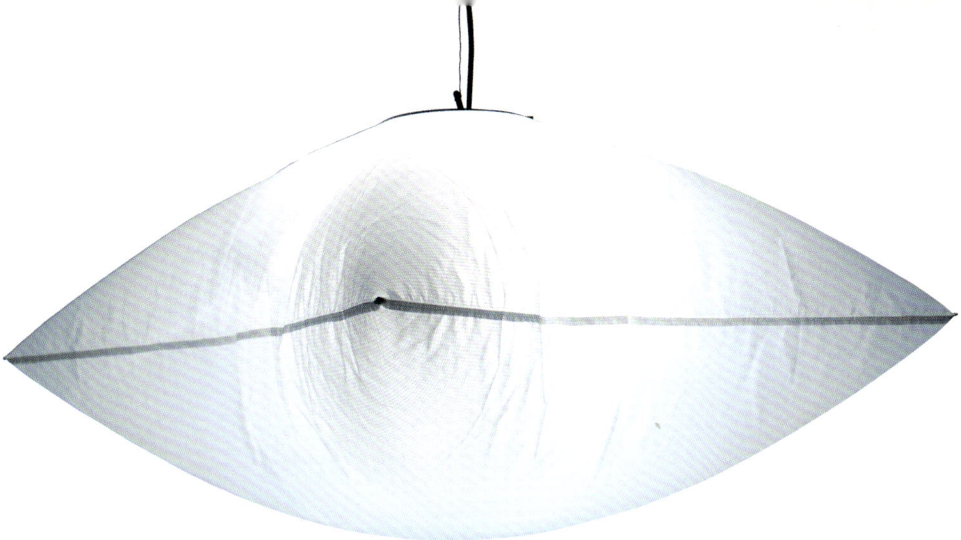

Globlow | 2005
by Valvomo (FI)
//////
Lamp, white, rip-stop nylon, for David Design. When it is switched on, it inflates slowly to become a gently glowing globe. Turned off it quietly sinks to sleep.
www.daviddesign.se

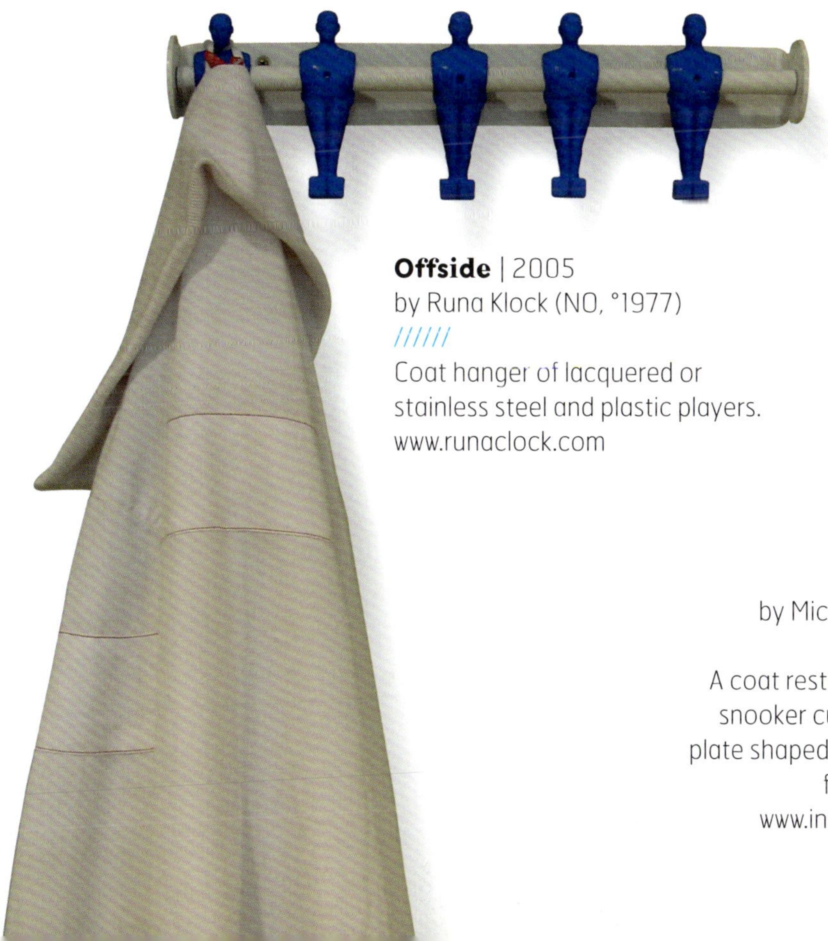

Offside | 2005
by Runa Klock (NO, °1977)
//////
Coat hanger of lacquered or stainless steel and plastic players.
www.runaclock.com

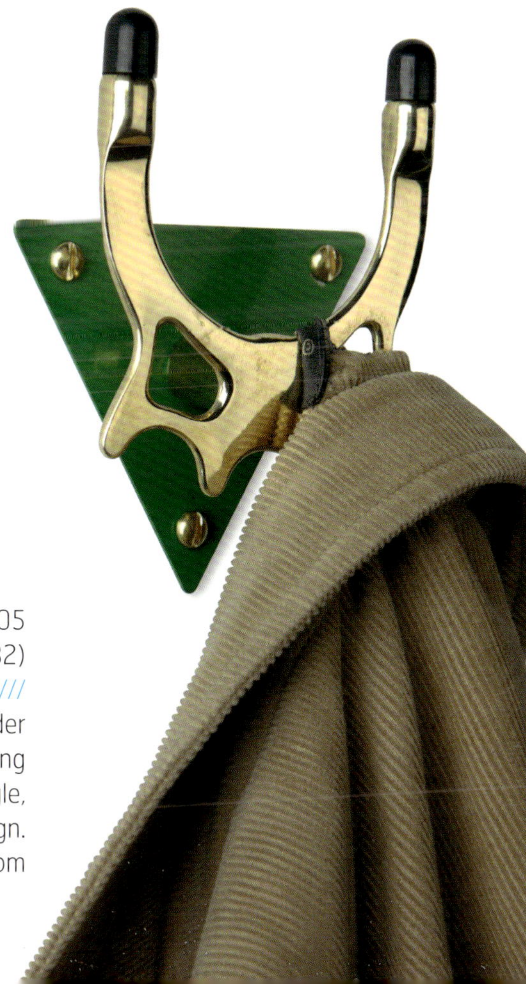

Coat Rest | 2005
by Michelle Luker (GB, °1982)
//////
A coat rest made of a brass spider snooker cue rest with a mounting plate shaped like a snooker triangle, for Interference Design.
www.interferencedesigns.com

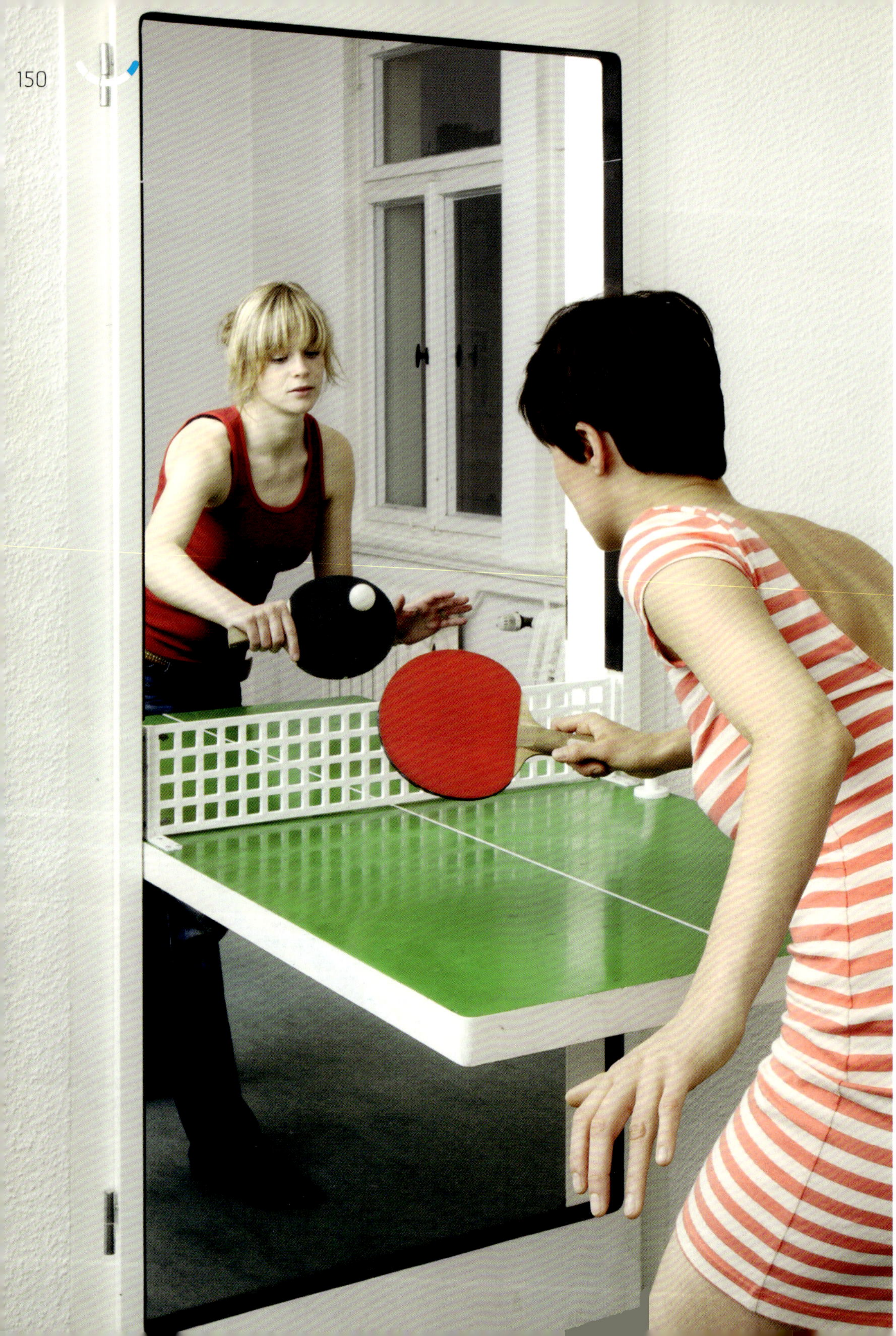

Ping Pong door | 2008
by Tobias Fränzel (GE, °1979)
//////
A door made of wood and laminate, that can also serve as a ping pong table.
www.tobiasfraenzel.com

Dip | 2004
by StauffacherBenz (CH)

Limited edition, inkjet
print on paper, folder.
www.stauffacherbenz.ch

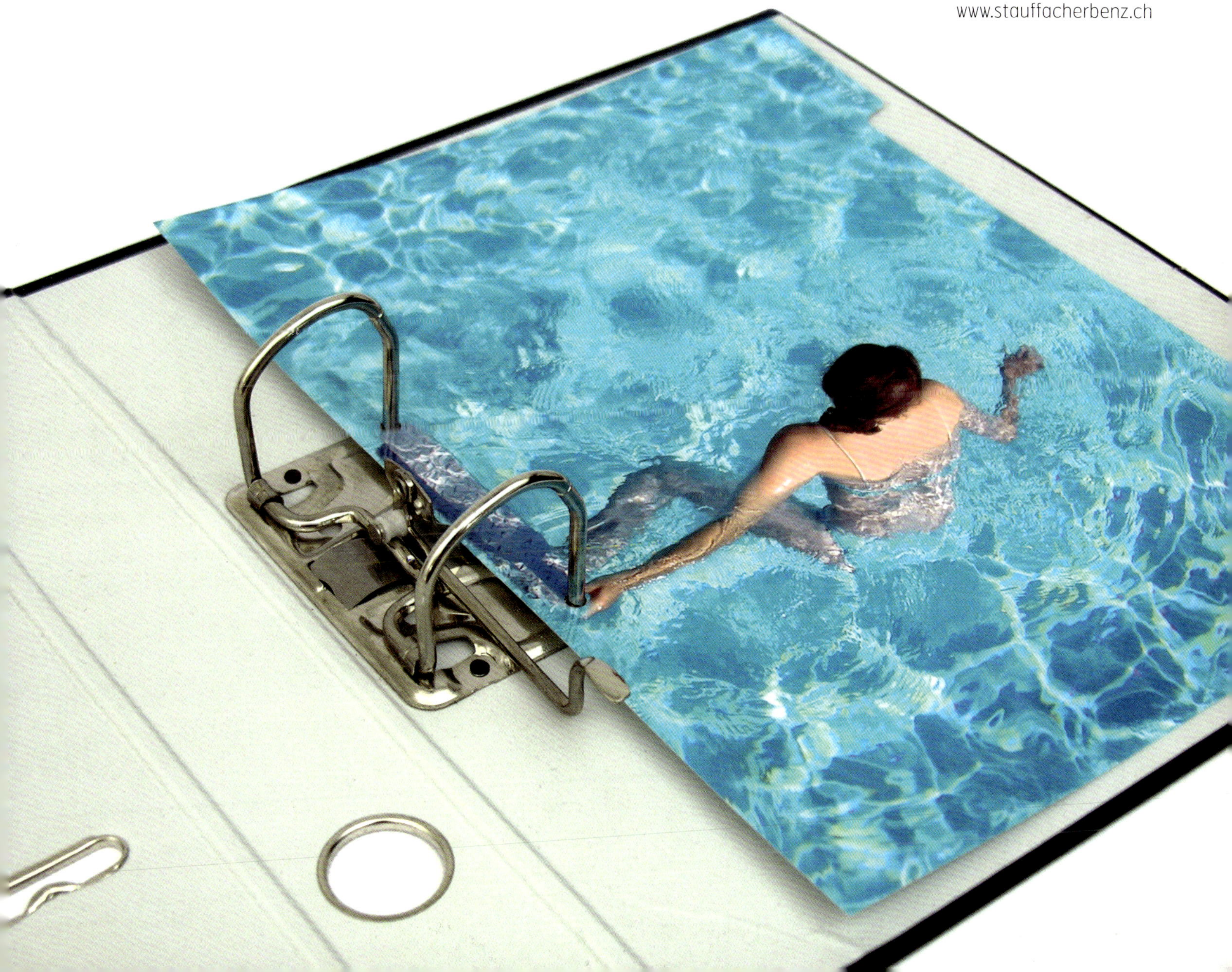

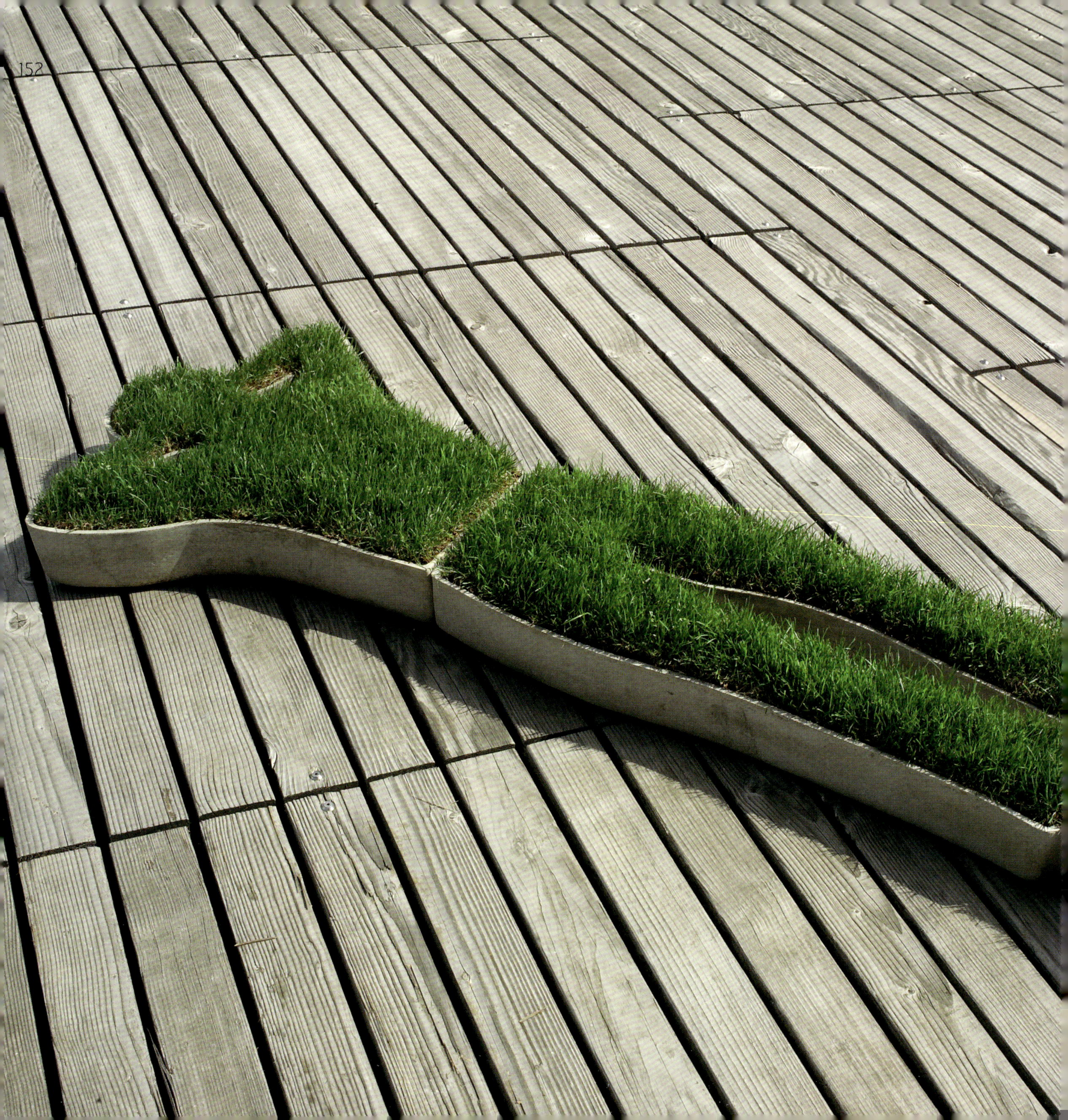

Biography

Biografie

Moniek E. Bucquoye (BE) has 25 years of experience in the field of architecture and design, specializing in the period 1980 to the present. Her career has encompassed editing, writing, teaching, conference lectures, curating fairs and museum exhibitions, consulting and broadcasting.
She was the inspiration, author or co-author of several design associations, books and authored numerous essays for magazines, catalogs and books.

Dieter Van Den Storm (BE) is a young newcomer in the field of design and lifestyle. He started his career working for cultural television shows. As a design critic and journalist he is specialized in contemporary design. He is also involved as jury member in design award competitions and is active as coordinator for the international Biennale for creative interior design INTERIEUR, since 2006.

Moniek E. Bucquoye (BE) heeft 25 jaar ervaring in architectuur en design; haar specialisatie is de periode van 1980 tot nu. Haar carrière: editor, auteur, lesgever, spreker op conferenties, curator voor beurzen en tentoonstellingen, consultant en journalist. Ze is de inspiratiebron, auteur en coauteur voor verschillende design-verenigingen en boeken. Haar talrijke essays verschenen in magazines, catalogi en boeken.

Dieter Van Den Storm (BE) is een jonge nieuwkomer in de wereld van lifestyle en design. Aanvankelijk werkte hij voor culturele televisieshows. Daarna heeft hij zich als designcriticus en journalist gespecialiseerd in hedendaags design. Hij zetelde in de jury van verschillende wedstrijden voor design awards en is projectcoördinator van de internationale biënnale voor wooncreativiteit INTERIEUR, sinds 2006.

<<
Relax! | 2006
by StauffacherBenz (CH)
//////
Turf, for Eternit.
Outline of a relaxed person lying in the grass, evoking memories of a weekend in the countryside.
www.stauffacherbenz.ch

Index

Register

Photo credits

Foto credits

cover:
Dance Shoes | 2005
by Aamu Song (KR, °1974)
//////
Rubber and felt, for Company. Dance shoes for father and daughter.
www.com-pa-ny.com

p. 2:
Shirt Vase | 2005
by Meriç Kara (TR, °1977)
//////
Small vase, polypropylene, a personal object for Fabrica.
www.fabrica.it

p. 4:
Bibliochaise | 1998
by Giovanni Gennari (IT, °1961) and Alisée Matta (GB, °1970)
//////
Armchair, marine plywood, cellular p.p. and leather or cotton, for Nobody & Co. Chair with space for 5 metres of books.
www.nobodyandco.com

Armiraglio Umberto: p. 132 tl
Atypyk: p. 58 bl, 120, 126 b, 133 tl
Azzimonti Enrico: p. 10
Bäckstrand Pär: p. 8, 9, 122 b, 148 tl
Baumann Fabian: p. 63 t
Bica Laetitia (stylisme: Giovanni Biasolo): p. 60 t
Bisazza: p. 27
Bradley Susan: p. 90 br
Broos Koen: p. 87 t, 117 br
Dronger Sigurd: p. 85 b
Burkhard Poul: p. 103
Cima Jacopo: p. 4, 55 t
Citelli Ivan: p. 77
Clearkin Louis: p. 44
Company: cover
Contrasts Gallery: p. 6
Creep: p. 74 r
Danish Crafts@2007/Ole Akhøj: p. 147 t
Decremer Arnaud: p. 129 b
Ding3000: p. 114 br
Draw me a Sheep: p. 40 br, 71, 94 bl
Engelhard Sarah: p. 56
Established & Sons: p. 122 t
Extremis: p. 133 tr
FIrstdesign: p. 54 r, 131 br
Font Albert: p. 97
Foucher Nicolas: p. 63 b
Gallo Ilvio: p. 115 t
Georges Jean-Michel: p. 57 b, 67 b
Gousset Fabrice (courtesy Galerie Kreo): p. 13
Gries Patrick: p. 139, 140
Gross Yann & Muller Emilie: p. 42, 68
Hale Andy: p. 29 t
Hessing Roy: p. 82, 83 b
Herreman Lieven: p. 116 t
Holger Moormann Nils: p. 96
Hunter Ade: p. 149 br
Huys Herman: p. 88 b
Jager Hendrik: p. 150
Jakubik Peter: p. 46
Johannis Tim: p. 100 t
Keller Milo: p. 141, 142
Klock Runa: p. 149 bl
Kot Robert: p. 26
Lassak Marian: p. 76 t
Lavatori Carlo: p. 111, 142 t
Lecouturier Jacky: p. 53 bl
Loudordesign: p. 92 r
Luyten Joris: p. 17, 93 tr, 118 b
Marcel Wanders Studio: p. 35
Mc Kenna Mark: p. 138 bl
Menting David: p. 78
Meroz Joana: p. 73
Mingle Mario: p. 110 t
Michielsen Bart: p. 102
Mitchel James: p. 72
Mixko: p. 39, 146
Moss Gallery: p. 26, 36
Nilsson Emma: p. 105 tl
Ong Georg: p. 136
Ooms: p. 18 t, 105 tr, 117 t, 128
Porcuatro: p. 54 bl
Ramseboer Gerhard: p. 118 tl
Rovira Enric: p. 130, 131 t
Royal Tichelaar Makkum: p. 12
Sabino Joao: p. 30 t, 84
Samli Serdar: p. 64
Sandi Matteo: p. 52 tl
Schjolin Morten: p. 22
Schumacher Peter: p. 145
Slater Byron: p. 25 br, 111 br, 138 br
Sonnleitner Katrin: p. 18 br, 30 b
Staudinger + Franke: p. 110 b
StauffacherBenz: p. 65, 123 br, 147 b, 151, 152
Strasser Laura: p. 98, 112 b
Studio H2O: p. 100 bl
Summerskill Toby: p. 41 t
Swenson Zak: p. 2, 133
Van Brug Joost: p. 43 t
Van Der Mars Hans: p. 14
Van Houten Maarten: p. 34, 38, 74 l, 75 t, 138 t
Velten Andreas-Michael: p. 95, 144 b
Weber Harry: p. 41 b
Young, Robert: p. 86 bl
Yuichi Yamaguchi: p. 92 l, 113 b

t = top
b = bottom
r = right
l = left
tl = top left
tr = top right
bl = bottom left
br = bottom right

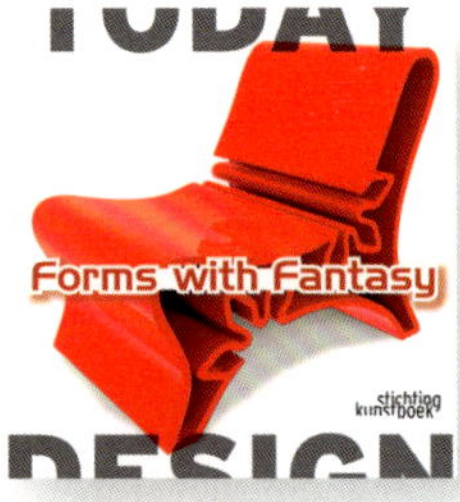

Previously published:

Forms with fantasy

ISBN 978-90-5856-230-2
€ 29,90

Concept:
Moniek E. Bucquoye
Jaak Van Damme

Co-ordination:
Karolien Van Cauwelaert

Texts & selection:
Moniek E. Bucquoye
Dieter Van Den Storm

English translation:
Ilze Raath

Final editing:
Karolien Van Cauwelaert

Layout & printing:
Graphic Group Van Damme,
Oostkamp (B)

Published by:
Stichting Kunstboek bvba
Legeweg 165
B-8020 Oostkamp
T. +32 50 46 19 10
F. +32 50 46 19 18
info@stichtingkunstboek.com
www.stichtingkunstboek.com

ISBN: 978-90-5856-235-7
D/2008/6407/1
NUR 656